"十四五"应用型高等院校系列教材/计算机类

主　编　唐　友　张继成

副主编　王佳婧　王丽芬　滕启龙

Java面向对象程序设计

Java Object-Oriented Programming

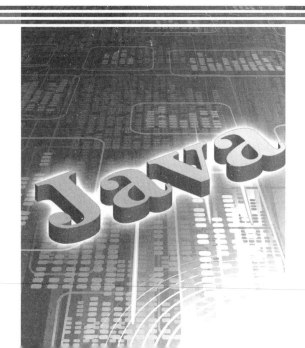

哈尔滨工业大学出版社

内 容 简 介

本书基于目前使用最为广泛的 JDK 17 进行讲解。全书共 16 章,主要介绍了 Java 语言概述,Java 语言基础,基本控制结构,数组、方法与字符串,类和对象,类的继承和多态,接口、抽象和包,异常处理,集合类,多线程,图形用户界面设计,Swing 组件,Applet 程序,输入输出流,数据库编程,网络程序设计等内容。本书通俗易懂,针对较难理解的问题,由浅入深地进行剖析,便于读者理解。

本书可以作为高等学校大学软件开发相关专业的教材,也可以作为软件开发人员的实用参考书。

图书在版编目(CIP)数据

Java 面向对象程序设计/唐友,张继成主编. —哈尔滨:哈尔滨工业大学出版社,2024.1

ISBN 978-7-5767-1081-6

Ⅰ. ①J… Ⅱ. ①唐…②张… Ⅲ. ①JAVA 语言-程序设计 Ⅳ. ①TP312.8

中国国家版本馆 CIP 数据核字(2023)第 197450 号

策划编辑 杜 燕
责任编辑 周一曈
出版发行 哈尔滨工业大学出版社
社 址 哈尔滨市南岗区复华四道街 10 号 邮编 150006
传 真 0451-86414749
网 址 http://hitpress.hit.edu.cn
印 刷 哈尔滨博奇印刷有限公司
开 本 787mm×1092mm 1/16 印张 21.25 字数 600 千字
版 次 2024 年 1 月第 1 版 2024 年 1 月第 1 次印刷
书 号 ISBN 978-7-5767-1081-6
定 价 64.80 元

(如因印装质量问题影响阅读,我社负责调换)

前　言

Java 语言是一门完全面向对象的语言,有着得天独厚的优势,在世界上使用非常广泛。Java 语言被广泛地应用于各行各业,小到手机,大到巨型服务器。Java 的广泛应用也促进了其自身的发展,如今的 Java 已经成为成熟的编程语言。

面对 Java 的强势地位,很多人想掌握这门语言,但是学习时总是不得要领,编者在工作时经常遇到 Java 爱好者的提问,很多问题非常简单,只要提示一句就够了,可就是这句话,不知道难倒了多少入门者。鉴于此,编者萌生了编写一本书的想法,结合自己多年的开发经验,让初学者能够快速掌握 Java。

本书将动手实验室的内容进一步整理和系统化,形式上更加贴近实际的教学要求,并融入作者多年工程实践的经验和对 Java 语言编程思想的理解,让读者以一种生动有趣的方式掌握 Java 的最新技术和相关有效的开发方法和资源。

本书力求做到以下几点。

(1)内容新。本书基于最新的 Java SE 进行介绍,知识点的讲解简明扼要,汇集了 Sun 公司技术讲师多年的讲课积累。

(2)实践性强。本书以动手实验室的方式,详尽地讲解大量实例。实例分为两种形式:一种是规模适中的贯穿全书的综合开发实例,其开发过程将以项目的形式进行,穿插实际工程中常见问题的解决方法;另一种是短小精悍的例程,形成对知识点讲解的补充。

(3)密切结合集成开发工具。本书语言的学习和实例的讲解都将结合 Eclipse 开发工具完成,方便学生上机实习。

(4)遵循教学的特点和规律。本书在内容安排上紧扣教学中的多个场景进行设计,充分考虑教师的教学需求和学生的学习需要。

本书基于 Eclipse 集成开发环境介绍 Java 语言的最新技术和应用方法,除对基本技术点进行介绍外,还利用大量生动的实例进行阐述。因此,本书适合所有 Java 初学者及对 Java 有一定研究的开发人员。

本书共分 16 章。第 1 章主要介绍 Java 程序的调试过程和 Java 语言的特点;第 2 章介绍 Java 数据类型与表达式,以及基本的输入/输出操作;第 3 章介绍条件语句和循环语句的使用;第 4 章介绍数组的应用、方法的定义与调用,以及方法参数传递问题;第 5 章介绍类与对象的概念、类成员和实例成员的访问差异,以及变量的有效范围;第 6 章介绍继承与多态的概念、访问控制修饰符、final 修饰符、super 的使用、this 的运用,以及 Object 和 Class 类的使用;第 7 章介绍接口与抽象类的使用,以及内嵌类的应用;第 8 章介绍 Java 异常处理机制及编程特点;第 9 章介绍集合类的使用;第 10 章介绍 Java 多线程的编程处理特点和共享资源的访问控制;第 11 章介绍图形用户界面编程基础,主要涉及图形界面布局、事件处理特点、简单的图形部件和容器的使用,还介绍鼠标和键盘事件处理;第 12 章介绍 Swing 组件和 AWT 中其他图形部件的使用,主要涉及对话框、菜单和各类选择部件;第 13 章介绍 JavaApplet 与 Java 绘图,涉及 Applet 的方法、HTML 参数传递等;第 14 章介绍组流式输入/输出与文件处理,主要涉及字节流和字符流的读写、对象序列化，以及文件信息的获取、文件的管理和文件的随机访问等；第15章讨论 Java 数据库访问编程技术；第16章介绍 Java 的网络编程，主要涉及 Socket 通信、数据报传输编程和 URL 资源访问。

本书由唐友、张继成担任主编；王佳婧、王丽芬、滕启龙担任副主编；毕春光、林建、陈鹏、王茗楷、刘敏、王忠吉、高峰、丁阳参编。编写分工如下：第1~5章由王佳婧编写；第6~9章由张继成编写；第10章由毕春光编写；第11章由滕启龙编写；第12章由林建、陈鹏、王茗楷、刘敏、王忠吉、丁阳编写；第13章由唐友编写；第14~16章由王丽芬编写。本书的编写还得到了各编者单位有关领导的大力支持，在此深表谢意。

限于编者水平，虽经努力，教材仍存有不足之处，恳请广大读者提出宝贵意见和建议，以便修订时加以完善。

编　者

2023 年 8 月

目　　录

第 *1* 章

Java 语言概述

面向对象的软件开发和利用面向对象技术进行问题求解是当今计算机技术发展的重要成果和趋势,而 Java 语言的产生与流行则是互联网(Internet)发展的客观要求。本章将简要介绍软件开发方法的变革和面向对象程序设计中的基本概念,介绍 Java 语言的特点及开发 Java 程序的基本步骤等,使读者对面向对象软件开发方法的基本思想和特点有一定的了解,熟悉 Java 语言特点、Java 与 C/C++的主要差异、Java 程序执行过程、Java 运行环境及开发工具等基本知识。

1.1 程序设计语言

程序设计语言(programming language)是指用于书写计算机程序的语言。语言的基础是一组记号和一组规则,根据规则由记号构成的记号串的总体就是语言。在程序设计语言中,这些记号串就是程序。程序设计语言有三方面的因素:语法、语义和语用。语法表示程序的结构或形式,即表示构成语言的各个记号之间的组合规律,但不涉及这些记号的特定含义,也不涉及使用者;语义表示程序的含义,即表示按照各种方法所表示的各个记号的特定含义,但不涉及使用者;语用表示程序与使用者的关系。

1.1.1 机器语言

机器语言是直接用二进制代码指令表达的计算机语言,指令是用 0 和 1 组成的一串代码,它们有一定的位数,并分成若干段,各段的编码表示不同的含义。例如,某台计算机字长为 16 位,即由 16 个二进制数组成一条指令或其他信息。16 个 0 或 1 可组成各种排列组合,通过线路变成电信号,让计算机执行各种不同的操作,它是计算机的设计者通过计算机的硬件结构赋予计算机的操作功能。机器语言具有灵活、直接执行和速度快等特点。

用机器语言编写程序,编程人员要首先熟记所用计算机的全部指令代码和代码的含义。编写程序时,程序员要自己处理每条指令和每一数据的存储分配和输入输出,还要记住编程过程中每步所使用的工作单元处于何种状态。这是一件十分烦琐的工作,编写程序花费的时间往往是实际运行时间的几十倍或几百倍,而且编出的程序全是一些 0 和 1 的指令代码,直观性差,还容易出错。现在,除计算机生产厂家的专业人员外,绝大多数程序员已经不再学习机器语言了。

例如,某种计算机的指令为 1011011000000000,它表示让计算机进行一次加法操作,而指令 1011010100000000 则表示进行一次减法操作。

1.1.2　汇编语言

为克服机器语言难读、难编、难记和易出错的缺点，人们就用与代码指令实际含义相近的英文缩写词、字母和数字等符号来取代指令代码(如用 ADD 表示运算符号"+"的机器代码)，于是就产生了汇编语言。因此，汇编语言是一种用助记符表示的仍然面向机器的计算机语言。汇编语言又称符号语言，采用助记符号来编写程序，比用机器语言的二进制代码编程要方便一些，这在一定程度上简化了编程过程。汇编语言的特点是用符号代替了机器指令代码，而且助记符与指令代码一一对应，基本保留了机器语言的灵活性。使用汇编语言能面向机器并较好地发挥机器的特性，得到质量较高的程序。

汇编语言中使用了助记符号，用汇编语言编制的程序送入计算机，计算机不能像用机器语言编写的程序一样直接识别和执行，必须通过预先放入计算机的"汇编程序"的加工和翻译，才能变成能够被计算机识别和处理的二进制代码程序。用汇编语言等非机器语言书写好的符号程序称为源程序，运行时汇编程序要将源程序翻译成目标程序。目标程序是机器语言程序，它一经被安置在内存的预定位置上，就能被计算机的中央处理器(central processing unit, CPU)处理和执行。

汇编语言与机器指令一样，是硬件操作的控制信息，因此仍然是面向机器的语言，使用起来还是比较烦琐费时，通用性也差。汇编语言是低级语言，但是汇编语言用来编制系统软件和过程控制软件，其目标程序占用内存空间少、运行速度快，有着高级语言不可替代的用途。例如，要想实现加法操作，可以用指令 ADD 代替上面的机器语言，这样有助于记忆。

1.1.3　高级语言

无论是机器语言还是汇编语言，都是面向硬件具体操作的，语言对机器的过分依赖要求使用者必须对硬件结构及其工作原理都十分熟悉，这对非计算机专业人员来说是难以做到的，对于计算机的推广应用是不利的。计算机事业的发展促使人们去寻求一些与人类自然语言相接近且能为计算机所接受的语意确定、规则明确、自然直观和通用易学的计算机语言，这种与自然语言相近并为计算机所接受和执行的计算机语言称为高级语言。高级语言是面向用户的语言。无论何种机型的计算机，只要配备上相应的高级语言的编译或解释程序，则用该高级语言编写的程序就可以通用，Java 语言就是一种高级语言。

1.2　面向对象的软件开发概述

面向对象的软件开发方法按问题论域来设计模块，以对象代表问题解的中心环节，力求符合人们日常的思维习惯，采用"对象+消息"的程序设计模式，降低或分解问题的难度和复杂性，从而以较小的代价和较高的收益获得较满意的效果，满足软件工程发展需要。面向对象开发方法的出现和广泛应用是计算机软件技术发展的一个重要变革和飞跃。面向对象技术能够更好地适应当今软件开发在规模、复杂性、可靠性、质量和效率上的种种要求，因此被越来越多地推广和使用，其方法本身也在诸多实践的检验和磨炼中日趋成熟化、标准化和体系化，逐渐成为目前公认的主流软件开发方法。下面将介绍面向对象的相关概念。

1.2.1　对象、类和消息

面向对象技术中的对象就是现实世界中某个具体的物理实体在计算机中的映射和体现，

它既包括属性(描述对象的特征,可以是数据或对象,在 Java 语言中称为变量),也包括作用于属性的操作(是对象执行的动作,可以是对象做出的或施加给对象的,在 Java 语言中称为方法)。对象是由属性和操作构成的一个封闭整体。例如,小汽车是现实世界中的一个具体的物理实体,它拥有颜色、车形及行驶速度等外部特性,具有刹车、加速和减速等内在功能。这样的实体在面向对象的程序中即可视为一个"基本程序模块",可以表达成一个计算机可理解、可操作的具有一定属性和操作的对象,通过数据结构和提供相应操作来实现。例如:

属性用

int color;　 int door;　 int speed;

等变量来表示。

操作用

void brake｛……｝;

void speedUp｛……｝;

void speedDown｛……｝

等方法表示。

对象在计算机内存中的映像称为实例。对象之间可能存在包含、关联和继承三种关系。包含关系是指整体与部分之间的关系,当对象 X 是对象 Y 的属性时,称对象 Y 包含对象 X。例如,汽车与轮胎的关系就是一个包含关系。每辆汽车都对应一个生产厂商,如果把生产厂商抽象成对象,则汽车对象可以或应该记录自己的生产厂商是哪个。这种通过一个对象可以找到另一个对象的关系称为关联关系。在面向对象的 Java 语言中,把可以找到另一个对象的线索称为引用。因此,当对象 X 引用的是对象 Y 的属性时,称对象 X 与对象 Y 之间是关联关系。继承关系将在下面做详细介绍。

类是面向对象技术中一个非常重要的概念,它是描述对象的"基本原型",是描述性的类别或模板,即对一组对象的抽象。它定义一组对象所能拥有的共同特征(属性和能完成的操作),用以说明该组对象的能力和性质。在面向对象的程序设计中,类是程序的基本单元,对象是类的实例。例如,定义 Car 是一个小汽车类,它描述了所有小汽车的性质(包括小汽车的颜色、车门数、速度等)及基于属性的各种操作(包括刹车、加速及减速等操作功能)。

对象的动作取决于外界给对象的刺激,这就是消息,即消息是对象之间进行通信的一种数据结构。消息告诉对象要求它完成的功能,程序的执行是靠对象间传递消息来连接的,即所谓的消息驱动。消息一般由三部分组成:消息的接收对象名、消息操作名和必要的参数。消息传送与传统的函数调用的主要差别有以下几点。

(1)函数调用可带或不带参数,但消息至少带一个参数(即接收该消息的对象)。

(2)消息操作名类似于函数名,但它们有本质的不同。函数名代表一段可执行的代码,而消息名的具体功能选定还取决于接收消息的对象本身。

(3)函数调用是过程式的,而消息传送是说明式的,具体如何做由对象根据收到的消息自行确定。

1.2.2　封装性、继承性和多态性

1. 封装性

封装又称信息隐蔽,是面向对象的基本特征。封装的目的是将使用者与设计者分离,使用者不必知道操作实现的细节,只需用设计者提供的消息来访问对象。例如,汽车作为一个对象,则汽车的设计者与制造者通过提供一组操作面板让用户使用这辆汽车,用户不必知道这些

面板操作是如何实现的,这样就实现了对象的设计者与使用者的分离。在面向对象中,封装可按下面三个内涵的方式定义。

(1)一个清楚的界面。所有对象的内部软件的范围被限定在这个边界内。

(2)一个接口。这个接口描述了该对象与其他对象之间的相互作用。

(3)受保护的内部实现。这个实现提供对象的相应的软件功能,实现细节不能在定义这个对象的类的外面访问。

由于封装使得对象访问局限于被良好定义的并受控制的界面,因此防止了程序相互依赖带来的不良影响,这对软件的可靠性设计是很重要的。把定义模块和实现模块分开就使得用面向对象技术所开发的软件的维护性、修改性大为改善,这是软件技术追求的目标之一。

2. 继承性

由于类是具体对象的抽象,因此就可以有不同级别的抽象(形成不同级别抽象的过程称为分类),这样就形成像一棵倒立的树一样的类层次关系。图 1.1 所示为继承分类树,它是运输工具不同级别抽象的分类树。分类是组织知识的常用方式,当以这种分层方式对象象进行分类时,位于分类树顶的对象包括下面的所有对象范畴。当一个对象范畴出现在分类树中时,它满足在分类树中位于它之上的所有对象范畴的属性。例如,在图 1.1 中位于客运工具之下的所有范畴都共享四轮的、自驱动的和设计成运送乘客的公共特性。

由此可见,继承是面向对象语言中的一种重要机制,该机制自动地为一个类提供来自另一个类的操作和属性,这样程序员只需在新类中定义已有类中没有的属性与(或)操作来建立新类即可。假定用结点表示类对象,用连接两结点的无向边表示它们之间的关系,则可用数据结构中的树形图来表示类层次结构。在树形图中,称孩子结点(设为 X 类)是其父结点(设为 Y 类)的子类或派生类,而父结点 Y 类称为子类 X 的超类或父类或基类。例如,在图 1.1 中,航天工具类、航空工具类、陆地工具类和水上工具类均是运输工具类的子类,而运输工具类则是另外几类的父类。子类 X 由两部分组成:继承部分和增加部分。继承部分是从父类 Y 中继承下来的;而增加部分是专门为子类 X 编写的新的属性和操作,增加部分可有可无。例如,在四轮工具类中没有载客量这个属性,而四轮工具类的子类客运工具类就增加了载客量这个属性。

继承是面向对象程序设计的基本要素。在面向对象软件开发中利用继承性有助于开发快速原型。继承性是实现软件重用性的最有效机制,促进了系统的可扩充性。

当一个类派生出另一个类时,子类继承了父类的属性和操作,称这种继承为单一继承(简称单继承)。当一个类处在类层次树中的多个直接父类时,称这种继承为多重继承(简称多继承)。

图 1.2 所示为一个继承的示意图。其中,类 F 从类 C 和类 D 中继承属性和操作,属于多重继承;而类 B、类 C、类 D、类 E 和类 G 为单重继承。Java 语言只提供单一继承。

3. 多态性

多态性是指一个名字具有多种语义,即指同一消息为不同对象所接受时,可以导致不同的操作。在面向对象编程语言中,它是指对象拥有同名但不同的参数格式。例如,一个方法名为 abs 的三个方法(abs(int x)、abs(float x)和 abs(double x))分别对应不同类型的参数(整型、单精度实型和双精度实型),则编译器会根据用户所给定的参数类型,选择对应的方法进行响应。程序设计的多态性有两种基本形式:编译时多态性和运行时多态性。编译时多态性是指在程序编译阶段即可确定选择哪个方法的多态性;而运行时多态性则是指必须等到程序动态运行时才可确定的多态性。例如,假定一个程序担负通过通信链接发送对象的责任,该程序可能直到发送对象时也不知道对象所属的类。这种把决定对象所属的类和访问对象的操作推迟到运行时,就是动态多态性,这种能力称为动态联编。

多态性具有使顶层代码只写一次,而底层代码可多次重复使用,实现"同一接口,多种方法"的功能。多态性使程序的表达方式更加灵活,使程序的表示形式尽可能地与所表示的内容无关。

图 1.1　继承分类树　　　　　　　　　　图 1.2　继承的示意图

1.3　Java 语言概述

随着互联网与万维网(world wide web,WWW)的兴起和不断发展,需要开发许多大型软件系统,如何简化这些大型系统的开发、设计和维护,使系统具有灵活性、可移植性和互操作性,成为软件开发必须考虑的问题。Java 语言的诞生正是满足了这个要求。Java 是一个学习起来很有趣但又有点复杂的语言,它有着很好的网上移植性和安全性,并且在编程难度上比 C/C++语言简单。

1.3.1　Java 产生的历史

Java 于 1995 年 5 月公布。1991 年,Sun 公司的 Bill Joy、Patick Naughton、Mike Sheridan 和 James Gosling 等开始从事一个称为 Green 的分布式代码系统项目开发,研制该项目的目的是通过 E-mail 给电冰箱、电视机等家用电器发送信息,对它们进行控制,与它们进行信息交流。起初,这些开发人员准备采用 C++,但觉得 C++太复杂,安全性差,最后他们基于 C++开发出了一种新的语言 Oak(Java 的前身,含义为橡树)。Oak 是一种基于网络的精巧而安全的语言,Sun 公司曾依此投标一个交互式电视项目,但当时并没有投标成功,也未引起人们的广泛重视。1994 年下半年,随着互联网的迅猛发展及 WWW 的快速增长,Oak 项目组成员受到了启发,他们意识到 Oak 非常适用于互联网,于是他们用 Oak 编制了 HotJava 浏览器,并得到了 Sun 公司首席执行官 ScottMcNealy 的支持,促进了 Oak 的研究和开发。随后,Oak 改名为 Java 语言,进军互联网,并逐渐成为互联网上受欢迎的开发与编程语言。

1.3.2　Java 的现状与发展前景

Java 是以网络为中心、面向对象的程序设计语言。一方面,它克服了早先程序设计语言在应用中的不足;另一方面,Java 语言具有自身的特点。例如,Java 具有安全性、跨平台、多线程等优势,特别适合于互联网应用程序开发。Java 语言自 1995 年问世以来就得到了不断的发展,其开发平台的版本已经从早先的 JDK 1.0 发展到 JDK 19.0,当前广泛应用 JDK 17.0。Java 语言每一个版本的推出,都是对自身不足的克服和完善,它日益成为网络应用的一支强有力的技术力量。

随着互联网和 WWW 的进一步普及,目前几乎所有的软件公司都在学习、研究并使用 Java。当前,Java 语言已经被广泛地应用在各种领域,如网络远程教学、安全的金融应用平台、无线应用平台、太空探索等。Sun、IBM、Oracle 及 Netscape 等公司都在大力推进 Java 的应用。Sun 公司的高层人士称 Java 的潜力远超过作为编程语言带来的好处。从来没有任何一种计算机语言在这么短的时间内就能得到这么广泛的响应,取得这么大的成功。由此可见,Java 确实是网络上的"世界语"。

1.3.3 Java 语言的特点

1. 什么是 Java?

按照 Sun 公司的说法,Java 是一种简单的(simple)、面向对象的(object oriented)、分布式的(distributed)、解释的(interpreted)、健壮的(robust)、安全的(secure)、结构中立的(architecture neutral)、可移植的(portable)、性能优异的(high performed)、多线程的(multithreaded)、动态的(dynamic)语言。

计算机程序必须被翻译成计算机处理器能够识别的机器代码后才能够被执行。在 C++、Pascal 等编程语言中,这个工作是由编译器来完成的,编译后形成的机器代码称为可执行的二进制映像文件。不同的处理器能够识别的机器代码是不同的。因此,为使程序可以在计算机网络环境下所有的机器上运行,其他语言必须分别在每一台机器上都重新编译一次程序。为解决这个问题,Java 语言为每个计算机系统都提供一个被称为 Java 虚拟机(Java virtual machine,JVM)的环境,它包括一个编译器和一套软件系统。Java 编译器把 Java 源程序翻译成被称为字节码的中间代码。与 Java 源程序一样,字节码也是与计算机系统无关的,同一个字节码文件可以被任何计算机使用。Java 与传统语言工作模型的差别如图 1.3 所示。

图 1.3 Java 与传统语言工作模型的差别

Java 程序的执行过程如图 1.4 所示。图 1.4 中,载入器用于调入包含、继承所用到的所有类,确定内存分配,变成真正可执行的机器码。由于网络的不安全因素较多,因此 Java 虚拟机在执行. class 文件之前,首先要对其进行验证。校验器就是用于检验是否有伪造的指针、违反访问权限、非法访问对象和导致操作栈溢出。不同的操作系统有不同的虚拟机,虚拟机是一个软件系统,它可以翻译并运行 Java 字节码。虚拟机首先翻译 Java 源程序为字节码,然后执行翻译所生成的字节代码,属于先解释后执行方式,它类似于一个小巧而高效的 CPU。字节码(byte-code)与平台无关,是虚拟机的机器指令。

图 1.4　Java 程序的执行过程

Java 字节代码运行有两种方式:解释方式和即时编译(just-in-time)。对于有些程序,采用解释方式执行程序,运行速度会很慢。为提高速度,Java 为每个系统都提供了可以直接把字节码文件编译成可执行的映像文件的编译器,Java 把这类编译器称为即时编译器(JIT),它们被捆绑在一些 Web 浏览器中。

Java 除具有平台独立性外,与其他一些语言如 C++、Smart Talk 和 Visual Basic 相比,也很容易使用,而且很容易学。此外,Java 加强了 C++的功能,去除了一些过于复杂的部分。

2. Java 语言的特点

(1)简单性。

Java 是一个精简的系统,无须强大的硬件环境就可以很好地运行。Java 的风格和语法类似于 C++,因此 C++程序员可以很快就掌握 Java 编程技术。Java 摒弃了 C++中容易引发程序错误的地方,如多重继承、运算符重载、指针和内存管理等。Java 语言具有支持多线程、自动垃圾收集和采用引用等特性。Java 提供了丰富的类库,方便用户迅速掌握 Java。

(2)面向对象。

面向对象可以说是 Java 最基本的特性。Java 语言的设计完全是面向对象的,它不支持类似 C 语言那样的面向过程的程序设计技术。所有的 Java 程序和 applet 均是对象,Java 支持静态和动态风格的代码继承及重用。

(3)分布式。

Java 包括一个支持 HTTP 和 FTP 等基于 TCP/IP 协议的子库。因此,Java 应用程序可凭借统一资源定位器(uniform resource locator, URL)打开并访问网络上的对象,就像访问本地文件一样简单方便。Java 的分布性为实现在分布环境尤其是互联网下的动态内容提供了技术途径。

（4）健壮性。

Java 是一种强类型语言，它在编译和运行时要进行大量的类型检查。类型检查帮助检查出许多开发早期出现的错误。Java 自己操纵内存，减少了内存出错的可能性。Java 的数组并非采用指针实现，从而避免了数组越界的可能。Java 通过自动垃圾收集器避免了许多因内存管理而造成的错误。Java 在程序中由于不采用指针来访问内存单元，因此避免了许多错误发生的可能。

（5）结构中立。

作为一种网络语言，Java 编译器将 Java 源程序编译成一种与体系结构无关的中间文件格式，只要是有 Java 运行系统的机器都能执行这种中间代码，从而使同一版本的应用程序可以运行在不同的平台上。

（6）安全性。

作为网络语言，安全是非常重要的。Java 的安全性可从两个方面得到保证：一方面，在 Java 语言中，像指针和释放内存等 C++ 功能被删除，避免了非法内存操作；另一方面，当 Java 用来创建浏览器时，语言功能与一类浏览器本身提供的功能结合起来，使它更安全。Java 语言在机器上执行前要经过很多次的测试。它经过代码校验，检查代码段的格式，检测指针操作、对象操作是否过分，以及试图改变一个对象的类型。另外，Java 拥有多个层次的互锁保护措施，能有效地防止病毒的入侵和破坏行为的发生。

（7）可移植性。

Java 与体系结构无关的特性使得 Java 应用程序可以在配备了 Java 解释器和运行环境的任何计算机系统上运行，这成为 Java 应用软件便于移植的良好基础。但仅仅如此还不够，如果基本数据类型设计依赖于具体实现，就会给程序的移植带来很大不便。通过定义独立于平台的基本数据类型及其运算，Java 数据得以在任何硬件平台上保持一致，这也体现了 Java 语言的可移植性。Java 编译器本身就是用 Java 语言编写的，Java 运算系统的编制依据 POSIX 方便移植的限制，用 ANSIC 语言写成，Java 语言规范中也没有任何"与具体实现相关"的内容，这说明 Java 本身也具有可移植性。同时，Java 语言的类库也具有可移植性。

（8）解释器。

Java 解释器（运行系统）能直接对 Java 字节码进行解释执行。链接程序通常比编译程序所需资源少。

（9）高性能。

虽然 Java 是解释执行程序，但它具有非常高的性能。另外，Java 可以在运行时直接将目标代码翻译成机器指令。

（10）多线程。

线程有时又称小进程，是一个从大进程里分出来的小的、独立运行的基本单位。Java 提供的多线程功能使得在一个程序里可同时执行多个小任务，即同时进行不同的操作或处理不同的事件。多线程带来的更大的好处是具有更好的网上交互性能和实时控制性能，尤其是实现多媒体功能。

（11）动态性。

Java 的动态特性是其面向对象设计方法的扩展。它允许程序动态地装入运行过程中所需要的类，而不影响使用这一类库的应用程序的执行，这是采用 C++ 语言进行面向对象程序设计时无法实现的。

1.3.4　应用程序类型和相关技术名词

1. Java 的应用程序类型

用 Java 可以开发几乎所有的应用程序类型,主要有以下几种。

(1)多平台应用程序。Java 是跨平台的应用开发工具,用 Java 开发的网络应用系统可以在各种平台上运行,大大增加了开发效率,减少了重复劳动。

(2)Web 应用程序。开发 Web 应用程序是 Java 的基本功能。Web 浏览是现在互联网甚至局域网的主要使用方式。文档能很容易地显示文本和各种图片,并提供超文本链接。

(3)基于 GUI 的应用程序。用 Java 语言可以开发出一般 Windows 下的标准图形用户界面。

(4)面向对象的应用程序。由于 Java 是一种纯面向对象的编程语言,因此常用 Java 语言开发面向对象的应用程序。

(5)多线程应用程序。利用 Java 语言提供的多线程机制可以方便开发各种动画应用等程序。

(6)关键任务的应用程序。如电子商务和数据库方面的应用程序。

(7)分布式网络应用程序。Java 是网络编程语言,常利用 Java 进行分布式网络应用程序的开发。例如,Sun 公司的 hotJava 浏览器就是用 Java 开发的。

(8)安全性应用程序。Java 设计为在其编译器、运行系统及相应的浏览器中嵌入多层安全机制。

2. Java 相关技术名词介绍

自 1995 年以来,Java 的应用范围越来越广,也因此而派生出许多专用名词。

(1)JVM 是一个软件系统,可以翻译并运行 Java 字节码。它是 Java 的核心,保证了在任何异构的环境下都可运行 Java 程序,解决了 Java 的跨平台的问题。

(2)Java 运行环境(Java runtime environment,JRE)只是 Java 的运行环境,提供了 Java 程序运行所需的基本类库,它包含 JVM。

(3)Java 开发环境(Java development kit,JDK)是 Sun 公司开发的一个免费的 Java 开发工具集,提供了 Java 开发、运行和测试一体的环境,包含完整的 JRE。

(4)Servlet 是指利用 Java 技术设计的、运行在服务器端的一种程序,其功能类似于传统的公共网关接口(common gateway interface,CGI),可以接收来自浏览器的请求,动态地生成响应。

(5)Java 服务端面页(java server pages,JSP)是一种以 Java 为主的跨平台 Web 开发语言。

(6)抽象窗口工具包(abstract window toolkit,AWT)用于支持图形用户界面编程,是 Java 基础类库(Java foundation classes,JFC)的一部分。它提供了用于设计用户界面的组件及事件处理模型,还包括一系列图形与图像工具、布局管理器及用于本地平台的剪贴板交换数据的传送类。

(7)JFC 是一系列预先写好的 100% 纯 Java 的图形用户界面(graphical user interface,GUI)组件和应用程序编程接口(application programming interface,API),可用于快速开发多功能的 Java 程序。

(8)Java 2 企业级平台(Java 2 platform enterprice edition,J2EE)是 Sun 公司推出的解决分布式企业级运算的一套开发与运行平台。J2EE 由企业级 Java 组件(enterprise Java bean,EJB)和八种企业级 API 组成。八种企业级 API 对应于八种服务,分别是 Java 命名和目录接口

（Java naming and directory interface，JNDI）、Java 数据库互联（Java database connectivity，JDBC）、Java 远程调用（Java remote method invocation，Java RMI）、Java 管理 API（Java management API，JMAPI）、Java 事务 API（Java transaction API，JTA）、Java 事务服务（Java transaction service，JTS）、Java 消息服务（Java messaging service，JMS）和 Java 安全 API（Java security API），它给开发基于 Web 的多层应用提供了功能支持。如今，J2EE 已广泛成为开发企业级服务端解决方案的首选平台。

（9）Java Bean 是一种专门为 Java 软件开发者设计的全新的组件技术。

（10）EJB 提供了一个框架来开发和实施分布式商务逻辑，是"只需编写一次，可以四处运行"的中间层组件，它由实现业务规则的方法组成，由此显著地简化了具有可伸缩性和高度复杂的企业级应用的开发。

（11）远程方法调用（remote method invocation，RMI）的功能是让分布式应用程序中间层内的远程对象可以互相通信。RMI 是一种 EJB 使用的更下层的协议，它能够实现分布式的企业计算模式，实现了在运行于不同虚拟机的对象之间的方法调用。

（12）Java 智能网络架构（Java intelligent networking infrastructure，JINI）技术规范提供了构成电子设备、服务和应用程序网络所使用的机制。可使范围广泛的多种硬件和软件（即可与网络相连的任何实体）自主联网。JINI 的目标是最大限度地简化与网络的交互性。

（13）JDBC 即 Java 数据库连接。它是由 Sun 公司提出的一系列对数据库进行操作的规范，以一种统一的方式来对各种各样的数据库进行存取。它可以向数据库提交结构化查询语言（structured query language，SQL）查询和检索，并处理 SQL 查询的结果。

（14）JNDI 命名服务为定位分布式对象提供了机制。目录服务在层次结构中组织分布式对象和其他资源（如文件）。JNDI 提供访问各种各样关于用户、机器、网络、服务和应用程序的信息，使开发人员以标准方式开发无缝连接企业命名和目录接口，使用者就可以通过这些统一的界面去访问低层的各种服务。

（15）JMS 用于编写业务应用程序，它们可以异步发送和接收数据。

（16）Java 平台调试架构（Java platform debugger architecture，JPDA）提供一套组成构建调试应用程序基础设施。

（17）Java 2D API 是一种高级图形和成像处理的应用接口，方便用户进行图形和成像处理。

（18）Java 平台调试体系（Java platform debugger architecture，JAI）是一种 Java 高级应用接口，为 Java 的应用程序和 Applet 小程序提供高性能图像处理功能。

（19）Java 密码术扩展（Java cryptography extension，JCE）实际上是一个提供了加密、密钥生成和协议及消息认证码（message authentication code，MAC）算法的框架和实现的包集合。

（20）Java 数据对象（Java data objects，JDO）是持久性的基于标准接口的 Java 模型抽象，它允许编程人员直接将 Java 域模型实例存储到持久存储（数据库）中，可能替代直接文件输入输出、序列化、JDBC、EJB Bean 管理持久化（Bean managed persistence，BMP）或容器管理持久化（container managed persistence，CMP）Entity Bean 等。

（21）Java 管理扩展（Java management extensions，JMX）提供有用的工具以服务构建分布式、基于 Web、模块化和动态应用程序，以便管理和监视设备、应用程序和服务驱动的网络。

（22）Java 媒体架构（Java media framework，JMF）为 Java 应用程序和 Applet 小程序提供音频、视频和其他基于时间的媒体的支持。

（23）Java 安全套接字扩展（Java secure socket extensions，JSSE）可以启动互联网安全通信。

(24) Java 语音应用接口(Java speech API，JSAPI)允许 Java 应用程序将语音技术合并到用户接口中。JSAPI 定义了跨平台的 API，以支持命令和控制识别程序、听写系统和语音合成器。

(25) Java 3D 是一种 API，通过提供支持简单高级编程模型的一组面向对象的接口，开发人员可以使用它容易地将可伸缩的平台独立的 3D 图形合并到 Java 应用程序中。

1.4　Java 的工作原理

1.4.1　Java 虚拟机

Java 虚拟机其实是软件模拟的计算机，它可以在任何处理器上(无论是在计算机中还是在其他电子设备中)解释并执行 Java 的字节码文件。Java 的字节码称为 Java 虚拟机的机器码，被保存在扩展名为 .class 的文件中。

一个 Java 程序的编译和执行过程如图 1.5 所示。首先，Java 源程序需要通过 Java 编译器编译成扩展名为 .class 的字节码文件；然后，由 Java 虚拟机中的 Java 解释器负责将字节码文件解释成为特定的机器码并执行。

图 1.5　Java 程序的编译和执行过程

1.4.2　内存自动回收机制

在程序的执行过程中，系统会给创建的对象分配内存，当这些对象不再被引用时，它们所占用的内存就处于废弃状态，如果不及时对这些废弃的内存进行回收，就会带来程序运行效率下降等问题。

在 Java 运行环境中，始终存在着一个系统级的线程，专门跟踪对象的使用情况，定期检测出不再使用的对象，自动回收它们占用的内存空间，并重新分配这些内存空间让它们为程序所用。Java 的这种废弃内存自动回收机制极大地方便了程序设计人员，使他们在编写程序时不需要考虑对象的内存分配问题。

1.4.3　代码安全性检查机制

Java 是网络编程语言，在网络上运行的程序必须保证其安全性。如何保证从网络上下载的 Java 程序不携带病毒而安全地执行呢？Java 提供了代码安全性检查机制。

Java 在将一个扩展名为 .class 的字节码文件装载到虚拟机执行之前，先要检验该字节码文件是否符合字节码文件规范，代码中是否存在着某些非法操作。检验工作由字节码检验器

（bytecode verifier）或安全管理器（security manager）进行。检验通过之后，将字节码文件加载到 Java 虚拟机中，由 Java 解释器解释为机器码并执行。Java 虚拟机把程序的代码和数据都限制在一定内存空间里执行，不允许程序访问超出该范围，保证了程序的安全运行。

1.5　Java 的运行环境 JDK

1.5.1　Java 平台

Java 不仅是一种网络编程语言，还是一个不断扩展的开发平台。Sun 公司针对不同的市场目标和设备进行定位，把 Java 划分为以下三个平台。

（1）J2SE。

J2SE（Java 2 standard edition）是 Java 2 的标准版，主要用于桌面应用软件的编程。它包含了构成 Java 语言基础和核心的类。学习 Java 的过程主要是在该平台上进行的。

（2）J2EE。

J2EE（Java 2 enterprise edition）是 Java 2 的企业版，主要是为企业应用提供一个服务器的运行和开发平台。J2EE 不仅包含 J2SE 中的类，还包含诸如 EJB、Servlet、JSP、XML 等许多用于开发企业级应用的类包。J2EE 本身是一个开放的标准，任何软件厂商都可以推出自己符合 J2EE 标准的产品。J2EE 将逐步发展成为强大的网络计算平台。

（3）J2ME。

J2ME（Java 2 micro edition）是 Java 2 的微缩版，主要为消费电子产品提供一个 Java 的运行平台，使得用户能够在手机、机顶盒、PDA 等消费电子产品上运行 Java 程序。

1.5.2　建立 Java 开发环境

要使用 Java 开发程序，就必须先建立 Java 的开发环境。当前有许多优秀的 Java 程序开发环境，如 JBuilder、Visual Age、Visual J++等，这些工具功能强大，很适合有经验者使用。对于学习 Java 者来说，应该使用 Sun 公司的 Java 开发工具箱 JDK，它拥有最新的 Java 程序库，功能逐渐增加且版本在不断更新。尽管它不是最容易使用的产品，但它是免费的，可到 Java. sun. com 站点上免费下载。

下面介绍在 Microsoft Windows 操作系统平台上安装 JDK，建立 Java 的开发环境。

1. 下载并安装 JDK 文件

本书使用 JDK 17 版本，从 https://www. oracle. com/java/technologies/downloads/站点上下载安装文件 jdk-17_windows-x64_bin。双击安装文件，按照提示一步步执行即可安装。将 JDK 成功安装到 C:\Program Files\Java\jdk-17 目录下后，将有图 1.6 所示的目录结构。

2. 下载并安装 Java 帮助文档

Java 帮助文档对程序设计人员来说是很重要的，由于 JDK 的安装文件中不包括帮助文档，因此也需要从网站上下载然后安装。帮助文档下载和安装的过程和步骤与 JDK 类似，此处不再赘述。

图 1.6　目录结构

帮助文档一般被安装在.docs 的目录下,使用浏览器打开该目录下的 index.html 文件即可查阅所有的帮助文档。

3.设置运行路径

在运行 Java 程序或进行一些相关处理时,用到了工具箱中的工具和资源,这就需要设置两个环境变量,即 PATH 和 CLASSPATH,以获取运行工具和资源的路径。

在不同的操作系统下设置环境变量的方式有所不同,下面以 Windows XP 系统为例说明设置环境变量的操作方法和步骤。

(1)右击"我的电脑"图标。

(2)在出现的快捷菜单中单击"属性"选项。

(3)在出现的"系统属性"对话框窗口上单击"高级"选项。

(4)单击对话框上的"环境变量"按钮。

(5)在出现的"环境变量"对话框上单击用户变量框内的"新建"按钮。

(6)出现图 1.7 所示的"新建系统变量"对话框。在"变量名"文本框中输入 JAVA_HOME,在"变量值"文本框中输入 C:\Program Files\Java\jdk-17,然后单击"确定"按钮。

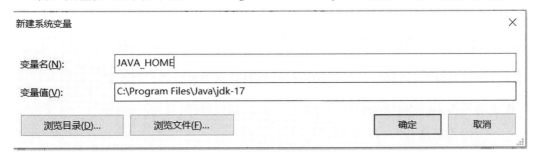

图 1.7　"新建系统变量"对话框

(7)在"环境变量"对话框的"系统变量"列表框中选中名为 Path 的系统变量,单击"编辑"按钮,打开"编辑系统变量"对话框,点击"新建"按钮,在文本框中输入%JAVA_HOME% \bin,然后单击"确定"按钮。完成之后最好重新启动计算机。

1.5.3　开发工具简介

下面简要介绍在命令提示符方式下几个开发工具的使用。

1.Java 编译器 Javac.exe

Javac 用于将扩展名为.java 的源程序代码文件编译成扩展名为.class 字节码文件。

使用格式:javac FileName.java。

例如,编译 java 源程序 myProg.java:

Javac myProg.java

执行该命令将在当前目录下生成字节码文件 myProg.class。

注意:在编译文件时,源文件的扩展名.java 必须带上,否则会出现编译错误,不能生成字节码文件。

2.解释器 Java.exe

解释执行编译后的字节码文件程序。

使用格式:java classFileName。

例如,解释执行字节码文件 myProg. class:

Java myProg

注意:运行的类文件名不需要带. class 扩展名。

3. IntelliJ IDEA 开发工具

IntelliJ IDEA 简称 IDEA,是 JetBrains 公司开发的 Java 编程语言的集成开发环境,是行业公认的最优秀 Java 开发工具,尤其在智能代码助手、代码自动提示、重构、J2EE 支持、各类版本工具(git、svn 等)、JUnit、CVS 整合、代码分析、创新的 GUI 设计等方面具有明显优势。本书后续章节的 Java 程序编写和运行都将采用此开发工具。

(1)安装。

进入 IDEA 官网 https://www. jetbrains. com/idea 下载安装包,目前有两个版本:旗舰版(Ultimate)和社区版(Community Edition)。旗舰版比社区版更全面,建议下载旗舰版。单击 Ultimate 下面的"Download"按钮下载,下载完成后双击安装包,弹出欢迎界面,点击"Next"按钮,弹出安装路径设置界面。界面中显示了默认的安装路径,可以点击"Browse"按钮修改安装路径,设置完后点击"Next"按钮,弹出基本安装选项界面。勾选基本安装选项界面第一个复选框,安装完成后生成桌面快捷方式,点击"Next"按钮,弹出选择开始菜单界面。在开始菜单界面点击"Install"按钮,完成安装。

(2)启动

双击桌面快捷方式即可启动,启动后弹出对话框,可先直接进入主界面。

1.5.4　Java 程序实例

1. Java 程序的分类

Java 程序根据程序结构的组成和运行环境的不同可以分为两类:Java 应用程序(Java application)和 Java 小应用程序(Java applet)。Java 应用程序是一个完整的程序,需要独立的 Java 解释器来解释执行;而 Java 小应用程序则是嵌在 Web 页面中的非独立应用程序,由 Web 浏览器内部所包含的 Java 解释器来解释执行,为 Web 页面增加交互性和动态性。

2. Java 程序的例子

下面分别就两种程序举例说明它们的一般开发过程。

(1)Java Application。

① 编写源程序。

【例 1.1】　建立一个名为 WelcomeApp. java 的文件:

```
1   import java. io. * ;
2   public class WelcomeApp{
3       public static void main(String[ ] args){
4           System. out. println("Welcome to JAVA!");
5       }
6   }
```

所有的 Java 程序都是由类或类的定义组成的。在例 1.1 中,import 是一个关键字,其作用是引入系统定义的类。import 语句相当于 C 语言中的 include 语句。例 1.1 中,通过 import 语句引入了 java. io 包,这个包主要用于输入输出工作。Java 中用 class 来标记一个类的定义的开始,class 的前面可以有若干标志该类属性的限定性关键字。例 1.1 中的 public 表示这个类可以在所有场合使用。class 后面跟着这个类的类名,例 1.1 中类名为 WelcomeApp。类名后面的大括号括起的是语句组,Java 源程序中的每个语句都必须用分号结束。大括号定义了类的各种组成成分,在例 1.1 中,类 WelcomeApp 定义了一个 main 方法。方法的标记是方法名后紧跟一个小括号,小括号里面可以定义方法的参数(如 args),参数也可以不定义。方法名前面可以添加该方法属性的限定性关键字和方法的返回类型。

　　Java 源程序的编写可以在任何文件编辑器中进行,如记事本、写字板等。无论在什么环境编写,所要保存的文件名都一定要按前面讲的格式取名,否则编译时会导致错误发生。

　　② 编译 Java 程序。本章介绍如何在命令行的方式下直接用 JDK 中提供的程序来编译。这里主要介绍如何在命令行方式下编译 Java 程序,当然还可以选择用集成的开发环境来编译。

　　用 Java JDK 编译器编译(在命令行下)的格式如下:

　　〔path1〕javac〔option〕　　〔path2〕SourceFilename

其中,可选项 path1 为编译器 Javac 所在的路径;可选项 path2 为 Java 源程序所在的路径;option 是选项表,在大部分情况下可以省略。若设置了 Java 的 PATH 和 CLASSPATH 环境变量,则 path1 和 path2 可以省略。

　　本例编译格式为"javac WelcomeApp.java",一旦编译成功,便会产生一个扩展名为".class"的文件,这个.class 文件就是已经编译好的程序,即 Java 字节码。

　　③ 运行程序。通过解释器运行这个程序。在 JDK 平台上运行这个独立应用程序,在命令行方式下可以使用命令"java WelcomeApp",执行后就会看到图 1.8 所示的结果(Welcome to JAVA!)。

图 1.8　在命令行下运行 Java 程序的结果

　　(2)使用 IntelliJ IDEA 进行程序开发。

　　①创建 Java 项目。在主界面点击"New Project"按钮进入新建项目界面。进入后,在左侧栏列表里选中"Java",在右侧栏顶部"Project SDK"对应的列表里选择安装好的 JDK,点击"Next"按钮进入选择模板创建项目界面。进入选择模板界面后,点击"Next"按钮进入项目设置界面。设置"Project location"(项目路径)、"Base package"(基本包名)。设置完后,点击"Finish"按钮进入开发界面。开发界面如图 1.9 所示,包括包资源管理器、文本编辑器等视图。

　　②在项目下创建包。鼠标右键单击图 1.9 所示项目 chapter01 的 src 文件夹,选择"New"→"Package",会弹出"New Package"窗口。输入包名,如"com.java.chapter01",然后点击回车,src 文件夹中会出现相应的包。

　　③创建 java 类。新建项目后,系统自动创建一个 Main.java 文件,该文件自带 main 方法,如图 1.9 所示。可以在该文件中编写详细代码,也可以创建新的类文件进行编辑并在其中添

加 main 方法。鼠标右键单击包名,选择"New"→"Java Class",会弹出"New Java Class"窗口,填写类名,如"Example01"。文本编辑区域会自动打开新建的 Example01. java 类文件,如图 1.10所示。

图 1.9 开发界面

图 1.10 文本编辑区

④编写程序代码及运行。在文本编辑区域编辑代码,如在 Example01. java 类中添加 main 方法。点击工具栏的启动按钮▶,控制台会显示结果,如图 1.10 所示。

⑤调试工具。首先设置断点,然后单点击图 1.11 中的调试按钮进入 Debug 模式。IDEA 在 Debug 模式下定义了快捷键用于调试,常用快捷键及其含义见表1.1。

图 1.11　Debug 模式

表 1.1　常用快捷键及其含义

快捷键	操作含义
F8	不进入函数内部进行单步调试
F7	进入函数内部进行单步调试
Shift+F7	选择要进入的函数
Shift+F8	跳出函数
Alt+F9	运行到断点
Alt+F8	执行表达式查看结果
F9	继续执行,进入下一个断点或执行完程序

1.6　Java 语言与 C/C++语言的不同

Java 语言的变量声明、操作符形式、参数传递、流程控制等方面与 C/C++语言完全相同。但 Java 与 C/C++语言又有许多差别,主要表现在以下几个方面。

(1) Java 中对内存的分配是动态的,它采用面向对象的机制,采用运算符 new 为每个对象分配内存空间,而且实际内存还会随程序运行情况而改变。程序运行中,每个 Java 系统自动对内存进行扫描,对长期不用的空间作为“垃圾”进行收集,使得系统资源得到更充分的利用。按照这种机制,程序员不必关注内存管理问题,这使得 Java 程序的编写变得简单明了,并且避免了内存管理方面的差错导致系统出现的问题。而 C 语言通过 malloc( )和 free( )这两个库函数来分别实现分配和释放内存空间,C++语言中则通过运算符 new 和 delete 来实现分配和释放内存空间。在 C 和 C++这种机制中,程序员必须非常仔细地处理内存的使用问题。一方面,如果对已释放的内存再做释放或对未曾分配的内存做释放,就会造成死机;而另一方面,如果对长期不用的或不再使用的内存不释放,则会浪费系统资源,甚至因此而造成资源枯竭。

(2) Java 不在所有类之外定义全局变量,而是在某个类中定义一种公用静态的变量来完成全局变量的功能。

（3）Java 不用 goto 语句，而是用 try…catch…finally 异常处理语句来代替 goto 语句处理出错的功能。

（4）Java 不支持头文件，而 C/C++语言中都用头文件来定义类的原型、全局变量、库函数等，这种采用头文件的结构使得系统的运行维护相当繁杂。

（5）Java 不支持宏定义，而是使用关键字 final 来定义常量，在 C++中则采用宏定义来实现常量定义。

（6）Java 对每种数据类型都分配固定长度。例如，在 Java 中，int 类型总是 32 位的；而在 C/C++中，对于不同的平台，同一个数据类型分配不同的字节数。同样是 int 类型，在 PC 机中为 2 个字节即 16 位，而在 VAX-11 中则为 32 位。这使得 C 语言造成不可移植性，而 Java 则具有跨平台性（平台无关性）。

（7）类型转换不同。在 C/C++中，可通过指针进行任意的类型转换，这常常带来不安全性。而在 Java 中，运行时系统对对象的处理要进行类型相容性检查，以防止不安全的转换。

（8）结构和联合的处理。在 C/C++中，结构和联合的所有成员均为公有，这就带来了安全性问题。而在 Java 中根本就不包含结构和联合，所有的内容都封装在类里。

（9）Java 不再使用指针。指针是 C/C++中最灵活，也最容易产生错误的数据类型。由指针进行的内存地址操作常会造成不可预知的错误。同时，通过指针对某个内存地址进行显式类型转换后，可以访问一个 C++中的私有成员，从而破坏安全性。而 Java 对指针进行完全的控制，程序员不能直接进行任何指针操作。

本 章 小 结

本章主要介绍了面向对象的基本概念，JDK 的安装，Java 程序编写、编译、运行的方法，Eclipse 开发环境的安装方法，同时还介绍了 Java 语言与 C/C++语言的不同。在面向对象的基本概念中，主要介绍了对象、消息、类、封装、继承和多态。

Java 的产生与流行是当今互联网发展的客观要求。用 Java 可以开发几乎所有的应用程序类型。Java 程序根据程序结构的组成和运行环境的不同可以分为两类：Java 应用程序和 Java 小应用程序。Java 程序的开发环境有 JDK 和基于集成软件的开发环境。

习 题

1. 简述面向对象软件开发方法的重要意义。

2. 解释下面几个概念：

（1）对象；（2）实例；（3）类；（4）消息；（5）封装；（6）继承；（7）多态。

3. 对象"狗"与对象"小黑狗"是什么关系？对象"狗"与对象"狗尾巴"又是什么关系？

4. 简述 Java 语言的主要特点。

5. 简述 Java 语言与 C/C++语言的主要差异。

6. 什么是 Java 虚拟机？什么是 Java 的字节码？

7. 简述 Java 程序的运行过程。

8. Java 程序分哪两类，各有什么特点？

9. 根据自己的上机环境，简述 Java 程序的开发步骤。

第 2 章

Java 语言基础

任何一种计算机语言都有其语法规则,Java 语言也不例外。掌握 Java 语言的基础知识是正确编写 Java 程序的前提,也是进一步深入学习 Java 语言的基础。本章主要介绍编写 Java 程序必须熟悉的语言基础知识,包括 Java 语言标识符、保留字、数据类型、运算符、表达式、标准输入输出、流程控制语句及数组。

2.1 标识符、保留字和注释

2.1.1 标识符

标识符(identifier)用于标识变量、函数、类和对象的名称,一是说明它们的存在,二是方便使用它们。程序员根据需要自行指定标识符,但在 Java 语言中需要遵循一定的语法规则。

Java 语言中,标识符是以字母、下划线(_)、美元符($)开头的一个字符序列,后面可以跟字母、下划线、美元符、数字。

Java 对于标识符的命名规则如下。

(1)第一字符必须为"A"~"Z"、"a"~"z"、"_"、"$"其中之一。

(2)其他字符可以是"A"~"Z"、"a"~"z"、"_"、"$"及 0~9。

(3)字母有大小之分,没有最大长度限制。例如,My_name 和 my_name 是不同的标识符。

(4)用户自定义标识符可以包含保留字,但不能与保留字重名。例如,int_number。

基于上述原则的有效标识符有 HelloWorld、my_name1、_Hello、$ Mon 等;无效标识符有 2m、-My、class 等。

2.1.2 关键字与保留字

在 Java 语言中,保留字或关键字是指那些具有专门的意义和用途的、由系统定义的标识符。Java 语言的关键字与保留字见表 2.1,表中前四列均为关键字,最后一列为保留字。

表 2.1 Java 语言的关键字与保留字

数据类型	流程控制	修饰符	动作	保留字
boolean	if	public	package	true
int	else	protected	import	false

续表 2.1

数据类型	流程控制	修饰符	动作	保留字
long	do	private	throw	null
short	while	final	throws	goto
byte	for	void	extends	const
float	switch	static	implements	
double	case	strictfp	this	
char	default	abstract	super	
class	break	transient	instanceof	
interface	continue	synchronized	new	
	return	volatile		
	try	native		
	catch			
	finally			

注意:在 Java 中,常量 true、false、null 都是小写的;而在 C++中,它们都是大写的。

2.1.3 注释

程序中的注释是程序设计者与程序阅读者之间通信的重要手段。应用注释规范对于软件本身和软件开发人员而言尤为重要,并且在流行的敏捷开发思想中已经提出了将注释转为代码的概念。好的注释规范可以尽可能地减少一个软件的维护成本,并且几乎没有任何一个软件在其整个生命周期中均由最初的开发人员来维护。好的注释规范可以改善软件的可读性,可以让开发人员尽快而彻底地理解新的代码。好的注释规范可以最大限度地提高团队开发的合作效率。长期的规范性编码还可以让开发人员养成良好的编码习惯,甚至锻炼出更加严谨的思维能力。

1. 注释的原则

(1)注释形式统一。在整个应用程序中,使用具有一致的标点和结构的样式来构造注释,不要试图在既成的规范系统中引入新的规范。

(2)注释的简洁。内容要简单、明了、含义准确,防止注释的多义性,错误的注释无益,甚至有害。

(3)注释的一致性。在写代码之前注释或边写代码边写注释,因为以后很可能没有时间这样做。另外,如果有机会复查已编写的代码,则会发现在今天看来很明显的东西几周以后或许就不明显了。通常描述性注释先于代码创建,解释性注释在开发过程中创建,提示性注释在代码完成后创建。修改代码的同时要修改相应的注释,以保证代码与注释同步。

(4)注释的位置。保证注释与其描述的代码相邻,即注释的就近原则。对代码的注释应放在其上方相邻或右方的位置,不可放在下方。避免在代码行的末尾添加注释,行尾注释会使代码更难阅读。不过,在批注变量声明时,行尾注释是合适的,在这种情况下,要将所有行尾注释对齐。

（5）注释的数量。注释必不可少，但也不应过多，在实际的代码规范中，要求注释占程序代码的比例达到 20% 左右。注释是对代码的"提示"，而不是文档，程序中的注释不可喧宾夺主，注释太多会让人眼花缭乱，注释的花样要少，不要被动地为写注释而写注释。

（6）删除无用注释。在代码交付或部署发布之前，必须删掉临时的或无关的注释，以避免在日后的维护工作中产生混乱。

（7）复杂的注释。如果需要用注释来解释复杂的代码，请检查此代码以确定是否应该重写它。尽一切可能不注释难以理解的代码，而应该重写它。尽管一般不应该为使代码更简单、便于使用而牺牲性能，但必须保持性能与可维护性之间的平衡。

（8）多余的注释。描述程序功能和程序各组成部分相互关系的高级注释是最有用的，而逐行解释程序如何工作的低级注释则不利于读、写和修改，是不必要的，也是难以维护的。避免每行代码都使用注释。如果代码本来就是清楚、一目了然的，则不加注释，避免多余或不适当的注释出现。

（9）必加的注释。典型算法必须有注释。在代码不明晰或不可移植处必须有注释。在代码修改处加上修改标识的注释。在循环和逻辑分支组成的代码中添加注释。为防止问题反复出现，对错误修复和解决方法的代码使用注释，尤其是在团队环境中。

（10）注释在编译代码时会被忽略，不编译到最后的可执行文件中，所以注释不会增加可执行文件的大小。

2. Java 注释技巧

（1）空行和空白字符也是一种特殊注释，可以利用缩进和空行使代码与注释容易区别，并协调美观。

（2）当代码较长，特别是有多重嵌套时，为使层次清晰，应当在一些段落的结束处加注释（在闭合的右花括号后注释该闭合所对应的起点），注释不能写得很长，只要能表示是哪个控制语句控制范围的结束即可，这样便于阅读。

（3）将注释与注释分隔符用一个空格分开，在没有颜色提示的情况下查看注释时，这样做会使注释很明显且容易被找到。

（4）不允许给块注释的周围加上外框，这样看起来可能很漂亮，但是难以维护。

（5）每行注释（连同代码）不要超过 120 个字（1 024×768），最好不要超过 80 个字（800×600）。

（6）IntelliJ IDEA 的 Java 编辑器（IDE）注释快捷方式。Ctrl+/ 注释当前行，再按一次则取消注释。

（7）对于多行代码的注释，尽量不采用"/＊……＊/"，而采用多行"//"注释，这样虽然麻烦，但是在做屏蔽调试时不用查找配对的"/＊……＊/"。

（8）注释作为代码切换开关，用于临时测试屏蔽某些代码。

3. Java 注释方法及格式

（1）单行（single-line）短注释。

①单独行注释。在代码中单起一行注释，注释前最好有一行空行，并与其后的代码具有一样的缩进层级。如果单行无法完成，则应采用块注释。

注释格式：

```
/＊ 注释内容 ＊/
```

②行头注释:在代码行的开头进行注释,主要是为使该行代码失去意义。

注释格式:

// 注释内容

③行尾注释。尾端(trailing)极短的注释,在代码行的行尾进行注释,一般与代码行后空 8(至少 4)个格,所有注释必须对齐。

注释格式:代码 + 8(至少 4)个空格 + // 注释内容。

(2)块(block)注释。

注释若干行,通常用于提供文件、方法、数据结构等的意义与用途的说明,或者算法的描述,一般位于一个文件或一个方法的前面,起到引导的作用,也可以根据需要放在合适的位置。这种域注释不会出现在 HTML 报告中。注释格式通常写成如下格式:

/*

* 注释内容

*/

(3)文档注释。

注释若干行,并写入 javadoc 文档。每个文档注释都会被置于注释定界符/* * …… */之中,注释文档将用来生成 HTML 格式的代码报告,所以注释文档必须书写在类、域、构造函数、方法及字段(field)定义之前。注释文档由两部分组成:描述和块标记。注释文档的格式如下:

```
1   /* *
2    *  The doGet method of the servlet.
3    *  This method is called when a form has its tag value method
4    *  equals to get.
5    *  @ param request
6    *  the request send by the client to the server
7    *  @ param response
8    *  the response send by the server to the client
9    *  @ throws ServletException
10   *  if an error occurred
11   *  @ throws IOException
12   *  if an error occurred
13   */
14   public void doGet (HttpServletRequest request, HttpServletResponse response)
15   throws ServletException, IOException {
16   doPost(request, response);
17   }
```

第二~四行为描述,描述完毕后,由@ 符号起头为块标记注释。

(4) javadoc 注释标签语法。

①@ author。对类的说明,标明开发该类模块的作者。

②@ version。对类的说明,标明该类模块的版本。

③@ see。对类、属性、方法的说明,参考转向,也就是相关主题。

④@ param。对方法的说明,对方法中某参数进行说明。

⑤@ return。对方法的说明,对方法返回值进行说明。

⑥@ exception。对方法的说明,对方法可能抛出的异常进行说明。

2.2　数　据　类　型

Java 的数据类型与 C++相似,但有两点不同:在 Java 语言中所有的数据类型是确定的,与平台无关,所以在 Java 中无 sizeof 操作符;Java 中每种数据类型都对应一个默认值。这两点体现了 Java 语言的跨平台性和完全稳定性。

Java 的数据类型可分为基本数据类型(又称简单数据类型)和引用数据类型(又称复合数据类型)。基本数据类型是由 Java 语言本身定义的数据类型;引用数据类型是由用户根据需要自己定义并实现其运算的数据类型。Java 数据类型如图 2.1 所示,Java 定义的所有基本数据类型见表 2.2。此外,还有字符串型 String。

图 2.1　Java 数据类型

表 2.2　Java 定义的所有基本数据类型

类型		范围/格式	说明	数值范围	默认值
字符型	char	16 位 Unicode 字符集	单字符	$0 \sim 2^{16}-1$	'/u0000'
布尔型	boolean	true 或 false	布尔型	true/false	
整数类型	byte	8 位二进制补码	字节整型	$-2^{7} \sim 2^{7}-1$	0
	short	16 位二进制补码	短整型	$-2^{15} \sim 2^{15}-1$	0
	int	32 位二进制补码	整型	$-2^{31} \sim 2^{31}-1$	0
	long	64 位二进制补码	长整型	$-2^{63} \sim 2^{63}-1$	0L
实数类型	float	32 位 IEEE 754 规范	单精度		0.0f
	double	64 位 IEEE 754 规范	双精度		0

引用数据类型有类、接口和数组等。

Java 语言没有 C++中的指针类型、结构类型、联合类型和枚举类型。

2.2.1 布尔型数据

布尔型数据只有 true 和 false 两个数据值,并且它们不对应任何整型值。

2.2.2 字符型

字符型数据也包括字符型常量和字符型变量。

字符型常量是用单引号括起来的一个字符,如′A′、′9′。Java 语言中的字符型数据是使用 16 位全球文字共享编码(Unicode)方式,用 16 位来表示东西方字符。由于采用 Unicode 方式,因此 Java 在处理多语种的能力方面得到了大大的提高,从而为 Java 程序在基于不同语种之间实现平滑移植铺平了道路。

与 C/C++相同,Java 语言也提供转义符号,以"\"开头,将其后面的符号转变为其他的含义。例如,\ddd 表示 1~3 位八进制表示的数据;\uxxxx 表示 1~4 位十六进制表示的数据;\′表示单引号。

另外,Java 中字符型数据虽然不能用作整型,但可以把它当作整型数据来操作。例如:

```
1   int one=4;
2   char two=′3′;
3   char three=(char)(one+two);
```

字符型变量 two 被转化为整型后进行相加,最后把结果又转化为字符型数据。

2.2.3 整数类型

整数类型包括整型常量和整型变量。

1. 整型常量

整型常量有 int 和 long 两种类型,其中 long 型整型常量要在数字后面加大写的字母 L 或小写的字母 l。具体的整型常量有以下三种表示形式。

(1)十进制整型常量。它是由 0~9、+、−字符组成,并以+、−符号开头的数字串,如 987、−654。

(2)八进制整型常量。它是由 0~7、+、−字符组成,并以+、−符号加 0 开头的数字串,如 023(相当于十进制的 19)、−043(相当于十进制的−35)。

(3)十六进制整型常量。它是由 0~9、+、−、A~F、a~f、x 或 X 字符组成,并以+、−符号加 0x 或 0X 开头的数字串,如 0x12、−0X6A。

2. 整型变量

整型变量的类型有四种:byte、short、int 和 long。byte 类型是最小的整数类型,常用在小型程序的开发上,尤其在分析网络协议或文件格式时采用。short 在 Java 语言中很少使用,它是早期 16 位时代遗留下来的,而如今的计算机大多是 32 位和 64 位,所以很少使用以前的 16 位数据。int 数据类型是最常用的,而对那些不能确定其使用数据范围的变量,可采用 long 数据类型。举例如下:

```
int int_I=6;        //定义了一个 int 变量 int_I
long long_I=6;      //定义了一个 long 变量 long_I
```

整型运算符在整型运算时,如果操作数是 long 类型,则运算结果是 long 类型,否则为 int 类型,绝不会是 byte、short 或 char 型。这样,如果变量 i 被声明为 short 或 byte,则 i+1 的结果会是 int。如果结果超过该类型的取值范围,则按该类型的最大值取模。

2.2.4　实数类型

Java 技术规范中,浮点数的格式是由电气电子工程师学会的 IEEE 754 规范定义的,是独立于平台的。可以通过 Float. MAX _ VALUE 和 Float. MIN _ VALUE 来取得 Float 的最大值和最小值;可以通过 Double. MAX _ VALUE 和 Double. MIN _ VALUE 来取得 Double 的最大值和最小值。浮点数据类型就是常说的实型数据,也包括实型常量和实型变量。

1. 实型常量

实型常量有 float 和 double 两种数据类型,其中要表示 float 类型常量必须在数字后加上字母 F 或 f。具体有以下两种表示形式。

(1)十进制数表示。由数字、小数点和正负号组成,且必须有小数点,如-0.11、33.67。

(2)科学计数法表示。由数字、小数点、正负号和字母 E/e 组成,且在 E/e 之前必须有数字,如 1.1e2、-11E5。

2. 实型变量

实型变量的数据类型有 double 和 float 两种。double 称为双精度类型;float 称为单精度类型。双精度类型比单精度类型的数据具有更高的精度和更大的表示范围,但单精度数据比双精度数据所占内存空间少且在处理器进行处理的速度也比双精度数据类型快一些。举例如下:

```
float f=3.141F;        //定义了一个 float 变量 f
double d=3.141;        //定义了一个 double 变量 d
```

2.2.5　字符串型 String

字符型只能表示一个字符,那么多个字符怎么表示呢?

Java 中使用 String 这个类来表示多个字符,表示方式是用双引号把要表示的字符串引起来,字符串里面的字符数量是任意多个。字符本身符合 Unicode 标准,char 类型的反斜线符号(转义字符)适用于 String。与 C/C++不同,String 不能用′\0′作为结束。String 的文字应用双引号封闭,如下所示:

″The quick brown fox jumped over the lazy dog.″

char 和 String 类型变量的声明和初始化如下所示:

```
1  char ch=′A′;//声明并初始化一个字符变量
2  char ch1,ch2 ;//声明两个字符变量
3  //声明两个字符串变量并初始化它们
4  String greeting=″Good Morning !! \n″ ;
5  String err _ msg=″Record Not Found !″ ;
6  String str1,str2 ;//声明两个字符串变量
7  str1 =″12abc″;//基本的字符串型
8  str2 =″″; //表示空串
```

注意:String 不是原始的数据类型,而是一个类(class);String 包含的字符数量是任意多个,而字符类型只能是一个(要特别注意:″a″表示的是字符串,而′a′表示的是字符类型,它们的意义和功能都不同);String 的默认值是 null。

2.3　运算符与表达式

2.3.1　运算符

运算符按照参与运算的操作数的个数可分为单目运算符、双目运算符和三目运算符。除进行运算外,运算符也有返回值,这个值和类型取决于运算符和操作数的类型。

Java 运算符主要包括以下几类:算术运算符、关系运算符、逻辑运算符、位运算符、赋值运算符和条件运算符。

1. 算术运算符

算术运算符用于完成算术运算,包括一元算术运算符(+、-、++、--)和二元算术运算符(+、-、*、/、%)。算术运算符见表2.3。

表 2.3　算术运算符

运算符		使用方式	说明
一元运算符	++	op++	op 值递增1,表达式取递增前的值
	++	++op	op 值递增1,表达式取递增后的值
	--	op--	op 值递减1,表达式取递减前的值
	--	--op	op 值递减1,表达式取递减后的值
	+	+op	取正
	-	-op	取负
二元运算符	+	op1+op2	求 op1 与 op2 相加的和
	-	op1-op2	求 op1 与 op2 相减的差
	*	op1 * op2	求 op1 与 op2 相乘的积
	/	op1/op2	求 op1 除以 op2 的商
	%	op1 % op2	求 op1 除以 op2 所得的余数

注意:进行取余运算的操作数可以是浮点数,a%b 与 a-((int)(a/b)*b)的语义相同,这表示 a%b 的结果是除完后剩下的浮点数部分,如 12.5%3,结果为 0.5。两个整型相除,结果是商的整型部分,如 2/3 结果为 0,而 12/5 结果为 2。

只有单精度操作数的浮点表达式按照单精度运算求值,产生单精度结果。如果浮点表达式中含有一个或一个以上的双精度操作数,则按双精度运算,结果是双精度浮点数。

自增(++)和自减(--)运算符只允许用于数值类型的变量,不允许用于表达式中。该运算符既可放在变量之前(如++i),也可放在变量之后(如 i++),二者的差别是:如果放在变量之前(如++i),则变量值先加 1 或减 1,然后进行其他相应的操作(主要是赋值操作);如果放在变量之后(如 i++),则先进行其他相应的操作,然后进行变量值加 1 或减 1。

【例2.1】　算术运算程序示例(运行结果如图 2.2 所示)。

```
1    package com. java. chapter02;
2    public class Example01 {
```

```
3     public static void main(String[ ] args) {
4         int i_x=1;
5         int i_y=2;
6         double d_x=3.1415926;
7         double d_y=2.41;
8         System.out.println("i_x/i_y="+(i_x/i_y));
9         System.out.println("i_x%i_y="+(i_x%i_y));
10         System.out.println("d_x+d_y="+(d_x+d_y));
11         System.out.println("d_x-d_y="+(d_x-d_y));
12         System.out.println("d_x*d_y="+(d_x*d_y));
13         System.out.println("d_x/d_y="+(d_x/d_y));
14         System.out.println("d_x%d_y="+(d_x%d_y));
15     }
16 }
```

图 2.2　运行结果

【例 2.2】　自增/自减运算符示例。

```
1  int i=6,j,k,m,n;
2  j=+i;        //取原值,即 j=6
3  k=-i;        //取负值,即 k=-6
4  m=i++;       //先 m=i,再 i=i+1,即 m=6,i=7
5  m=++i;       //先 i=i+1,再 m=i,即 i=7,m=7
6  n=j--;       //先 n=j,再 j=j-1,即 n=6,j=5
7  n=--j;       //先 j=j-1,再 n=j,即 j=5,n=5
```

2.关系运算符和逻辑运算符

　　关系运算符是比较两个数据大小关系的运算,常用的关系运算符是>、>=、<、<=、==、!=。如果一个关系运算表达式,其运算结果是"真",则表明该表达式所设定的大小关系成立;否则,其运算结果是"假",则表明该表达式所设定的大小关系不成立。逻辑运算与关系运算的关系十分密切,关系运算是运算结果为布尔型量的运算,而逻辑运算是操作数和运算结果都是布尔型量的运算。逻辑运算符见表 2.4。

表 2.4　逻辑运算符

运算符	使用方式	返回 true 的条件
&&	op1&&op2	op1 与 op2 均为 true
||	op1 || op2	op1 或 op2 为真
!	! op	op 为假

【例 2.3】　关系和逻辑运算示例程序(运行结果如图 2.3 所示)。

```
1    package com. java. chapter02;
2    public class Example03 {
3      public static void main(String[ ] args) {
4        boolean b1 = true;
5        boolean b2 = false;
6        int x = 3, y = 5;
7        boolean b3 = x > y&&x++ = = y--;
8        System. out. println(b1+"&&"+b2+"="+(b1&&b2));
9        System. out. println(b1+"||"+b2+"="+(b1||b2));
10       System. out. println("!"+b2+"="+(! b2));
11       System. out. println("(x>y&&x++ = = y--)="+b3);
12     }
13   }
```

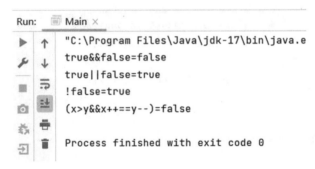

图 2.3　运行结果

3. 位运算符

位运算符是对操作数以二进制位进行运算,运算的结果为整型数据。位运算符见表 2.5。

表 2.5　位运算符

运算符	使用方式	操作
>>	op1>>op2	op1 中各位都向右移 op2 位(最高位补符号位)
<<	op1<<op2	op1 中各位都向左移 op2 位
>>>	op1>>>op2	op1 中各位都向右移 op2 位(无符号,补 0)
&	op1&op2	按位与
|	op1|op2	按位或
^	op1^op2	按位异或
~	~ op	按位取反

Java 语言中使用补码来表示二进制数,移位运算示例见表 2.6,其他位运算示例见表 2.7。

表 2.6　移位运算示例

X(十进制数)	二进制补码表示	x<<2	x>>2	x>>>2
25	0001 1001	0110 0100	0000 0110	0000 0110
−17	1110 1111	1011 1100	1111 1011	0011 1011

表 2.7　其他位运算示例

x,y(十进制数)	二进制补码表示	x&y	x│y	x^y	~ x
x = 25 y = −17	x = 0001 1001 y = 1110 1111	0000 1001	1111 1111	1111 0110	1110 0110

(1)右移运算符(>>)。将一个数的各二进制位全部右移若干位,正数左补 0,负数左补 1,右边丢弃。操作数每右移一位,相当于该数除以 2。

例如,a=a >> 2 将 a 的二进制位右移 2 位,左补 0 或补 1 要看被移数是正还是负。

">>"运算符把 expression1 的所有位向右移 expression2 指定的位数。expression1 的符号位被用来填充右移后左边空出来的位,向右移出的位被丢弃。

例如,下面的代码被求值后,temp 的值是−4,−14(即二进制的 1111 0010)右移两位等于−4(即二进制的 1111 1100):

var temp = −14 >> 2

(2)左移运算符(<<)。将一个运算对象的各二进制位全部左移若干位(左边的二进制位丢弃,右边补 0)。

例如,a=a << 2 将 a 的二进制位左移 2 位,右补 0,左移 1 位后 a=a∗2。若左移时舍弃的高位不包含 1,则每左移一位,相当于该数乘以 2。

(3)无符号右移运算符(>>>)。>>>运算符把 expression1 的各个位向右移 expression2 指定的位数。右移后左边空出的位用零来填充,移出右边的位被丢弃。例如:

var temp = −14 >>> 2

变量 temp 的值为 −14(即二进制 1111 1111 1111 1111 1111 1111 1111 0010),向右移两位后等于 1073741820(即二进制的 0011 1111 1111 1111 1111 1111 1111 1100)。

(4)按位与运算符(&)。参加运算的两个数据,按二进制位进行"与"运算。

运算规则:0&0 = 0;0&1 = 0;1&0 = 0;1&1 = 1。即两位同时为"1",结果才为"1",否则为 0。

例如,3&5,即 0000 0011 & 0000 0101 = 0000 0001。因此,3&5 的值得 1。另外,负数按补码形式参加按位与运算。

"与运算"的特殊用途如下。

①清零。如果想将一个单元清零,即使其全部二进制位为 0,只要与一个各位都为零的数值相与,结果就为零。

②取一个数中指定位方法:找一个数,对应 X 要取的位,该数的对应位为 1,其余位为零,此数与 X 进行"与运算"可以得到 X 中的指定位。

例如,设 X = 1010 1110,取 X 的低 4 位,用 X & 0000 1111 = 0000 1110 即可得到,还可用来取 X 的 2、4、6 位。

(5)按位或运算符(│)。参加运算的两个对象,按二进制位进行"或"运算。

运算规则:0|0=0;0|1=1;1|0=1;1|1=1。即参加运算的两个对象只要有一个为1,其值为1。

例如,3|5 即 0000 0011 | 0000 0101=0000 0111。

因此,3|5 的值得7。

另外,负数按补码形式参加按位或运算。

"或运算"特殊作用:常用来对一个数据的某些位置1。

方法:找到一个数,对应 X 要置1的位,该数的对应位为1,其余位为零。此数与 X 相或可使 X 中的某些位置1。例如,将 X=1010 0000 的低4位置1 ,用 X | 0000 1 表示。

(6)异或运算符(^)。参加运算的两个数据,按二进制位进行"异或"运算。

运算规则:0^0=0;0^1=1;1^0=1;1^1=0。即参加运算的两个对象,如果两个相应位为"异"(值不同),则该位结果为1,否则为0。

"异或运算"的特殊作用如下。

①使特定位翻转找一个数,对应 X 要翻转的各位,该数的对应位为1,其余位为零,此数与 X 对应位异或即可。例如,X=1010 1110,使 X 低4位翻转,用 X^0000 1111=1010 0001 即可得到。

②与0相异或,保留原值。例如,X^0000 0000=1010 1110。

(7)取反运算符(~)。参加运算的一个数据,按二进制位进行"取反"运算。

运算规则: ~1=0; ~0=1。即对一个二进制数按位取反,即将0变1,1变0。

使一个数的最低位为零,可以表示为 a& ~ 1。 ~1 的值为 1111 1111 1111 1110,再按"与"运算,最低位一定为0。" ~"运算符的优先级比算术运算符、关系运算符、逻辑运算符和其他运算符都高。

4.赋值运算符

赋值运算符有"="和复合赋值运算符两种形式。复合赋值运算符是先对某表达式进行某种运算后,再把运算结果赋给一个变量。赋值运算符见表2.8。

表2.8 赋值运算符

复合赋值运算符	使用方式	等价形式
+=	op1+=op2	op1=op1+op2
-=	op1-=op2	op1=op1-op2
*=	op1 * =op2	op1=op1 * op2
/=	op1/=op2	op1=op1/op2
%=	op1%=op2	op1=op1%op2
&=	op1&=op2	op1=op1&op2
| =	op1|=op2	op1=op1|op2
^=	op1^=op2	op1=op1^op2
<<=	op1<<=op2	op1=op1<<op2
>>=	op1>>=op2	op1=op1>>op2
>>>=	op1>>>=op2	op1=op1>>>op2

注意:当变量的数据类型与表达式计算结果的数据类型不一致时,如果变量数据类型级别高,则结果数据类型被自动转化为变量数据类型,然后赋给变量;否则,需要使用强制类型转换运算符将结果转化为变量数据类型。例如:

```
byte b=20;        int I=b;              //自动转化
int a=20;         byte b=(char)a;       //强制类型转化
```

5.条件运算符

条件运算符为三元运算符,其格式为 expression? statement1 : statement2。其功能是:若 expression 为真,则执行语句 statement1;否则,执行语句 ststement2。例如,c=a>b? a:b。

注意:statement1 与 statement2 要有相同返回结果,且不能是 void 返回类型。

2.3.2　表达式

Java 语言的表达式与 C 语言非常类似。表达式是由运算符、操作数和方法调用按照语言的语法规则构造而成的符号序列。最简单的表达式是一个常量或一个变量,表达式的任务有两项:执行指定的运算和返回运算结果。例如,num1+num2 就是一个有效的表达式。

2.3.3　运算符的优先级和结合性

使用表达式要注意运算符的功能、运算符的优先级、运算符的结合性、对操作数的要求(包括个数要求、类型要求和值要求,如/或%都要求右边的操作数不为零)和表达式值的类型。

对表达式的运算是按运算符的优先顺序从高到低进行的。同级的运算符按照运算符的结合性进行运算。Java 运算符的优先级(优先级从高到低排列)和结合性见表 2.9。

表 2.9　Java 运算符的优先级和结合性

操作	运算符	结合性
后缀运算符	[] . ()	→
单目运算符	! ~ ++-- +-	←
创建	new	→
乘除	* / %	→
加减	+-	→
移位	<< >> >>>	→
关系	< > <=>= instanceof	→
相等	==! =	→
按位与	&	→
按位异或	^	→
按位或	|	→
逻辑与	&&	→
逻辑或	||	→
条件	?:	←
赋值	= +=-= * = /= % = &= ^= |= <<= >>= >>>=	←

说明：

(1)所有单目运算符处于同一级,它们比双目运算符的优先级高。

(2)在双目运算符中,算术运算符高于关系运算符,关系运算符高于位操作和逻辑运算符。

(3)条件运算符高于赋值运算符,它们的优先级别最低。

(4)除单目运算符、条件运算符和赋值运算符的结合性为从右到左外,其他均为从左到右。

Java 语言和解释器限制使用强制和转换,以防止出错导致系统崩溃。整型与浮点数之间可以来回强制转换,但整型不能强制转换成数组或对象,对象不能被强制为基本类型。

2.4　Java 的常用输入输出

2.4.1　Java 的标准输入输出

输入输出是程序的基本功能,与 C/C++相似,Java 语言中的输入输出涉及流的概念,借助流类实现输入输出。流是指通信通道,这里先简单介绍标准的输入输出流的用法,更多的内容将在第 10 章中做详细介绍。

在 Java 程序中有一大部分是采用标准输入输出。标准输入是键盘的输入,标准输出是终端屏幕。标准错误输出也指向屏幕,如果有必要,它也可以指向另一个文件,以便与正常输出区分。

通过系统类 System 达到访问标准输入输出的功能。System 类管理标准输入输出流和错误流,有以下三个对象。

(1)System. out。把输出送到默认的显示(通常是显示器)。

(2)System. in。从标准输入中获取输入(通常是键盘)。

(3)System. err。把错误信息送到默认的显示。

这三个对象在 main 方法被执行时就自动生成。其中,System. in 作为 InputStream 类的一个实例来实现 stdin(标准输入设备),可以使用 read( )和 skip(long n)两个成员函数：read( )让用户从输入中读一个字节,skip(long n)让用户在输入中跳过 n 个字节。System. out 作为 PrintStream 类的一个实例实现 stdout(标准输出设备),可以使用 print( )、println( )和 printf( ) 三个成员函数。其中,前两个函数支持 Java 的任意基本类型作为参数,println 是系统的一个方法名,它完成打印工作后自动换行,而用 print 则不自动换行；printf( )函数是 JDK 5.0 新增的格式输出函数,它有两个参数,形如 System. out. printf(格式,数据),一个参数是要输出的数据,另一个参数是限定输出数据输出的格式。System. out. printf( )函数的格式标识见表 2.10。System. err 与 stdout 一样实现 stderr(标准错误输出)。

表 2.10　System. out. printf( )函数的格式标识

格式标识	说明	例子
%b	输出布尔值	true 或 false
%c	输出一个字符值	'a'

续表 2.10

格式标识	说明	例子
%d	输出以带符号的十进制形式输出整数	200
%f	输出小数形式的浮点数	43.454350
%e	输出科学记数法形式的数	3.344000+03
%s	输出字符串	"Java 世界"

【例 2.4】　一个简单字符输入输出示例(运行结果如图 2.4 所示)。

```
1    package com. java. chapter02;
2    import java. io. * ;
3    public class Example04 {
4        public static void main(String[ ] args) throws IOException { //throws IOException 用于抛出异常
5            char c = ' ';//定义一个字符型变量初始化为空格
6            System. out. print("Enter a character please:");//在屏幕上显示提示信息
7            c = (char)new InputStreamReader(System. in). read();//接受用户键盘输入
8            System. out. println("The position of the character " +
9                "you entered in the code table is:" +(int)c);
10       }
11   }
```

图 2.4　运行结果

2.4.2　Java 图形界面的输入输出

Java 语言可以实现图形界面效果。Java 语言中提供了一个类 javax. swing. JOptionPane,该类提供了弹出一个标准对话框的功能,通过标准对话框来提示用户。往往可以利用它这个性质来实现具有对话框显示效果的数据输入和输出。JOptionPane 类实现输入和输出对话框的常用方法如下。

(1)lshowInputDialog( )。用于数据输入。

(2)lshowMessageDialog( )。提示用户某些信息,可以由用户定义,该方法常用的形式如下:

JOptionPane. showMessageDialog(parentComponent,message,title,messageIcon)

①parentComponent。对话框的父组件(对话框所在的窗口),大小由内容决定。用 null 表示一个默认的窗口作为父组件,并且会放置在屏幕中央。

②message。在对话框显示的信息。

③title。对话框的标题。

④messageIcon。对话框显示的图标名称。

【例2.5】 将例2.4用JOptionPane类进行改写,实现一个简单字符串输入输出程序Example05. java(运行结果如图2.5和图2.6所示)。

```
1   import javax. swing. JOptionPane;//导入 JOptionPane 类
2   public class Example05{
3       public static void main(String[ ] args) {
4           String str;//定义一个字符串
5           str=JOptionPane. showInputDialog("Input a String:");
6           //从键盘输入一个字符串
7           JOptionPane. showMessageDialog(null,"The String is:"+str,"Result is",
8           JOptionPane. INFORMATION _ MESSAGE);//将字符串输出
9           System. exit(0);//退出程序
10          }
11  }
```

图2.5　例2.5的数据输入　　　　　　图2.6　例2.5的数据输出

Java 语言提供了大量的实现图形界面的类,在后面的章节中会针对实现图形界面的类进行深入介绍。

本 章 小 结

标识符用于标识变量、函数、类和对象的名称,它是以字母或下划线或美元符号开头的字母数字串。Java 中的标识符区分大小写。

注释是 Java 软件开发不可或缺的部分,一般分为单行注释、块注释和文档注释。

Java 的数据类型可分为基本数据类型(或简单数据类型)和复合数据类型。基本数据类型是指由 Java 语言中定义的数据类型,有八种基本数据类型;复合数据类型是指由用户根据需要自己定义并实现其运算的数据类型,有三种复合数据类型。

运算符按照参与运算的操作数的个数可分为单目运算符、双目运算符和三目运算符。Java 运算符主要包括算术运算符、关系运算符、逻辑运算符、位运算符、赋值运算符和条件运算符。

表达式由运算符、操作数和方法调用,是按照语言的语法规则构造而成的符号序列。最简单的表达式是一个常量或一个变量。表达式的任务有两项:执行指定的运算和返回运算结果。

Java 通过系统类 System 实现访问标准输入输出的功能。System 类管理标准输入输出流和错误流,有以下三个对象:System. out、System. in 和 System. err。这三个对象在 main 方法被执行时就自动生成了。

习　题

1. Java 语言对标识符命名有何规定? 下面这些标识符哪些是合法的,哪些是不合法的?

(1)Myname1;(2)Java-Language;(3)2Person1;(4)_is_Has;(5)$12345。

2. Java 有哪些基本数据类型? Java 与 C/C++相比有何特点? 复合数据类型是哪几种?

3. Java 的注释方法有哪些,在实际开发中如何使用?

4. Java 的字符类型采用何种编码方案,有何特点?

5. Java 有哪些运算符和表达式? 请写出下面这些表达式的运算结果(设 a = 2,b = -3,f = true)。

(1)(--a)%b++;(2)(a>=1)&&a<=12? a:b;(3) f^(a>b);(4)(--a)<<a。

6. 阅读下列程序,写出运行结果。

```
1   public class Example2_1 {
2     public static void main(String[] args){
3       int i=0;
4       double x=2.3;
5       System.out.println("Result 1:"+(--i+i+i++));
6       System.out.println("Result 2:"+(i+++i));
7       i+=i+(i=4);
8       System.out.println("Result 3:"+i);
9       i=3+3*2%i--;
10      System.out.println("Result 4:"+i);
11      x+=1.2*3+x++;
12      System.out.println("Result 5:"+x);
13      x=x%3+4*2+x--;
14      System.out.println("Result 6:"+x);
15    }
16  }
```

第 3 章

基本控制结构

　　流程控制语句是程序中基本且关键的部分,用来控制程序中语句的执行顺序。在传统的结构化程序设计中,最主要的控制结构有顺序、分支和循环三种基本结构。虽然 Java 语言是面向对象的语言,但是在语句块内部,仍然需要借助基本流程结构来组织语句完成相应的逻辑功能。Java 中的控制结构是从 C 语言中借鉴的。

3.1　顺序结构

　　顺序结构是一种按照从上到下逐步执行程序的结构,中间没有判断和跳转语句,是最简单的程序结构。为加深对顺序结构程序的认识,下面演示一个程序。

　　【例3.1】　求平方根程序示例(运行结果如图 3.1 所示)。

```
1    package com. java. chapter03;

2    import java. io. * ;

3    public class Example01 {

4       //throws IOException 处理 readLine( )方法抛出的异常,详细内容后续章节介绍

5       public static void main(String[ ] args) throws IOException {

6          double x,y;

7          String str;                    //声明一个字符串类对象

8          //创建缓冲区数据流类对象,构造函数设定参数"System. in",实现键盘输入的字符串读入到缓冲区

9          BufferedReader buf = new BufferedReader( new InputStreamReader( System. in) );

10            System. out. print("请输入一个数:");

11            str = buf. readLine( );             //读取缓冲区字符串后赋值给 str 变量

12            x = Double. parseDouble(str);        //把字符串转换为浮点型数据后赋值给浮点型变量

13            y = Math. sqrt(x);                   //数学类的求平方根方法,返回 double 型赋值给变量 y

14            System. out. println(x+"的平方根为:"+y);

15       }

16    }
```

图 3.1　运行结果

3.2　选　择　结　构

程序设计时,经常需要根据条件表达式或变量的不同状态选择不同的路径,通常使用选择结构解决这一类问题。常见的选择结构有三种:单分支选择结构、双分支选择结构和多分支选择结构。

3.2.1　单分支选择结构

单分支选择结构可以根据指定表达式的当前值选择是否执行指定的操作。单分支语句由简单 if 语句组成,其流程如图 3.2 所示,格式如下:

```
if(表达式)
    子句;
```

语句说明:

图 3.2　简单 if 语句流程

(1)if 是 Java 语言的关键字,表示 if 语句的开始。

(2)if 后边表达式必须为合法的逻辑表达式,即表达式的值必须是一个布尔值,不能用数值代替。

(3)在表达式为真时执行子句的操作。子句可由一条或多条语句组成,如果子句由一条以上的语句组成,则必须用花括号把这一组语句括起来。

【例3.2】　修改例 3.1 的求平方根程序,实现求非负数平方根(运行结果如图 3.3 所示)。

```
1    package com. java. chapter03;
2    import java. io. *;
3    public class Example02 {
4      public static void main(String[] args) throws IOException {
5        double x,y;
6        String str;
7        BufferedReader buf = new BufferedReader(new InputStreamReader(System. in));
8        System. out. print("请输入一个数:");
9        str = buf. readLine();
10       x = Double. parseDouble(str);
11       if(x>=0) {
12          y = Math. sqrt(x);
13          System. out. println(x + "的平方根为:" + y);
```

```
14          }
15        }
16  }
```

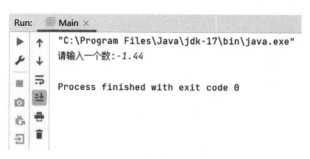

图 3.3　运行结果

3.2.2　双分支选择结构

双分支选择结构可以根据指定表达式的当前值选择执行两个程序分支中的一个分支。包含 else 的 if 语句可以组成双分支选择结构,该语句流程如图 3.4 所示,格式如下:

if(表达式)
　子句 1;
else
　子句 2;

图 3.4　if else 语句流程

语句说明:

(1)表达式的值为真时,执行子句 1;表达式的值为假时,执行子句 2。

(2)如果 if 与 else 之间的子句 1 包含多于一条语句的内部语句,则必须用花括号把内部语句括起来,失去了花括号,编译程序时系统将报错;如果 else 后面的子句 2 包含多于一条的内部语句,也必须用花括号把这些内部语句括起来,失去了花括号,系统默认 else 后面的第一条语句是 else 的内部语句,运行程序时也将出现错误。

【例 3.3】　修改例 3.2 求平方根程序,实现求非负数平方根,对负数的情况给出错误信息(运行结果如图 3.5 所示)。

```
1   package com. java. chapter03;
2   import java. io. * ;
3   public class Example03 {
4     public static void main(String[ ] args) throws IOException {
5       double x,y;
6       String str;
7       BufferedReader buf = new BufferedReader( new InputStreamReader( System. in) );
8       System. out. print("请输入一个数:");
9       str = buf. readLine( );
10      x = Double. parseDouble( str);
11      if( x>=0) {
12        y = Math. sqrt( x);
13        System. out. println( x + "的平方根为:" + y);
```

```
14          }
15        else
16          System. out. println("输入错误!");
17      }
18  }
```

图 3.5   运行结果

3.2.3   多分支选择结构

在应用程序中,不仅会遇到单分支或双分支选择的问题,还会遇到多分支的问题。例如,输入一个成绩判断它的等级是优、良、及格还是不及格。像这样的问题,就可以用多分支选择结构解决。在 Java 语言中使用嵌套的 if 语句或 switch 语句实现多分支选择结构的功能。

1. 嵌套的 if 语句

在 if 或 else 语句中包含一个或多个 if 语句称为 if 语句的嵌套,其形式如下。

(1)在 if 子句、else 子句中嵌套 if 语句。

格式如下:

```
if(表达式 1)
  if(表达式 2)子句 1;
  else 子句 2;
else
  if(表达式 3)子句 3;
  else 子句 4;
```

执行过程:如果表达式 1 为真,则判断表达式 2,如果表达式 2 为真,则执行子句 1,否则执行子句 2;如果表达式 1 为假,接着判断表达式 3,如果表达式 3 为真,则执行子句 3,否则执行子句 4。

(2)if…else if 形式。

if…else if 是一种特殊的 if 嵌套形式,它使程序层次清晰,易于理解,在多分支结构的程序中经常使用这种形式,其形式如下:

```
if(表达式 1)
  子句 1;
else if(表达式 2)
  子句 2;
……
else
  子句 n;
```

执行过程:语句从上向下执行,当 if 语句表达式 1 为真时,只执行子句 1,如果表达式 1 为假,则跳过子句 1,再判断表达式 2 的值,并根据表达式 2 的值选择是否执行子句 2。即从上到下逐一判断 if 后面表达式的值,当某一表达式值为真时,就执行与该语句相关的子句,其他子句就不执行;如果所有表达式值都为假,则执行最后 else 后面的子句,如果没有 else,则直接执行 if 嵌套后面的语句。

【例3.4】 编写程序,输入一个成绩,输出成绩的等级。等级划分标准:85 分以上为优,75~84 为良,60~74 为及格,60 分以下为不及格。

首先需要输入学生的成绩,其次根据学生的成绩判断等级。由于等级的分界点是85、75、60,因此先用 if 处理 85 分以上的和 85 分以下的两种情况,当程序流入 85 分以下分支时,再用 if 语句处理 75 分以上和 75 分以下的两种情况,以此类推,直到小于 60 分以下。运行结果如图 3.6 所示。

```
1    package com. java. chapter03;
2    import java. io. * ;
3    public class Example04 {
4      public static void main(String[ ] args) throws IOException {
5        double x;
6        String str;
7        BufferedReader buf=new BufferedReader (new Input Stream Reader (System. in));
8        System. out. print("请输入学生成绩(0~100):");
9        str = buf. readLine( );
10        x = Double. parseDouble( str);
11        if( x>=85)
12          System. out. println("成绩优秀!");
13        else if( x>=75)
14          System. out. println("成绩良好!");
15        else if( x>60)
16          System. out. println("成绩及格!");
17        else
18          System. out. println("成绩不及格!");
19      }
20    }
```

图 3.6 运行结果

2. if 与 else 的匹配

在使用嵌套的 if 语句时,要特别注意 if 与 else 的匹配问题。如果程序中有多个 if 和 else,则当没有花括号指定匹配关系时,系统默认 else 与它前面最近且没有与其他 else 配对的 if 配对。例如,下面这种有嵌套的 if 语句中,else 与第二个 if 配对:

```
    if(表达式 1)
        if(表达式 2)
子句 1;
        else
子句 2;
```

　　如果在有嵌套的 if 语句中加了花括号,则由于花括号限定了嵌套的 if 语句是处于外层 if 语句的内部语句,因此 else 与第一个 if 配对,如下:

```
if(表达式 1)
{
    if(表达式 2)
        子句 1
}
else
    子句 2
```

3. switch 语句

　　上面介绍的 if 语句是判定语句,从两个语句块中选择一块语句执行,只能出现两个分支,对于多分支情况,其只能用嵌套的 if 语句处理。而 switch 语句是多分支选择语句,在某些情况下,用 switch 语句代替嵌套的 if 语句处理多分支问题可以简化程序,使程序结构更加清晰明了。switch 语句的一般形式如下:

```
switch(表达式)
    {
        case 值 1:子句 1;break;
        case 值 2:子句 2;break;
……
        case 值 n:子句 n;break;
        default:子句 m;
    }
```

　　语句说明:

　　(1)switch 是关键字,表示 switch 语句的开始。

　　(2)switch 语句中表达式的值只能是 byte、short、char、int、enum、String 类型。

　　(3)case 后面的值 1、值 2、…、值 n 必须是整型或字符型常量,各个 case 后面的常量值不能相同。

　　(4)switch 语句的功能是把表达式返回的值与每个 case 子句中的值比较,如果匹配成功,则执行该 case 后面的子句。

　　(5)case 后面的子句与 if 后面的子句相似,可以是一条语句,也可以是多条语句。不同的是,当子句是多条语句时,不用花括号。

　　(6)break 语句的作用是执行完一个 case 分支后,使程序跳出 switch 语句,即终止 switch 语句的执行。如果某个子句后不使用 break 语句,则继续执行下一个 case 语句,直到遇到 break 语句,或遇到标志 switch 语句结束的花括号。

　　(7)最后的 default 语句的作用是当表达式的值与任何一个 case 语句中的值都不匹配时,执行 default,若省略 default,则直接退出 switch 语句。

【例3.5】 用1~7输入今天星期几。且1~5输出今天是工作日;6~7输出今天是休息日。运行结果如图3.7所示。

根据输入的不同信息,选择输出对应的信息。因此,需具有三个分支程序,如以下代码所示:

```
1    package com. java. chapter03;
2    import java. io. *;
3    public class Example05 {
4    public static void main(String[] args) throws IOException {
5        int week;
6        String str;
7        BufferedReader buf = new BufferedReader(new InputStreamReader(System. in));
8        System. out. print("请输入今天是星期几:");
9        str = buf. readLine();
10       week = Integer. parseInt(str);
11       switch (week) {
12         case 1:
13         case 2:
14         case 3:
15         case 4:
16         case 5:
17           //多个 case 语句对应一个字句,意味着 week 满足 1,2,3,4,5 运行结果等效
18           System. out. println("今天是工作日"); break;
19           //当 week 满足 6,7 运行结果等效
20         case 6:
21         case 7:
22           System. out. println("今天是休息日"); break;
23         default: System. out. println("输入错误");
24       }
25     }
26   }
```

图3.7 运行结果

4. if 语句与 switch 语句

if 语句与 switch 语句都可以用于处理选择结构的程序,但它们的使用环境不同:单分支结构选择结构一般使用 if 语句,双分支结构一般使用 if…else 语句,多分支结构一般使用嵌套的 if 语句和 switch 语句。对于需要计算多个表达式值,并根据计算结果执行某个操作,一般用 if…else if 语句;对于只需要计算一个表达式值,并根据这个表达式的结果选择执行某个操作,

一般用 switch 语句。

注意:if 语句的表达式必须是逻辑表达式,其值是布尔型;switch 语句的表达式必须是整型或字符型,其值是整型或字符型。

3.3　循 环 结 构

循环结构是指在满足一定条件下反复执行某一段语句。Java 中有三种循环语句:while 语句、do…while 语句和 for 语句(图 3.8)。while 语句和 for 语句属于"当型"循环,即先判断循环条件,若条件为真,则执行循环。而 do…while 语句属于"直型"循环,即先执行循环体,然后判断循环条件是否成立来决定是否继续执行循环语句。for 语句主要用于"计数"循环。循环语句的使用与 C/C++是完全一样的。此外,还有循环跳转语句。

(a) while 语句　　　　(b) do…while 语句　　　　(c) for 语句

图 3.8　三种循环语句流程图

3.3.1　while 语句

while 语句的一般格式如下:

while(表达式)

　　循环体;

语句说明:

(1)while 是 Java 语言的关键字,表示 while 语句的开始。

(2)while 语句的执行:每次先判断表达式的值为真还是为假。若为真,则执行循环体;若为假,则退出循环。

(3)表达式指定循环的条件,所以表达式的值必须是布尔型。

(4)循环体可以是一条语句,也可以是多条语句,多条语句时需用花括号括起。

(5)while 语句是先判定条件,再执行循环体。

【例 3.6】　while 语句程序示例(运行结果如图 3.9 所示)。

```
1    package com. java. chapter03;
2    public class Example06 {
3        public static void main( String[ ] args) {
```

```
4      int i = 0;                        //定义变量i,初始化为0;
5      while (i < 5) {                    //循环条件
6        i++;                             //控制变量i自增
7        System. out. println("i=" + i);  //条件成立 打印i的值
8      }
9    }
10 }
```

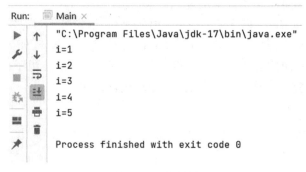

图 3.9   运行结果

3.3.2   do…while 语句

do…while 语句的一般格式如下:

```
do
  循环体
  while(表达式);
```

语句说明:

(1)do…while 语句的执行是先执行循环体,再判断循环条件。若为真,则重复执行循环体;若为假,则退出循环。

(2)do…while 语句的循环体如果包含一条语句以上,则必须用花括号括起来。

(3)do…while 循环的循环体至少执行一次。

【例3.7】   对例 3.6 进行改编,用 do…while 语句实现(运行结果如图 3.10 所示)。

```
1   package com. java. chapter03;
2   public class Example07 {
3    /* 例 3.6 先执行 while 语句判断条件,再执行循环体,
4      例 3.7 恰恰相反。若将例 3.6 和例 3.7 循环条件均改为 i<0,
5      例 3.7 会打印 i=1 的结果,例 3.6 不会打印任何结果。*/
6    public static void main(String[] args) {
7      int i = 0;
8      do {
9        i++;
10        System. out. println("i=" + i);
11      } while (i < 5);
12    }
13 }
```

图 3.10　运行结果

3.3.3　for 语句

1. for 语句的一般格式

for(表达式 1;表达式 2;表达式 3)

　　循环体;

语句说明:

(1)表达式 1 为 for 循环的初始化部分,它用来设置循环变量的初值,在整个循环过程中只执行一次;表达式 2 的值类型必须为布尔型,作为判断循环执行的条件;表达式 3 控制循环变量的变化。

(2)执行过程。

①计算表达式 1 的值;

②再判断表达式 2 的值是否为真,为真则执行步骤③,为假则执行步骤⑤;

③执行循环体;

④计算表达式 3 的值,并转去执行步骤②;

⑤结束循环。

(3)表达式之间用分号分隔。

(4)循环体可以是一条语句,也可以是多条语句,当是多条语句时,用花括号括起来。

(5)上述三个表达式中的每个都允许并列多个表达式,之间用逗号隔开。也允许省略上述三个表达式,但分号不能省略。

【例 3.8】　计算 1+2+3+⋯+100 的值。

完成这个任务需要解决两个问题:一是如何提供所需的加数;二是如何累加求和。加数从 1 到 100,所以只需在循环结构中定义一个整型变量 i,初值为 1,每循环一次使 i 加 1,当 i 到 100 时结束循环。求和需要定义一个整型变量,且初值为 0。循环每执行一次 sum 的值加 i,直到 i 的值到 100 结束。代码如下:

```
1   public class Example08
2   {
3     public static void main(String arg[])
4     {
5       int i,sum;                          //定义变量
6     /**方法 1*/
7       sum=0;                              //给存放累加和的变量赋初值 0
8       for (i=1;i<=100;i++)                //求累加和的循环开始
```

```
9          sum=sum+i;                            //求累加和
10         System. out. println("1+2+…+100="+sum);
11  /**方法2*/
12         for (sum=0,i=1;i<=100;sum=sum+i,i++);  //循环语句
13         System. out. println("1+2+…+100="+sum);
14  /**方法3*/
15         i=1;sum=0;                            //赋初值
16         for (;;)
17         {
18           sum=sum+i;                          //求累加和
19           if (i>=100)    break;               //退出循环条件
20           i++;                                //加数自加
21         }
22         System. out. println("1+2+…+100="+sum);
23       }
24  }
```

在方法 2 中,for 语句中的表达式 1、表达式 3 都是由两个简单表达式组合起来的逗号表达式。逗号表达式按从左到右的顺序对每个简单表达式求解,其中最右边的表达式的值是整个表达式的值。例如,对逗号表达式 a=3,b=3 * a,则系统先计算 a=3,再计算 b=3 * a,并且 b=9 就是逗号表达式的值。另外,程序第 12 行 for 括号外紧跟一个分号,表示 for 语句的循环体是一个空语句,如果遗漏了这个分号,则系统默认下一行语句为 for 语句的循环体。

方法 3 是对 for 语句中表达式进行省略的例子,但在编程中一般不省略表达式。运行结果如图 3.11 所示。

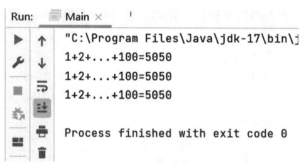

图 3.11　运行结果

2. 循环嵌套

如果要完成一件工作,有时需要进行重复的操作,并且某些操作本身又需要进行重复的操作,这些问题常常需要在循环语句中嵌套循环语句来解决。

【例 3.9】　打印 9 行 * 号,每行打印数量与行号相同(运行结果如图 3.12 所示)。

```
1  package com. java. chapter03;
2  public class Example09 {
3    public static void main(String[ ] args) {
4      int i, j;                         //定义两个循环变量
5      for (i = 1; i <= 9; i++) {        //外层循环,打印9行
6        for (j = 1; j <= i; j++) {      //内层循环,第i行打印i个 *
```

```
7              System. out. print("*");
8          }
9          System. out. print("\n");              //换行
10      }
11  }
12 }
```

图 3.12　运行结果

3.3.4　循环跳转语句

Java 中可以使用 break 和 continue 两个循环跳转语句进一步控制循环,这两个语句的一般格式如下。

①break [lable]。用来从 switch 语句、循环语句中跳出。

②continue [lable]。跳过循环体的剩余语句,开始执行下一次循环。

这两个语句都可以带标签,也可以不带标签。标签是出现在一条语句之前的标识符,标签后面要跟上一个冒号(:),定义格式如下:

label:statement;

下面对这两种语句进行分别介绍。

1. break 语句

break 语句有两种形式:不带标签和带标签。在 switch 语句中,使用的是不带标签的 break 语句,那时它的作用是跳出 switch 语句。在循环语句中,不带标签的 break 语句的作用是跳出本层的循环语句,而带标签的 break 语句的作用是从标签指定的语句块中跳出。

【例 3.10】　在一维数组中找出指定的数。

首先设置一个数组,如 array 和要查找的指定数据 search,并设置数组中的元素和指定数据的值;然后用循环访问数组中的元素,若数组中的元素与指定的数据相同,则结束循环(运行结果如图 3.13 所示)。

```
1  public class Example10
2  {
3  public static void main(String arg[])
4  {
5    int[] array = {10,78,57,89,37,64,5,23,45,76};　//定义一维数组
```

```
6    int find=5;                              //指定数据初始化
7    int i=0;                                 //数组下标初始化
8    boolean flag=false;                      //搜索标记初始化
9    for( ;i<array. length;i++)               //查找数组中的所有元素
10   {
11       if (array[i]= =find)                 //如果找到数据
12       {
13         flag=true;
14         break;                             //终止循环
15       }
16   }
17   if (flag= =true)
18       System. out. println("Found "+find+" at index:"+i);
19   else
20       System. out. println("not found!");
21   }
22   }
```

图 3.13　运行结果

【例3.11】　在二维数组中找出指定的数。

设计步骤与例3.10 相同,但二维数组的下标分为行标和列标,所以在对二维数组进行访问时,应使用循环嵌套,外层访问行标,内层访问列标(运行结果如图3.14 所示)。

当找到指定数据时,结束的是整个循环嵌套,而不是内层循环。

```
1    public class Example11
2    {
3    public static void main(String arg[])
4    {
5        int[][] array={{10,78,57,89,37},{64,5,23,45,76}};  //二维数组初始化
6        int find=5;                              //指定数据初始化
7        int i=0,j=0;                             //二维数组行标、列标初始化
8        boolean flag=false;
9        found:
10       for( ;i<array. length;i++)               //对二维数据每个元素访问的开始
11       {
12           for(j=0;j<array[i]. length;j++)
13             if (array[i][j]= =find)
14             {
15                flag=true;
```

```
16              break    found;                                //终止外层循环
17          }
18      }
19      if (flag = = true)
20          System. out. println("Found "+find+" at index:"+i+","+j);
21      else
22          System. out. println("not found!");
23  }
24  }
```

```
Run:      Main ×
  ▶  ↑    "C:\Program Files\Java\jdk-17\bin\java.
  🔧  ↓    Found 5 at index:1,1
  ■  ⇥    Process finished with exit code 0
```

图 3.14　运行结果

2. continue 语句

continue 语句必须用于循环结构中,它也有两种形式,即不带标签和带标签。不带标签的 continue 语句的作用是结束最内层所执行的当前循环,并开始执行最内层的下一次循环;带标签的 continue 语句的作用是结束当前循环,并去执行标签所处的循环。

【例 3.12】　找出 2~100 范围内的所有素数。

首先设置一个变量 $i(2 \sim 100$ 范围内的任意数据),再让 i 被 $j(j$ 为 $2 \sim i-1$ 的任意值)除,若 i 能被 j 之中的任何一个数整除,则提前改变 i 的值进入下一次循环(运行结果如图 3.15 所示)。

```
1   public class Example12 {
2   public static void main(String[ ] args) {
3   int i,j;
4   loop:
5     for(i=2;i<=100;i++)
6     {
7       for(j=2;j<i;j++)
8         if(i%j= =0) continue loop;
9       if(j>=i)
10          System. out. print(i+"\t");
11    }
12    }
13  }
```

```
Run:    Main ×
  ▶  ↑    "C:\Program Files\Java\jdk-17\bin\java.exe" "-javaagent:D:\programfiles\IntelliJ IDEA Educational E
  🔧  ↓    2  3   5  7   11  13  17  19  23  29  31  37  41  43  47  53  59  61  67  71  73  79  83  89  97
          Process finished with exit code 0
```

图 3.15　运行结果

本 章 小 结

本章主要介绍 Java 语言的三种程序结构:顺序结构、选择结构和循环结构。在三种结构中,顺序结构比较简单,而选择结构和循环结构是由 Java 语言的控制语句实现的。Java 语言的控制语句分为选择语句、循环语句和跳转语句。同时,要求学习者能熟练掌握 Java 语言三种程序控制结构,能灵活运用控制语句编写程序。

习　　题

一、选择题

1. 下列语句序列执行后,i 的值是(　　)。

```
int i=8, j=16;
if( i-1 > j) i--; else j--;
```

　A. 15　　　　　　B. 16　　　　　　C. 7　　　　　　D. 8

2. 下列语句序列执行后,k 的值是(　　)。

```
int i=10, j=18, k=30;
switch( j - i)
{
    case 8: k++;
    case 9: k+=2;
    case 10: k+=3;
    default : k/=j;
}
```

　A. 31　　　　　　B. 32　　　　　　C. 2　　　　　　D. 33

3. 下面语句执行后,i 的值是(　　)。

```
for( int i=0, j=1; j < 5; j+=3) i=i+j;
```

　A. 4　　　　　　B. 5　　　　　　C. 6　　　　　　D. 7

4. 设有定义 float x=3.5f, y=4.6f, z=5.7f,则以下的表达式中,值为 true 的是(　　)。

　A. x > y ‖ x > z　　　　　　　　B. x ! = y

　C. z > (y + x)　　　　　　　　D. x < y & ! (x < z)

5. 下列语句序列执行后,i 的值是(　　)。

```
int i=16;
do { i/=2; } while( i > 3);
```

　A. 16　　　　　　B. 8　　　　　　C. 4　　　　　　D. 2

6. 以下由 for 语句构成的循环执行的次数是(　　)。

```
for ( int i=0; true ; i++);
```

　A. 有语法错,不能执行　　　　　　B. 无限次

　C. 执行 1 次　　　　　　D. 一次也不执行

二、读程序,写结果

```
1. import java.io. * ;
public class Test
{
```

```
public static void main(String[ ] args) throws IOException
{
    char sex = 'f';
    switch (sex)
    {
        case 'm':    System.out.println("男性");
                     break;
        case 'f':    System.out.println("女性");
        case 'u':    System.out.println("未知");
    }
}
}
```

2.
```
public class Test
{      public static void main(String[ ] args)
    {
    int i ,s=0;
    for(i=1;i<=100;i++)
    {
      if( i%3==0)
        continue;
      s+=i;
    }
    System.out.println("s="+s);
    }
}
```

3.
```
public class Test
{public static void main(String[ ] args)
{
        int i ,s=0;
        for(i=1;i<=100;i++)
        {
          s+=i;
          if(s>100)
            break;
        }
        System.out.println("s="+s);
        }
}
```

三、程序设计

1. 古典问题:有一对兔子,从出生后第 3 个月起每个月都生一对兔子,小兔子长到第 3 个月后每个月又生一对兔子,假如兔子都不死,则每个月的兔子总数为多少?

2. 判断 101~200 有多少个素数,并输出所有素数。

3. 打印出所有的"水仙花数","水仙花数"是指一个三位数,其各位数字立方和等于该数本身。例如,153 是一个"水仙花数",因为 $153 = 1^3 + 3^3 + 5^3$。

4. 将一个正整数分解质因数。例如,输入 90,打印出 $90 = 2 * 3 * 3 * 5$。

5. 利用条件运算符的嵌套来完成此题:学习成绩≥90 分的同学用 A 表示,60 ~ 89 分的用 B 表示,60 分以下的用 C 表示。

6. 输入两个正整数 m 和 n,求其最大公约数和最小公倍数。

7. 输入一行字符,分别统计出其中英文字母、空格、数字和其他字符的个数。

8. 求 $s = a + aa + aaa + aaaa + aa \cdots a$ 的值,其中 a 是一个数字。例如,2 + 22 + 222 + 2222 + 22222(此时共有 5 个数相加),几个数相加由键盘控制。

9. 一个数如果恰好等于它的因子之和,这个数就称为"完数",如 $6 = 1 + 2 + 3$。编程找出 1 000 以内的所有完数。

10. 一球从 100 m 高度自由落下,每次落地后反跳回原高度的一半,再落下,则它在第 10 次落地时,共经过多少米? 第 10 次反弹有多高?

第4章

数组、方法与字符串

数组是数据类型相同、数目一定的变量有序集合,组成数组的变量称为该数组的元素。通过数组的使用,可以一次定义多个变量,并且通过数组的下标可以方便地使用数组元素。为此,引入了数组。本章主要介绍数组的声明、使用,多维数组,以及字符串的定义与使用。

4.1 数　　组

Java 语言中,数组是一个对象,使用前需要声明和创建。

4.1.1 一维数组

用一个下标确定并区分数组中的不同元素,称为一维数组。

1. 一维数组的声明

一维数组的声明格式有以下两种:

数据类型标识符 数组名[　]

数据类型标识符［］数组名

Java 语言中,数组是一个对象。声明数组只是声明了一个用来操作相应数组的引用,并不会为数组元素实际分配内存空间。因此,声明数组时,不能指定数组元素的个数。例如:

int　a[3];　　　　　　　　//错误

说明:

(1)数据类型标识符可以是任意的基本数据类型,如 int、long、char,也可以是类或接口类型。

(2)数组名的命名是任意的合法标识符,名字最好符合"见名知意"的原则。例如,声明一个保存人的年龄的数组,数据类型为 int 的数组 age,其声明有以下两种:

int age［］;

int［］age;

2. 一维数组的初始化

声明数组后,只指定了数组的名称与数据的类型,没有给出数组元素的个数,系统无法为数组元素分配存储空间。因此,在数组声明后,要对其进行初始化以确定数组元素的个数。数组的初始化可以通过 new 运算符实现,也可以通过为数组元素赋初值完成。

（1）用 new 初始化数组。

用 new 运算符初始化数组，只完成数组元素个数的确定，为数组分配存储空间，并不给数组元素赋初值。可以通过先声明数组元素的个数再赋初值，也可以通过声明与元素赋值同时完成这两种方法完成数组的初始化。

①先声明数组再初始化。此方法是通过两条语句完成的，第一条语句完成数组的声明，第二条语句完成数组的赋值。用 new 运算符初始化数组的格式如下：

数组名＝new 数据类型标识符[元素个数]；

例如，声明、初始化一个年龄数组，可以先声明元素的类型为 int 的数组 age，再用 new 运算符初始化该数组。格式如下：

int age[ ]；

age＝new int[100]；

创建数组后，就可以通过下述表达式访问其中的数组元素：

数组名[下标表达式]

其中，下标表达式的值必须是除 long 型外的整数类型。下标的最小值为 0，最大值为元素个数减 1。例如，age 数组的元素分别为 age[0]，age[1]，age[2]，…，age[99]。系统为该数组分配的存储空间，其形式见表 4.1。

表 4.1　一维数组元素分布表

age[0]	age[1]	age[2]	age[3]	…	age[96]	age[97]	age[98]	age[99]

数组元素分配的存储空间是连续的，通过变换下标可以访问数组中的每一个元素。数组元素下标可以使用变量，因此数组与循环语句结合，可以方便地使用数组的每一个元素。在使用循环语句时要注意数组的下标越界问题。

②声明的同时初始化。可以用一条语句在声明的同时进行初始化，即把上面两条语句合并为一条语句。其格式有以下两种：

数据类型标识符 数组名[ ]＝new 数据类型标识符[元素个数]；

数据类型标识符 [ ]数组名＝new 数据类型标识符[元素个数]；

例如，要表示 10 个人的年龄，可以按以下两种方式声明并初始化数组：

int age[ ]＝new int[10]；

int [ ]age＝new int[10]；

数组初始化后，可以通过属性 length 获得数组元素的个数，其格式如下：

数组名.length

例如，age.length 的值为 10。

（2）赋初值初始化数组。

可以在声明数组的同时为数组赋初值，所赋的值的个数即数组元素的个数。其格式如下：

数组类型标识符 数组名[ ]＝{初值表}；

初值表中的值用逗号隔开。

例如：

int age[ ]＝{23,22,24,23,22,23}；

该语句声明了一个数组 age，有 6 个元素：age[0]＝23，age[1]＝22，age[2]＝24，age[3]＝23，age[4]＝22，age[5]＝23。

使用数组初始化语法时,必须将声明、创建和初始化数组都放在一条语句中。将它们分开会产生语法错误。

例如:

double mylist[ ];

mylist={1.9,2.9,3.4,3.5};//错误

4.1.2　多维数组

行列式、矩阵、二维表格这样的数据是由多行多列构成的,在 Java 中可以使用多维数组,即每个元素由多个下标来表示。下面以二维数组为例,说明多维数组的使用方法。三维或三维以上的数组用法类似。

1. 二维数组的声明

二维数组声明形式有以下两种:

数据类型标识符 数组名[ ][ ]

数据类型标识符 [ ][ ] 数组名

其中,数据类型标识符是每个元素的数据类型。

说明:

(1)数据类型标识符可以是任意的基本数据类型,如 int、long、char,也可以是类或接口类型。

(2)数组名的命名是任意的合法标识符,名字最好符合“见名知意”的原则。

例如,声明一个二维数组:

int a[ ][ ];

2. 二维数组的初始化

(1)用 new 初始化二维数组。

与一维数组相同,用 new 声明数组也有两种方法:先声明数组再初始化和声明的同时初始化。

①先声明数组再初始化。用 new 运算符初始化数组的格式如下:

数组名=new 数据类型标识符[行数][列数]

例如:

int a[ ][ ];

a=new int[2][3];

数组中各元素通过两个下标来区分,每个下标的最小值为 0,最大值为数组的行数或列数减 1。数组 a 的元素分别为 a[0][0],a[0][1],a[0][2],a[1][0],a[1][1],a[1][2]。系统为该数组分配的存储空间,其形式见表 4.2。

表 4.2　二维数组

a[0][0]	a[0][1]	a[0][2]
a[1][0]	a[1][1]	a[1][2]

二维数组元素的个数等于行数与列数的乘积。

②声明的同时初始化。用一条语句来完成数组的声明与初始化,其格式有以下两种:

数据类型标识符 数组名[ ][ ]=new 数据类型标识符[行数][列数]

数据类型标识符 [ ][ ]数组名=new 数据类型标识符[行数][列数]

例如,声明并初始化数组 person:

int person[ ][ ] = new int [3][4];

(2)赋初值初始化数组。

在声明二维数组的同时,给数组元素赋初值。给数组元素所赋的初值的个数决定了二维数组元素的数目。其格式如下:

数据类型标识符 数组名[　][　] = { {初值表},{初值表},…,{初值表} }

每个初值表之间用逗号隔开,每个初值表中的元素也同样用逗号隔开。

例如:

int grade[ ][ ] = { {90,65,78},{80,76,89},{93,72,88},{90,63,88} };

该语句声明了一个二维数组 grade,元素数据类型为 int。因为初始值分为四组,所以这个二维数组有 4 行元素。每组的初值个数也为 3,即每行有 3 个元素。因此,数组 grade 的行数为 4,列数也为 3,即 grade[4][3]。

二维数组各元素的存储空间同样是连续的。数组初始化后,行数与列数确定,可以通过属性 length 得到。

获得数组行数的格式如下:

数组名. length

获得二维数组列数的格式如下:

数组名[行标]. length

例如,二维数组 grade[4][3],grade. length 的值为行数 4,而 grade[0]. length 的值为列数 3。

二维数组的下标也同样可以使用变量,所以也可以与循环语句相结合,方便使用到每个元素。

在 Java 中,二维数组是作为一维数组来处理的,只是其每个元素本身又是一维数组。例如,grade 可以看作一个一维数组,共有四个元素:grade[0],grade[1],grade[2],grade[3]。只不过每个元素又是一个一维数组。grade[0] 的三个元素为 grade[0][0],grade[0][1],grade[0][2];grade[1] 的三个元素分别为 grade[1][0],grade[1][1],grade[1][2];grade[2] 的三个元素为 grade[2][0],grade[2][1],grade[2][2];grade[3] 的三个元素为 grade[3][0],grade[3][1],grade[3][2]。

由于 Java 将二维数组当作一维数组来处理,因此在进行初始化时,可以各行单独进行,也允许各行的元素个数不同。

例如,要表示浮点数的三行二维行列式 fl,可以按照以下的方式进行声明和初始化:

```
1   float fl[ ][ ];
2   fl = new int[3][ ];          /* fl 为三行二维数组 */
3   fl[0] = new int[4];          /* fl[0] 具有 4 个元素 */
4   fl[1] = new int[4];          /* fl[1] 具有 4 个元素 */
5   fl[2] = new int[4];          /* fl[2] 具有 4 个元素 */
```

例如,可以定义各行元素的个数不同的数组,要使用具有三行元素的二维数组 dos,其第一行具有 1 个元素,第二行具有 3 个元素,第三行具有 5 个元素:

```
1   int dos[ ][ ];
2   dos = new[3][ ];             /* fl 为三行二维数组 */
```

```
3    dos[0]=new int[1];                /* dos[0]具有 1 个元素 */
4    dos[1]=new int[3];                /* dos[1]具有 3 个元素 */
5    dos[2]=new int[5];                /* dos[2]具有 5 个元素 */
```

对 dos 的声明和初始化可以按照以下方式进行：

```
1    int dos[][];
2    dos=new int [3][];
3    for( int i=0;i<3;i++)
4    dos[i]=new int[2*i+1];
```

4.1.3　数组的基本操作

1. 数组的引用

数组的引用就是对数组元素的引用。引用方法是通过下标来指定数组元素。数组元素几乎能出现在简单变量可以出现的任何情况下。例如：

```
1    int person[];
2    person=new int[3];
3    person[0]=15;
4    person[2]=person[0]+16;
```

2. 数组的复制

将一个数组诸元素的值复制到另一个数组中，可以通过循环语句逐个元素进行赋值，也可以直接将一个数组赋给另一个数组。

【例 4.1】 数组复制。

```
1    int fir[][],sec[][],thr[][],i,j;
2    fir[][]=new int[3][4];
3    sec[][]=new int[3][4];
4    thr[][]=new int[3][4];
5    for(i=0;i<3;i++){
6      for(j=0;j<4;j++)
7      {
8        fir[i][j]=i*j;
9        sec[i][j]=fir[i][j];
10     }
11   }
12   thr=sec;   /* 可以通过数组名完成数组元素的赋值 */
```

程序解析：本例中首先通过循环语句给数组 fir 的各元素赋值，然后将 fir 各元素的值赋给 sec 的对应元素，最后的赋值语句直接将数组 sec 赋给数组 thr，也实现了数组之间的复制。

本例中进行复制的两个数组具有相同的维数和行数、列数。事实上，通过逐个元素赋值的方法可以在不同维数、不同大小的数组之间实现复制，直接使用数组名赋值只能在维数相等的两个数组之间进行。

"thr=sec;"这条语句并不能将 sec 的数组内容复制给 thr，而只是将 sec 的引用值复制给 thr。在这条语句之后，sec 和 thr 都指向同一个数组，数组赋值如图 4.1 所示。thr 原先引用的数组不能再引用，它变成了垃圾，会被 Java 虚拟机自动收回。

图 4.1 中的赋值语句执行前，sec 和 thr 指向各自的内存地址。在赋值之后，数组 sec 的引用被传递给 thr。

图 4.1　数组赋值

3. 数组的输出

数组的输出通过循环语句将元素逐个输出。例如：

```
1    int fir[ ],i;
2    fir=new int[3];
3    for(i=0;i<fir.length;i++)
4    {
5      fir[i]=i;
6      System.out.println(a[i]);
7    }
```

其功能是通过循环语句先将数组赋值,然后分别输出各元素的值。

4.1.4　数组应用举例

数组是 Java 语言中重要的部分,对于数组的使用也是十分重要的部分。本节通过几个例子说明数组的具体应用。

【例 4.2】　排序。

排序是将一组数按照递增或递减的顺序排列。排序的方法很多,其中最基本的是选择法。本例介绍选择法排序,其基本思想如下。

(1)对于给定的 n 个数,从中选出最小(大)的数,与第一个数交换位置,便将最小(大)的数置于第一位置。

(2)对于除第一个数外的剩下的 $n-1$ 个数,重复步骤(1),将次小(大)的数置于第二位置。

(3)对于剩下的 $n-2,n-3,\cdots,n-n+2$ 个数,用同样的方法,分别将第三个最小(大)数置于第三位置,第四个最小(大)数置于第四位置,$\cdots$,第 $n-1$ 个最小(大)数置于第 $n-1$ 位置。

假定有 7 个数,即 7,4,0,6,2,5,1,根据该思想,对其按照递增顺序排列,需要进行六轮选择和交换过程。

第一轮:7 个数中,最小数是 0,与第一个数 7 交换位置,结果为

0 4 7 6 2 5 1

第二轮:剩下的 6 个数中,最小数是 1,与第二个数 4 交换位置,结果为

0 1 7 6 2 5 4

第三轮:剩下的 5 个数中,最小数是 2,与第三个数 7 交换位置,结果为

0 1 2 6 7 5 4

第四轮:剩下的 4 个数中,最小数是 4,与第四个数 6 交换位置,结果为

0 1 2 4 7 5 6

第五轮:剩下的 3 个数中,最小数是 5,与第五个数 7 交换位置,结果为

0 1 2 4 5 7 6

第六轮:剩下的 2 个数中,最小数是 6,与第六个数 7 交换位置,结果为

0 1 2 4 5 6 7

可见,对于 n 个待排序的数,要进行 $n-1$ 轮的选择和交换过程。其中,第 i 轮的选择和交换过程中要进行 $n-i$ 次比较,才能选择出该轮中最小(大)的数。

根据前面的分析,可以编写对 n 个整数进行升序排列的程序(运行结果如图 4.2 所示)。

```
1  package com. java. chapter04;
2  public class Example02 {
3    public static void main(String[] args) {
4      int a[] = {7, 4, 0, 6, 2, 5, 1}, i, j, k, t, temp;
5      for (i = 0; i < a. length − 1; i++) {
6        k = i;
7        for (j = i + 1; j < a. length; j++)
8          if (a[j] < a[k])   k = j;
9        if (i ! = k) {
10           temp = a[i];
11           a[i] = a[k];
12           a[k] = temp;
13        }
14        System. out. print("第" + (i + 1) + "轮排序结果:");
15        for (t = 0; t < a. length; t++) {
16          System. out. print(a[t] + "\t");
17        }
18        System. out. println();
19      }
20    }
21  }
```

图 4.2　运行结果

【例 4.3】 用二维数组存储矩阵,实现矩阵乘法运算(运行结果如图 4.3 所示)。

```
1  package com. java. chapter04;
2  public class Example03 {
3    public static void main(String[] args) {
4      int a[][] = {{1, 2, 3}, {4, 5, 6}, {7, 8, 9}};
```

```
5     int b[ ][ ] = {{2, 2, 2}, {1, 1, 1}, {3, 3, 3}};
6     int c[ ][ ] = new int[a. length][b[0]. length];
7     int i, j, k;
8     System. out. println("Array a:");
9     for (i = 0; i < a. length; i++) {
10       for (j = 0; j < a[i]. length; j++)
11         System. out. print(a[i][j] + "\t");
12       System. out. println();
13    }
14    System. out. println("Array b:");
15    for (i = 0; i < b. length; i++) {
16       for (j = 0; j < b[i]. length; j++)
17         System. out. print(b[i][j] + "\t");
18       System. out. println();
19    }
20    System. out. println("Array a * d:");
21    for (i = 0; i < c. length; i++) {
22       for (j = 0; j < c[i]. length; j++) {
23         c[i][j] = 0;
24         for (k = 0; k < a[i]. length; k++)
25           c[i][j] = c[i][j] + a[i][k] * b[k][j];
26         System. out. print(c[i][j] + "\t");
27       }
28       System. out. println();
29    }
30  }
31 }
```

图 4.3 运行结果

4.1.5　数组参数

在 Java 中,允许方法的参数是数组。在使用数组参数时,应该注意以下内容。

(1)在形式参数中,数组名后的括号不能省略,括号个数与数组的维数相等,不需要给出数组元素的个数。

(2)在实际参数中,数组名后不需要括号。

(3)数组名做实际参数时,传递的是地址,而不是值,即形式参数和实际参数具有相同的存储单元。

例如,定义以下方法 f:

```
void f( int a[ ] )
{
……
}
```

方法 f 有一个一维数组参数 a,在形式参数中只需列出数组参数 a 的名字及后面的方括号。

如果已经定义了数组 b,则可以通过以下的语句调用该过程:

```
f(b)
```

在调用该过程时,就将数组 b 传递给数组 a。由于是传地址方式,因此将数组 b 的地址传递给数组 a,数组 a 和数组 b 共享同一存储单元。在过程 f 中,对数组 a 的某一元素值进行了更改,也是对数组 b 的元素进行了修改。当过程结束后,数组 b 将修改的结果代回调用过程。

【例 4.4】　数组排序(运行结果如图 4.4 所示)。

```
1   package com. java. chapter04 ;
2   import java. io. * ;
3   public class Example04 {
4     public static void main( String[ ] args) throws IOException {
5       int a[ ], i, temp;
6       String str;
7       BufferedReaderbuf = new BufferedReader( new InputStreamReader( System. in) );
8       System. out. print("请输入数组元素个数:");
9       str = buf. readLine( );
10      temp = Integer. parseInt( str);
11      a = new int[ temp];
12      System. out. print("请输入" + temp + "个数组元素:");
13      for (i = 0; i <a. length; i++) {
14        str = buf. readLine( );
15        a[i] = Integer. parseInt( str);
16      }
17      selectionSort( a);
18      System. out. print("排序结果:");
19      for (i = 0; i <a. length; i++)
20        System. out. print( a[i] + "\t");
21    }
```

```
22    public static void selectionSort(int[ ] arr) {
23        int i, j, k, temp;
24        for (i = 0; i < arr.length - 1; i++) {
25            k = i;
26            for (j = i + 1; j < arr.length; j++)
27                if (arr[j] < arr[k])    k = j;
28            if (i ! = k) {
29                temp = arr[i];
30                arr[i] = arr[k];
31                arr[k] = temp;
32            }
33        }
34    }
35 }
```

图 4.4　运行结果

4.2　方　　法

Java 语言中的方法与其他语言中的函数或过程类似,用于实现类的行为,只能作为类(或接口、枚举)的成员存在。

4.2.1　方法声明

Java 语言中,方法声明的一般语法形式如下:
[修饰符] 返回值类型 方法名([形式参数表]){
声明部分
语句部分
}
说明:

(1)方法声明包括方法头和方法体两部分。其中,方法头确定方法的名字、形式参数的名字和类型、返回值的类型和访问限制;方法体由括在花括号内的声明部分和语句部分组成,描述方法的功能。

(2)修饰符可以是公共访问控制符 public、私有访问控制符 private、保护访问控制符 protected 等。

（3）类型标识符反映方法完成其功能后返回的运算结果的数据类型。如果方法没有返回值,则用 void 关键字指明。

（4）方法名要符合标识符的命名规则,不要与 Java 中的关键字重名。

（5）参数表指定在调用该方法时,应该传递的参数的个数和数据类型。参数表中可以包含多个参数,相邻的两个参数项之间用逗号隔开,每个参数项的形式如下:

数据类型标识符 参数名

这里的参数名是一个合法的变量名,如果是数组参数,则在其名的后面应该加一对方括号。

数据类型标识符指定参数的数据类型。这里的参数在定义时并没有分配存储单元,只有在运行该方法时才分配,所以又称形式参数。

方法也可以没有参数,称为无参方法。无参方法名后面的一对圆括号不能省略。

（6）对于有返回值的方法,其方法体中至少有一条 return 语句,其形式如下:

return（表达式）

当调用该方法时,方法的返回值即此表达式的值。

（7）方法不能嵌套,即不能在方法中再声明其他的方法。

【例 4.5】 定义求最大值的方法。

```
1   static int maxt( int x , int y)
2   {
3       int max;
4       if( x>=y)
5           max=x;
6       else
7           max=y;
8       return max;
9   }
```

程序解析:方法 maxt( )的返回值类型是 int,有两个 int 类型参数,即 x 和 y。方法体的声明部分只声明了一个 int 类型变量 max ,语句部分包含求最大值的语句和返回结果的语句。

4.2.2　方法调用

Java 语言中,除主方法可以由系统自动调用外,要使用其他方法,必须明确调用。方法调用的一般语法形式如下:

方法名([实际参数表])

其中,实际参数表中的实际参数又称实参,它可以是一个变量、常量和表达式,用来初始化被调用方法的形参。因此,应与该方法定义的形参表中的形参一一对应,即个数相等且实参的数据类型必须与对应形参相同,或者可以自动转换成对应形参的数据类型。

方法调用是一个表达式,其中的圆括号是方法调用运算符。表达式的值是被调用方法的返回值,它的数据类型就是方法定义中指定的方法返回值的数据类型。

如果方法的返回值类型是 void,说明该方法没有返回值,这时只能在该方法的调用表达式后加分号用作表达式语句(或用作 for 语句的初始化表达式和更新表达式部分);否则,该方法的调用表达式还可作为一个子表达式用作其他表达式的操作数(包括方法的实参)。

方法调用时,首先从左到右计算出每个实参表达式的值,然后使用该值去初始化对应的形参,即用第 1 个实参初始化第 1 个形参,第 2 个实参初始化第 2 个形参,以此类推。

【例4.6】 方法调用示例(运行结果如图4.5所示)。

```
1  package com.java.chapter04;
2  public class Example06 {
3    public static void main(String[] args) {
4      int length = 10, width = 5;
5      //length 传值给实参 a,width 传值给实参 b,方法执行结果返回给 area 变量。
6      int area = area(length, width);
7      System.out.println("length=" + length + " width =" + width + " area = " + area);
8    }
9    //方法返回值类型 int,参数类型 int。
10   static int area(int a, int b) {
11     return a * b;
12   }
13 }
```

```
Run:    Main ×
    "C:\Program Files\Java\jdk-17\bin\java.exe"
    length=10 width =5 area = 50

    Process finished with exit code 0
```

图4.5 运行结果

4.2.3 参数传递

调用方法时,如果被调用方法带有形参,系统需要用调用表达式中的实参初始化形参,这就存在一个实参与形参的结合问题。调用方法时的参数传递是指实参与形参的结合过程。Java 语言中,实参与形参只有一种结合方式:值传递。

值传递是指调用带形参的方法时,系统首先为被调用方法的形参分配内存空间,并将实参的值按位置一一对应复制给形参。此后,被调用方法中形参值的任何改变都不会影响到相应的实参。

【例4.7】 值传递(运行结果如图4.6所示)。

```
1  package com.java.chapter04;
2  public class Example07 {
3    public static void main(String[] args) {
4      int i = 2, j = 5;
5      System.out.println("main 方法中,调用 swap(int a, int b)前:");
6      System.out.println("i=" + i + "\tj=" + j);
7      swap(i, j);
8      System.out.println("main 方法中,调用 swap(int a, int b)后:");
9      System.out.println("i=" + i + "\tj=" + j);
10   }
11   static void swap(int a, int b) {
12     int temp;
13     System.out.println("swap 方法中,变量 a 和变量 b 的值交换前:");
```

```
14        System. out. println("a=" + a + "\tb=" + b);
15        temp = a;
16        a = b;
17        b = temp;
18        System. out. println("swap 方法中,变量 a 和变量 b 的值交换后:");
19        System. out. println("a=" + a + "\tb=" + b);
20    }
21 }
```

图4.6　运行结果

4.2.4　递归

一个方法的方法体中的语句可以调用另一个方法,如果被调用方法就是调用者自身所在的方法,或者被调用方法的方法体中的语句最终又反过来调用这个方法,就形成了一个方法直接或间接地调用自身的现象,这一现象就是方法的递归调用。其中,方法直接调用自身就是直接递归,方法间接调用自身就是间接递归。Java 语言支持方法的递归调用。

实际编程过程中,有时可以将一个复杂的问题分解成相对简单的问题,而对简单问题的处理方法又与问题相同。按照这一原则,可以把问题逐步化简,最终得到的问题有已知解。当然,也有可能会一直分解下去,没有结果。没有结果的无限递归在现实中没有意义,如果在编程时出现这种情况,就会导致程序不可终止。因此,这里讨论的递归是指有限递归。

有些问题用递归很容易解决。下面通过一个被普遍使用的求阶乘的例子来看一下递归的具体过程,递归过程分以下两个阶段。

第 1 阶段为"递推"。在这个阶段中,将原有问题逐步分解为与原有问题处理方法相同的更简单的问题,直至分解出来的问题结果已知(即到达了终止条件)。

例如,求4!,递推的过程如下:

4! =4 * 3! →3! =3 * 2! →2! =2 * 1! →1! =1 * 0! → 0! =1(已知)

第 2 阶段为"回归"。这个阶段与递推的过程相反,它从已知条件出发,逐步求值,最终得出原有问题的结果。

还是求4!,它的回归过程如下:

0! =1(已知)→1! =1 * 0! →2! =2 * 1! →3! =3 * 2! → 4! =4 * 3! =24

最终得出原有问题的结果。

【例 4.8】 用递归方法求斐波那契(Fibonacci)数列的第 n 项。

斐波那契数列的定义如下：

$$F(n)=\begin{cases}1, & n=1 \\ 1, & n=2 \\ F(n-1)+F(n-2), & n>2\end{cases}$$

程序如下：

```
1   package com.java.chapter04;
2   import java.util.Scanner;
3   public class Example08 {
4     public static void main(String[] args) {
5       int n;
6       Scanner scanner = new Scanner(System.in);
7       System.out.println("请问你想知道第几项 Fibonacci 数:");
8       n = scanner.nextInt();
9       System.out.println("Fibonacci 数列的第" + n + "项是:"+fib(n));
10    }
11    static long fib(int n) {
12      if(n<=2){                    //递归终止条件
13        return 1;
14      }
15      else{
16        return fib(n-1)+fib(n-2);  //递归
17      }
18    }
19  }
```

运行结果如图 4.7 所示。

图 4.7　运行结果

有些问题用其他方法难以解决,但如果使用递归调用来编写程序,则简洁清晰,容易理解。不过,每次调用方法时,系统都需要分配内存来保存该方法的所有参数和局部变量等(在相应方法结束运行,返回调用者时释放这些内存),直至满足终止条件,时间和空间的开销较大,有时甚至会引起栈溢出。因此,如果关心程序的执行效率,就要避免使用递归。任何用递归方法解决的问题都可以用循环解决。

终止条件是指使程序最终停止递归调用的条件,如例 4.8 中的 n<=2。

4.3 字 符 串

字符串是计算机程序设计中最常见的数据。Java 语言中,通常使用类 java. lang. String 表示字符串。不过,类 String 表示的是不可变字符串,如果需要表示可变字符串,则应使用类 java. lang. StringBuilder 或 java. lang. StringBuffer。随着 JavaSE5/6 的推出,Java 语言对字符串操作的支持已相当完善。

4.3.1 字符数组与字符串

字符数组是指数组的每个元素是字符类型的数据。对于标题、名称等由字符组成的序列,可以使用字符数组来描述。例如,要表示字符串"Java language",可以使用如下的字符数组:

char[ ] language={'J','a','v','a',' ','l','a','n','g','u','a','g','e'};

字符串中所包含的字符个数称为字符串的长度,如"Java language"的长度为 13。

要表示长度为 100 的字符串,虽然可以使用如下的字符数组:

char[ ] title=new char[100];

但由于字符个数太多,因此数组元素太多,使用起来极其不方便。为此,Java 提供了 String 类,通过建立 String 类的对象使用字符串就很方便。

4.3.2 字符串

整数类型等基本数据类型的数据有常量和变量之分,字符串也分为常量和变量。字符串常量指其值保持不变的量,是位于一对双引号之间的字符序列,如"Study hard"。

1. 字符串变量的声明和初始化

要使用字符串变量,可以通过 String 类来实现。首先声明并初始化 String 类对象,其做法与建立其他类对象的做法类似,格式如下:

String 字符串变量;

字符串变量=new String( );

也可以将两条语句合并为一条语句,格式如下:

String 字符串变量=new String( );

例如,声明并初始化字符串变量 str 的方式如下:

String str;

str=new String( );

或是

String str=new String( );

2. 字符串赋值

声明并初始化了字符串变量之后,便可以为其赋值,既可以为其赋一个字符串常量,也可以将一个字符串变量或表达式的值赋给字符串变量。

例如,以下的语句序列分别为字符串变量 str1、str2 和 str3 赋值:

str1="Chinese people";

str2=str1;

str3="a lot of"+str2;

结果 str2 的值为"Chinese people",str3 的值为"a lot of Chinese people"。其中,运算符"+"的作用

是将前后两个字符串连接起来。

3. 字符串的输出

字符串可以通过 println( )或 print( )语句输出。

例如,以下的语句序列为字符串变量 s 赋值并输出其值:

s = "All the world";

System. out. println(s) ;

输出的结果如下:

All the world

【例 4.9】 字符串应用(运行结果如图 4.8 所示)。

```
1    package com. java. chapter04;
2    public class Example09 {
3        public static void main(String[ ] args) {
4            String s1 ,s2;
5            s1 = new String("Students should ");
6            s2 = "study hard. ";
7            System. out. print(s1);
8            System. out. println(s2);
9            s2 = new String( );
10           s2 = "learn english,too. ";
11           System. out. print(s1);
12           System. out. println(s2);
13       }
14   }
```

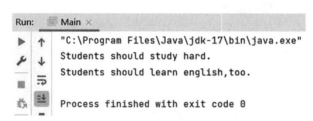

图 4.8 运行结果

4.3.3 字符串操作

类 String 中定义了大量的方法用于操作字符串。其中,常用操作如下。

1. 求字符串长度

调用方法 length( )可以获取字符串中字符的个数(即字符串的长度)。例如:

String str = "Hello,Java world";

int index = str. length( ) ;   //index = 16

必须注意,字符串中第一个字符的位置(即下标,又称索引)为 0,最后一个为 length( )−1。

2. 比较字符串

类 String 中提供了多个用于比较字符串内容的方法,其中常用的如下:

public boolean equals(Object obj)   //对两个字符串进行相等性比较,区别大小写

public boolean equalsIgnoreCase(String anotherString)   //对两个字符串进行相等性比较,忽略大小写

例如：

```
boolean b1 = "Java". equals("java");                //b1 = false
boolean b2 = "Java". equalsIgnoreCase("java");      //b2 = true
```

字符在计算机中是按照 Unicode 编码存储的。存储字符串实际上是存储其中每个字符的 Unicode 编码。两个字符串的比较实际上是字符串中对应字符编码的比较。

两个字符串比较时，从首字符开始逐个向后比较对应字符。如果发现了一对不同的字符，则比较过程结束，该对字符的大小关系便是两个字符串的大小关系。只有当两个字符串包含相同个数的字符，且对应位置的字符(包括大小写)也相等时，两个字符串才相等。

public boolean compareTo(String anotherString)方法的作用是比较两个字符串的大小，比较的原理是依次比较每个字符的字符编码。首先比较两个字符串的第一个字符，如果第一个字符串的字符编码大于第二个字符串的字符编码，则返回大于 0 的值；如果小于，则返回小于 0 的值；如果相等，则比较后续的字符，如果两个字符串中的字符编码完全相同，则返回 0。

例如：

```
String s = "abc";
String s1 = "abd";
int value = s. compareTo(s1);
```

则 value 的值是小于 0 的值，即−1。

在 String 类中还存在一个类似的方法：compareToIgnoreCase。这个方法是忽略字符的大小写进行比较，其比较的规则与 compareTo 一样。例如：

```
String s = "aBc";
String s1 = "ABC";
int value = s. compareToIgnoreCase (s1);
```

则 value 的值是 0，即两个字符串相等。

3. 连接字符串

调用方法 concat(String str)，可以连接两个字符串。例如：

```
String str1 = "Hello!";
String str2 = str1. concat("World");
```

结果：str2 为"Hello! World"。

注意：方法 concat 并不会改变当前字符串(如 str1)的内容，它会自动创建一个新的 String 对象，内含当前字符串和新增字符串的内容，并返回。

程序中经常用到字符串连接操作，因此 Java 语言提供了一种连接字符串的简便方法，即可以使用运算符"+"连接字符串。上述第 2 条语句等价于如下语句：

```
String str2 = str1 + "World";
```

4. 查找单个字符

调用下列方法可以查找某个字符在当前字符串中的位置。

(1)public int indexOf(int ch)。在当前字符串中从头开始向后查找参数所指定的字符 ch。如果当前字符串中没有该字符，返回−1；否则，返回字符 ch 在当前字符串中第一次出现的位置。

(2)public int IndexOf(int ch,int fromIndex)。在当前字符串中从位置 fromIndex 开始向后查找参数指定的字符 ch。如果当前字符串没有该字符，返回−1；否则，返回字符 ch 在当前字符串中第一次出现的位置。

（3）public int lastIndexOf(int ch)。在当前字符串中从结尾开始向前查找参数所指定的字符 ch。如果当前字符串中没有该字符,返回-1;否则,返回字符 ch 第一次出现的位置。

（4）public int lastIndexOf(int ch,int fromIndex)。在当前字符串中从位置 fromIndex 开始向前查找参数所指定的字符 ch。如果当前字符串没有该字符,返回-1;否则,返回字符 ch 第一次出现的位置。

例如:

```
String str="She is a student";
int index1=str. indexOf('s');           //结果:index1=9
int index2=str. indexOf('s',7);         //结果:index2=9
int index3=str. lastIndexOf('s');       //结果:index3=9
int index4=str. lastIndexOf('s',7);     //结果:index4=9
```

5. 查找字符串

调用下列方法可以查找某个字符串是否被当前字符串包含:

```
public int indexOf(String str)
```

在当前字符串中从头开始向后查找参数所指定的字符串 str。如果当前字符串中没有包含该字符串,返回-1;否则,返回字符串 str 第一次出现的起始位置。

6. 字符串的常见操作

（1）charAt( )方法。

charAt( )方法方法的作用是按照索引值(规定字符串中第一个字符的索引值是 0,第二个字符的索引值是 1,以此类推),获得字符串中的指定字符。例如:

```
String s="abc";
char c=s. chatAt(1);
```

则变量 c 的值是'b'。

（2）endsWith( )方法。

endsWith( )方法的作用是判断字符串是否以某个字符串结尾。如果以对应的字符串结尾,则返回 true。例如:

```
String s="student. doc";
boolean b=s. endsWith("doc");
```

则变量 b 的值是 true。

（3）getBytes( )方法。

getBytes( )方法的作用是将字符串转换为对应的 byte 数组,从而便于数据的存储和传输。例如:

```
String s ="计算机";
byte[ ] b=s. getBytes(); //使用本机默认的字符串转换为 byte 数组
byte[ ] b=s. getBytes("gb2312"); //使用 gb2312 字符集转换为 byte 数组
```

在实际转换时,一定要注意字符集的问题,否则中文在转换时将会出现问题。

（4）replace( )方法。

replace( )方法的作用是替换字符串中所有指定的字符,然后生成一个新的字符串。经过该方法调用以后,原来的字符串不发生改变。例如:

```
String s="abcat";
String s1=s. replace('a','1');
```

该代码的作用是将字符串 s 中所有的字符 a 替换成字符 1,生成的新字符串 s1 的值是
1bc1t,而字符串 s 的内容不发生改变。

如果需要将字符串中某个指定的字符串替换为其他字符串,则可以使用 replaceAll 方法。
例如:

```
String s="abatbac";
String s1=s. replaceAll("ba","12");
```

该代码的作用是将字符串 s 中所有的字符串"ba"替换为"12",生成新的字符串"a12t12c",而
字符串 s 的内容也不发生改变。

如果只需要替换第一个出现的指定字符串时,可以使用 replaceFirst 方法。例如:

```
String s="abatbac";
String s1=s. replaceFirst ("ba","12");
```

该代码的作用是只将字符串 s 中第一次出现的字符串"ba"替换为字符串"12",则字符串 s1
的值是"a12tbac",字符串 s 的内容也不发生改变。

(5) split( ) 方法。

split( )方法的作用是以特定的字符串作为间隔,拆分当前字符串的内容,一般拆分以后会
获得一个字符串数组。例如:

```
String s="ab,12,df";
String s1[ ]=s. split(",");
```

该代码的作用是以字符串","作为间隔,拆分字符串 s,从而得到拆分以后的字符串数字
s1,其内容为{"ab","12","df"}。该方法是解析字符串的基础方法。

如果字符串中在内部存在与间隔字符串相同的内容,将拆除空字符串,尾部的空字符串会
被忽略掉。例如:

```
String s="abbcbtbb";
String s1[ ]=s. split("b");
```

则拆分出的结果字符串数组 s1 的内容为{"a","","c","t"},拆分出的中间的空字符串的数量等
于中间间隔字符串的数量减少一个。例如:

```
String s="abbbcbtbbb";
String s1[ ]=s. split("b");
```

则拆分出的结果是{"a","","","c","t"}。最后的空字符串无论有多少个,都会被忽略。如果需
要限定拆分以后的字符串数量,则可以使用另外一个 split 方法。例如:

```
String s="abcbtb1";
String s1[ ]=s. split("b",2);
```

该代码的作用是将字符串 s 最多拆分成包含 2 个字符串数组,则结果为{"a","cbtb1"}。如果第
二个参数为负数,则拆分出尽可能多的字符串,包括尾部的空字符串也将被保留。

(6) startsWith( )方法。

startsWith( )方法的作用与 endsWith 方法类似,只是该方法是判断字符串是否以某个字符
串作为开始。例如:

```
String s="TestGame";
boolean b=s. startsWith("Test");
```

则变量 b 的值是 true。

（7）toCharArray（）方法。

toCharArray（）方法的作用与 getBytes 方法类似,即将字符串转换为对应的 char 数组。例如:

```
String s="abc";
char[ ] c=s. toCharArray( );
```

则字符数组 c 的值为{ 'a' , 'b' , "c"} 。

（8）toLowerCase（）方法。

toLowerCase（）方法的作用是将字符串中所有大写字符都转换为小写。例如:

```
String s="AbC123";
String s1=s. toLowerCase( );
```

则字符串 s1 的值为"abc123",而字符串 s 的值不变。

类似的方法是 toUpperCase,该方法的作用是将字符串中的小写字符转换为对应的大写字符。例如:

```
String s="AbC123";
String s1=s. toUpperCase ( );
```

则字符串 s1 的值为"ABC123",而字符串 s 的值也不变。

（9）trim（）方法。

trim（）方法的作用是去掉字符串开始和结尾的所有空格,然后形成一个新的字符串,该方法不去掉字符串中间的空格。例如:

```
String s="abc abc 123";
String s1=s. trim( );
```

则字符串 s1 的值为"abc abc 123",字符串 s 的值不变。

（10）valueOf（） 方法。

valueOf（）方法的作用是将其他类型的数据转换为字符串类型。需要注意的是,基本数据与字符串对象之间不能使用以前的强制类型转换的语法进行转换。

另外,由于该方法是 static 方法,因此不用创建 String 类型的对象即可。例如:

```
int n=10;
String s=String. valueOf( n);
```

则字符串 s 的值是"10"。虽然对于程序员来说没有发生什么变化,但是数据的类型却发生了变化。

介绍一个简单的应用,判断一个自然数是几位数字的逻辑代码如下:

```
int n=12345;
String s=String. valueOf( n);
int len=s. length( );
```

则这里字符串的长度 len,就代表该自然数的位数。这种判断比数学判断方法在逻辑上要简单一些。

关于 String 类的使用就介绍这么多,其他的方法及这里提到的方法的详细声明可以参见对应的 API 文档。

4.3.4　字符串数组

如果要表示一组字符串,可以通过字符串数组来实现。例如,要表示中国的四个直辖市的

英文名称,可以采用如下的字符串数组:

String[ ] str=new String[4];

str[0]="Beijing";

str[1]="Shanghai";

str[2]="Tianjin";

str[3]="Chongqing";

【例 4.10】　字符串数组应用(运行结果如图 4.9 所示)。

```
1    package com. java. chapter04;
2    public class Example10 {
3      public static void main(String[ ] args) {
4        String[ ] strs={"Hello World!","Welcome to JAVA!","Study Hard!"}; //字符串数组初始化
5        for( int i=0;i<strs. length;i++)
6          System. out. println( strs[i] );
7      }
8    }
```

```
Run:  🔲 Main ×
  ▶  ↑    "C:\Program Files\Java\jdk-17\bin\java.exe"
  🔧 ↓    Hello World!
           Welcome to JAVA!
  ⬛ ⇥    Study Hard!
  🐞 ⬇
  🖥 🖨    Process finished with exit code 0
```

图 4.9　运行结果

4.3.5　String、StringBuffer、StringBuilder 区别

String 对象是不可变的。因此,类 String 中的任何一个方法,如果需要修改 String 对象的值,实际上就要创建一个包含修改后结果的新的 String 对象并返回,即如果需要修改 String 对象的值,就必须创建新的 String 对象,而原有的 String 对象不可改变。因此,类 String 的引入可以确保其对象内容不被错误地修改。但是,某些情况下,这种方式显然效率不高。例如:

String str1="Hello!";

String str2=str1+"Java"+" "+"World";

如果采用类 String 的方式处理上述第 2 条语句,那么运算时就需要创建多个中间 String 对象,如连接 str1 和 Java 时,就需要创建一个包含字符串"Hello! Java"的 String 对象,这个新对象参加运算时又需要创建新对象。运算结束后,这些中间对象还需要由垃圾回收器回收。

为此,Java 语言提供了类 StringBuilder 和 StringBuffer,它们代表的都是可变字符串,可以对其对象本身进行追加、插入、删除、替换等操作,而不需要创建新的对象。这个类的作用大致相同,只是类 StringBuffer 可以安全地用于多线程编程;而类 StringBuilder 是 Java SE5 新增加的,将它用于多线程编程是不安全的。现在,除非需要进行多线程编程,一般应使用类 StringBuilder,因为它的速度更快。

<h1 align="center">本 章 小 结</h1>

本章主要简述了一维数组的创建、初始化和使用的方法,同时针对多维数组进行了简单介

绍。并且,对于字符串这个类从创建到使用进行了详细的讲解,并通过例子帮助学生更好地掌握本章的内容。

习　题

一、填空题

1. 用于指出数组中某个元素的数字称为_____。数组元素之所以相关,是因为它们具有相同的_____和_____。

2. 数组 int results[ ] = new int[6] 所占存储空间是_____ B。

3. 使用两个下标的数组称为_____数组,假定有如下语句:

float scores[ ][ ] = { {1,2,3},{4,5},{6,7,8,9} };

则 scores. length 的值为_____, scores[1]. length 的值为_____, scores[1][1] 的值为_____。

二、编程题

1. 编程对 10 个整数进行排序。

2. 下面哪些语句是合法的数组声明?

int i = new int(30);

double d[ ] = new double[30];

int i[ ] = (3,4,3,2);

float f[ ] = {2.3,4.5,5.6};

char[ ] c = new char( );

3. 求一个十行十列整型方阵对角线上元素之积。

4. 实现矩阵转置,即将矩阵的行、列互换,将一个 m 行 n 列的矩阵转换为 n 行 m 列。

5. 编写程序,计算一维数组中的最大值与其所在的位置。

6. 从键盘上输入 10 个双精度浮点数后,求出这 10 个数的和及它们的平均值。要求分别编写相应求和及求平均值的方法。

7. 编写一个方法,实现将字符数组倒序排列,即进行反序存放。

三、简答题

1. Java 语言为什么要引入"方法"这种编程结构?

2. 为什么要引入数组结构?数组有哪些特点?Java 语言创建数组的方式有哪些?

四、写出程序的运行结果

1. 有以下四个字符串 s1、s2、s3 和 s4:

String s1 = "Hello World! ";

String s2 = new String("Hello World! ");

s3 = s1;

s4 = s2;

下列表达式的结果是什么?

s1 = = s3

s3 = = s4

s1 = = s2

s1. equals(s2)

s1. compareTo(s2)

2. 下面程序输出的结果是什么？

```
1   public class Test {
2     public static void main(String[ ] args) {
3       String s1 = "I like cat";
4       StringBuffer sb1 = new StringBuffer ("It is Java");
5       String s2;
6       StringBuffer sb2;
7       s2 = s1. replaceAll("cat","dog");
8       sb2 = sb1. delete(2,4);
9       System. out. println("s1 为:"+s1);
10      System. out. println("s2 为:"+s2);
11      System. out. println("sb1 为:"+s1);
12      System. out. println("sb2 为:"+s2);
13    }
14  }
```

五、改错题

设 s1 和 s2 为 String 类型的字符串,s3 和 s4 为 StringBuffer 类型的字符串,下列哪个语句或表达式不正确？请将其修改正确。

```
s1 = "Hello World! ";
s3 = "Hello World! ";
String s5 = s1+s2;
StringBuffer s6 = s3+s4;
String s5 =  s1−s2;
s1 < = s2
char c = s1. charAt(s2. length());
s4. setCharAt(s4. length(),'y');
```

第 5 章

类 和 对 象

在前几章中,大部分例子都没有过多地涉及面向对象方面的知识,这是为了给读者提供一个过渡空间,即从 Java 的基本语法与程序的基本结构入手,逐渐适应 Java 的编程理念。本章开始介绍如何编写一个体现面向对象编程(object oriented programming,OOP)风格的 Java 程序。

5.1 面向对象的基本概念

Java 是完全面向对象的编程语言。OOP 是一种全新的编程理念,面向对象程序设计的精髓是抽象性、封装性、继承性和多态性。这些核心思想就是通过一些基本的概念体现出来,它主要围绕对象、类、消息、继承、接口等概念和机制展开。

5.1.1 对象和类

现实世界中,对象(Object)是状态(属性)和行为的结合体。在现实世界中,对象随处可见。例如,一辆汽车、一只小狗、一台计算机,它们都可以视为对象。

对象普遍具有的特征、状态和行为。例如,汽车有状态,如品牌、颜色、车型等;汽车有行为,如加速、刹车、换挡等。

在开发软件的信息世界中讨论信息世界中的对象,它是现实世界对象的抽象模型,使用数据和方法描述对象在现实世界中的状态和行为的特征。Java 程序中用变量描述对象的状态,用方法描述其行为。

如果给定了一个汽车的具体的型号、颜色,以及移动的速度和方法,就有了一个具体的对象汽车,称为实例对象。相应地,用来描述一个实例对象相关的变量称为实例变量,相关的方法称为实例方法。

现实世界中有很多同类的对象。例如,有一辆汽车是千千万万辆汽车中的一个,用 OOP 术语来说,是汽车类的一个实例,而汽车有很多共同的特征、状态和行为,但这辆汽车与其他的汽车是有区别的,汽车制造商不会为每一辆汽车都设计一张图纸,然后按照这张图纸造出这辆汽车。他们通常是只设计一份图纸,然后造出一批汽车,这是工业效率的基本要求。

基于同样的道理,OOP 总结出一类对象的共有特征,将这些对象设计成类(class)。类就是对具有相同或相似属性和行为的一组对象的共同描述,它定义了同类对象共有的变量和方法。类就好比对象的模型、图纸,它定义了同类对象共有的变量和方法。例如,汽车类定义了汽车必须有的状态和行为:车轮、发动机、刹车器、变速挡等。所有的汽车对象都具备类中所定义的状态和形状,生产具体品牌的汽车就是对类的实例化对象。

Java 编程是设计类而不是对象,在编程中可以采用自定义方法或继承方法去设计一个类。对象就是类的具体化,是类的一个实例,这个实例对象完成程序要实现的具体功能。

5.1.2　面向对象的基本特征

面向对象程序设计的精髓是抽象性、封装性、继承性和多态性,不仅包含对象和类,还围绕着消息、继承、接口等概念和机制展开。下面主要介绍封装、消息、多态继承、接口等基本概念。

1. 封装

封装就是将相关数据和方法放在一个包里,其作用是把类设计成一个黑箱,使用户只能看到类具有的公共方法,看不到方法实现的细节,也不能直接对类的数据进行操作,迫使用户只能通过接口去访问数据。封装是 OOP 设计者追求的理想境界,可为开发员带来两个好处:模块化和数据隐藏。

(1)模块化。

模块化意味着对象源代码的编写和维护可独立进行,不会影响到其他模块,而且具有很好的重用性。

(2)数据隐藏。

数据隐藏则使对象有能力保护自己,提供接口与其他对象联系,自行维护自身的数据和方法,而不影响依赖于它的对象。

Java 的封装性有效提高了程序的安全性和维护性。

2. 消息

单独一个对象的功能是有限的,多个对象联系在一起才会有更多、更强、更完整的功能。怎样才能将对象联系在一起呢? OOP 使用消息传递机制来联系对象,消息传递是对象之间进行交互的主要方式。例如,失火单位(对象 1)需要灭火部门(对象 2)来救援,可以打 119 电话(灭火部门的监听对象)报告获取,119 接收到电话后,将根据火情派出消防队员与消防车火速赶到失火单位灭火(事件处理方法)。

由此可以看出,消息传递机制包含三个要素:事件源(失火单位)、事件监听器(119 电话及灭火部门)和事件对象(火情)。其中,事件监听器是连接对象的关键,它在对象之间传递消息(火情),调用事件处理对象(灭火部门)的方法。

Java 具有特定的事件处理机制来传递消息,使不同的对象联系在一起,完成不同的、复杂的功能。

3. 多态

一个对象可以接收不同形式的消息,同一个消息也可以发送给不同的对象,不同的对象对相同的消息可以有不同的解释(这就形成多态性)。简单地说,多态性表示同一种事物的多种形态。

4. 继承

OOP 允许由一个类定义另外一个类,由已有类派出新的类,派生出的新类称为子类,原来的类称为父类,从而构成了类的层次关系,也就是类的继承(inheritance)。例如,山地车、赛车都属于自行车,它们是自行车的子类。换句话说,自行车是它们的父类,又称超类。子类继承了父类的状态和行为,但并不局限于此。子类可以添加新的变量和方法,有自己的新特点。子类还可以覆盖已继承的方法,实现特殊要求。例如,可以为山地车增加一个减速装置,并覆盖变速方法以便使用减速装置。

继承不仅可以发生在同一个层次上,也可以发生在不同层次上,这种继承形成了一棵倒置的树,在 Java 系统中,这棵树的根就是 Object 类。所有层次的类都是从 Object 类中衍生下来的。Object 仅提供了所有的类在 Java 虚拟机上运行所需要的基本状态和方法。一般来说,层次越高,类就越抽象;反之,就越具体。

继承使父类的代码得到重用,在继承父类提供的共同特性的基础上添加新的代码,使编程不必一切都从头开始。Java 的继承性有效地提高了编程效率。

5. 接口

接口(interface)可以看成为两个不相关的实体提供交流途径的设备。例如,语言就是两个人进行交流的接口。在 Java 中,接口就是为两个不相关的类提供交流的设备。接口是为解决 Java 不支持多重继承问题而产生的。因为 Java 的类不支持多重继承,所以子类只能有一个父类。Java 不支持多重继承是为使语言本身结构简单、层次清楚、易于管理、安全可靠、避免冲突。为使 Java 具有多重继承的功能,Java 使用了接口技术。

5.1.3　面向对象的 Java 程序

下面通过一个例子来说明 Java 程序是如何体现面向对象的思想的。

【**例 5.1**】　长方形和圆形都属于几何图形,都有面积,并且它们都有自己的面积计算公式。下面运用面向对象思想,求解可以计算不同图形的面积。

```
1    package com. java. chapter05 ;
2    public abstract class Shape {              // 抽象类几何图形
3       public abstract double getArea( ) ;       // 求取面积
4    }
5    public class Circle extends Shape {         //圆形,继承 Shape 类
6       private double radius = 0;               // 圆的半径
7       private final static double PI = 3. 14 ;  // 常量,圆周率
8       public double getRadius( ) {             // 获取半径
9          return radius ;
10      }
11      public void setRadius( double radius ) {  // 设置半径
12         this. radius = radius ;
13      }
14      @ Override
15      public double getArea( ) {               // 重写 Shape 类的 getArea( )方法,求圆面积
16         return PI * radius * radius ;
17      }
18   }
19   public class Rectangle extends Shape {      //长方形,继承 Shape 类
20      private double length = 0;               // 长方形的长
21      private double width = 0;                // 长方形的宽
22      public double getLength( ) {             // 获取长方形的长
```

```
23        return length;
24    }
25    public void setLength(double length) {      // 设置长方形的长
26        this.length = length;
27    }
28    public double getWidth() {                   // 获取长方形的宽
29        return width;
30    }
31    public void setWidth(double width) {         // 设置长方形的宽
32        this.width = width;
33    }
34    @Override
35    public double getArea() {    // 重写 Shape 类的 getArea()方法,求长方形面积
36        return this.length * this.width;
37    }
38 }
39 public class Example01 {
40    public static void main(String[] args) {
41        Circle circle = new Circle();            // 创建圆形对象
42        circle.setRadius(10);                    // 设置圆形半径
43        System.out.println("半径为" + circle.getRadius() + "的圆形面积:"
44            + circle.getArea());
45        Rectangle rectangle = new Rectangle();// 创建长方形对象
46        rectangle.setLength(10);                 // 设置长方形长和宽
47        rectangle.setWidth(20);
48        System.out.println("长为" + rectangle.getLength() + "宽为"
49            + rectangle.getWidth() + "的长方形面积:" + rectangle.getArea());
50    }
51 }
```

运行结果如图 5.1 所示。

图 5.1　运行结果

程序说明:面向对象的三个主要基本特征为封装、继承和多态,下面分析例 5.1 中面向对象主要特征的体现。

1. 封装

圆形和长方形的属性访问权限被私有化(private),只能通过公有(public)的 getXXX() 和 SetXXX() 方法进行访问,充分体现了其封装特性。

2. 继承

父类几何图形(shape)作为抽象类,在类中定义抽象方法求面积。长方形(rectangle)和圆形(circle)都属于几何图形类,继承了这个方法。

3. 多态

长方形(rectangle)与圆形(circle)的求解面积公式是不同的,分别在各自类中对继承的getArea()方法进行了重写。

5.2 类

Java 是一种完全面向对象的程序设计语言,Java 语言就是建立在类这个逻辑结构之上的。类是 Java 的核心,任何 Java 程序都由类组成,一个 Java 程序至少要包含一个类,也可以包含很多类。

在 Java 中,类的来源分为系统类和用户类两部分。Java 提供了一个庞大的类库让开发人员使用,对用户来说,只需直接使用即可。而设计的这些类是出于公用的,因此很少有某个类恰恰满足用户的需要,这就需要用户自己创建所需的类,即用户类。

本节主要介绍创建 Java 用户类及其相关的知识。

5.2.1 类的创建

类通过关键字 class 创建,定义类的最简单的形式如下:

[修饰符]class <类名>

{

<类体>

}

其中,"修饰符"可以是类的访问特性说明符,用于控制类的被访问权限和类的类别;"class"为定义类的关键字;"类名"为类的名称,它要符合 Java 语言的标识符命名规则;"类体"是类的具体描述内容,其中最主要包含的是成员变量、成员方法等,成员变量用来描述实体的属性,成员方法用来描述实体所应该具备的行为能力。

例如,任何一个矩形应该包含的属性有长、宽,应该具备的行为能力有设置长、宽的当前值,获取长、宽的当前值,计算矩形的面积与计算矩形的周长等。下面就是矩形实体的类定义:

```
1   //file name:Rectangle. java
2   public class Rectangle{
3       private int length;
4       private int width;
5       public void setLength( int l) { length=l; }
6       public void setWidth( int w) { width=w; }
7       public int getLength( ) { return length; }
8       public int getWidth( ) { return width; }
9       public int getArea( ) { return length * width; }
10      public int getPerimeter( ) { return 2 * (length+width) ; }
11  }
```

从上面的类的定义中可以看出,Rectangle 类中定义了两个成员变量,即 length 和 width,分别用来表示矩形的长、宽属性。另外,还定义了六个成员方法,前两个名称类似 set _ 的成员方法,用来表示设置长、宽的当前值的操作能力,又称更改器;中间两个名称类似 get _ 的成员方法,用来获取长、宽的当前值的操作能力,又称获取器;最后两个成员方法分别表示计算矩形面积和计算矩形周长的操作能力。

在软件设计阶段,希望用一种简单、易懂且无二义性的方式描述类的状况。目前广为流行的统一建模语言就是为此目的而设计的,通常简称为 UML,它是 Unified Modeling Language 的缩写,是一种面向对象建模的图形表示法。由于 UML 的内容已经超出了本课程的教学范围,因此本书不详细地介绍它的全部内容,只选用其中的“类图”作为对类及类关系的描述,这里只介绍 UML 中“类图”的描述符号。

“类图”是 UML 中用来描述类及类之间静态关系的图。图 5.2 所示为描述类的基本结构。

每个类用一个矩形表示,其中由三个部分组成:上方部分是所描述的类名,中间部分是类包含的成员变量,下方部分是类包含的成员方法。在成员变量与成员方法的描述中,用“+”表示公有(public)访问特性,用“#”表示保护(protected)访问特性,用“–”表示私有(private)访问特性。图 5.3 所示为 Rectangle 类的 UML 类图描述。

图 5.2　描述类的基本结构　　图 5.3　Rectangle 类的 UML 类图描述

5.2.2　成员变量

成员变量用于描述实体的状态属性,在面向对象的程序设计中,对于对象的状态属性的设置和获取也就是对相应的成员变量的值的设置和获取。Java 语言的成员变量有两种形式:一种是静态(static)的,称为静态变量;另一种是非静态的,称为实例变量。本节出现的成员变量都属于实例变量。成员变量的声明必须放在类体中,通常放在成员方法前。

成员变量的声明语句格式如下:

[修饰符]数据类型 成员变量名

其中,修饰符是控制成员变量的被访问权限和类别的说明符;数据类型是成员变量所属的数据类型,它既可以是 Java 语言提供的八种基本数据类型,也可以是数组或类的引用类型;成员变量名是成员变量的名称,其命名要符合 Java 标识符的命名规范。

与其他数据类型一样,一旦创建对象后,对象中的每个实例变量就会面临着初始化问题。Java 语言中提供了五个初始化实例变量的途径。

(1)Java 系统为每种数据类型的实例变量提供了默认的初始值。各种数据类型作为实例变量时的默认值见表 5.1。

表 5.1　各种数据类型作为实例变量时的默认值

类型	boolean	byte	char	short	int	long	float	double	类
默认值	false	0	\u0000	0	0	0	0.0f	0.0	null

（2）如果希望将实例变量初始化为其他值，可以在定义的同时赋予相应的初始值。例如：

```
1   public class Circle{
2   private Point centre=new Point(50,50);
3   private float radius=10.0f;
4
5   public void setCentre(Point p){ centre=p;}
6   public void setRadius(float r){ radius=r;}
7   publicPoint getCentre(){ return centre;}
8   publicfloat getRadius(){ return radius;}
9   publicfloat getArea(){ return radius * radius * 3.14159f;}
10  //其他的成员方法
11  ……
12  }
```

在 Circle 类中，radius 在定义的同时被初始化为 10.0f，centre 是 Point 类对象的引用，在定义的同时利用 new 运算符创建了一个 Point 对象。这里使用的 Point 类是 Java 类库中提供的一个标准类，对于这类标准类库中已存在的类，应该尽量使用，这是面向对象程序设计方法所倡导的。

（3）在某个成员方法中，为实例变量赋值。但是由这种方式赋初值，需要在程序中显式地调用赋初值的成员方法，一旦遗忘，就有可能出现问题。

（4）在类的构造方法中实现初始化实例变量的操作，这是提倡使用的初始化方式。有关构造方法的详细内容将在后面介绍。

（5）利用初始化块对成员变量进行初始化。Java 规定在类定义中可以包含多个初始化块。只要创建了这个类的对象，就会在调用构造方法之前执行这些初始化块。因此，可以利用这些初始化块对成员变量进行初始化。初始化块是位于类定义中且用一对花括号括起来的语句组。

下面是一个含有初始化块的 Circle 类定义：

```
1   public class Circle{//圆形类
2   private Point centre;//表示圆心坐标
3   private float radius;//表示圆的半径
4   {  //初始化块
5   centre=new Point(50,50);
6   radius=10.0f;
7   }
8   public void setCentre(Point p){ centre=p;}
9   public void setRadius(float r){ radius=r;}
10  public Point getCentre(){ return centre;}
11  public float getRadius(){ return radius;}
12  public float getArea(){ return radius * radius * 3.14159f;}
13  //其他的成员方法
14  ……
15  }
```

一旦创建这个类对象,系统首先自动地执行初始化块中的语句来完成实例变量初始化的任务,即将实例变量 centre 初始化为引用所创建的 Point 对象,将实例变量 radius 初始化为10.0f。

5.2.3 成员方法

成员方法相当于其他语言中所说的函数或过程,是一组执行语句序列。一个成员方法一般完成一个相应的功能,在一个类中至少应该包含对类中的每个成员变量设置状态值,获取成员变量的当前状态值等功能的一系列成员方法。在设计类时,应该将描述对象属性的成员变量隐藏起来,用实现操作行为的成员方法作为对象之间相互操作的外部接口。因此,设计一套合理的成员方法对该类对象的可操作性至关重要。与成员变量一样,成员方法也分为静态和非静态两种形式,分别称为静态方法和实例方法。这里只介绍实例方法,有关静态方法的相关内容将在后面介绍。

Java 语言规定,实例方法的定义格式如下:

［修饰符］<返回值类型> <成员方法名>(参数表)［throws 异常类型］{
成员方法体
}

说明如下。

(1)［修饰符］。修饰符决定了成员方法的访问权限。

(2)<返回值类型>。返回值类型是成员方法的返回结果类型。

(3)<成员方法名>。成员方法的名称,其命名要符合 Java 标识符的命名规则。

(4)(参数表)。参数列表列出了调用这个成员方法时需要提供的参数格式。

(5)［throws 异常类型］。在 Java 中具有抛出异常的能力,在这里列出可能抛出异常的种类。

下面定义 Date 类:

```
1   //file name:Date.java
2   public class Date {
3       private int year;
4       private int month;
5       private int day;
6       public void setYear(int y){year=y;}
7       public void setMonth(int m){month=m;}
8       public void setDay(int d){day=d;}
9       public void setDate(int y,int m,int d){
10          year=y;
11          month=m;
12          day=d;
13      }
14      public int getYear(){return year;}
15      public int getMonth(){return month;}
16      publicint getDate(){return day;}
17  }
```

在类中定义三个成员变量,分别是 year、month、day,还有四个用于设置日期的成员方法和三个用于获取日期的成员方法,利用这些实例方法可以设置和读取当前时间。

1. 成员方法的重载

成员方法的重载是指在同一个类中可同时定义名称相同的多个成员方法,但成员方法的参数类型、个数、顺序至少有一个不同,或返回类型、修饰符不同,当调用名称相同的成员方法时,系统就是通过参数的不同来区分的,根据调用者传来的实参消息的类型、个数和次序来区别,匹配者被调用,以下面的代码为例。

```
1    //file name：Point.java
2    public class Point{
3        int x,y;
4        int getX(){ return x; }
5        int getY(){ return y; }
6        void setXY(int dx,int dy){ x=dx; y=dy;}
7        void setXY( Point p ){
8        x=p. getX();
9        y=p. getY();
10       }
11   }
```

在某个类中,实例化了 Point 类的两个对象 p1、p2。如果执行 p1. setXY(5,7),则执行 Point 类中的 setXY(int dx,int dy)方法;如果执行 p1. setXY(p2),则执行 Point 类中的 setXY(Point p)方法。

成员方法的重载在面向对象程序设计中相当重要,也非常有用,后面将会大量用到。

2. 局部变量

在方法体内部也可定义变量,称为局部变量,其作用范围在方法体内部。

成员变量与局部变量的区别:成员变量有默认值初值,局部变量没有默认值,当对未赋初值的局部变量作引用时,编译不能通过,以下面的代码为例。

```
1    //file name：MainClass1
2    public class MainClass1{
3        public static void main(String args[]){
4          PartVariable pv=new PartVariable();
5          int max=pv. max(9,5);
6          System. out. println("The max is:"+max);
7        }
8    }
9    class PartVariable{
10       int x;
11       int max(int a,int b){
12         int z;
13         System. out. println("x="+x);
14         System. out. println("a="+a+"\tb="+b);
15         System. out. println("z="+z);
16         if(a>b) z=a;
17         else   z=b;
18         return z;
19       }
20   }
```

运行结果如图5.4所示。

图5.4 运行结果

成员变量可以先定义后引用,也可先引用后定义;而局部变量必须先定义后引用。以下面的代码为例。

```
1   // file name：MainClass2
2   public class MainClass2｛
3       public static void main（String args［ ］）｛
4           PartVariable pv = new PartVariable（ ）;
5           int max = pv. max（9,5）;
6           System. out. println（"The max is:"+max）;
7       ｝
8   ｝
9   class PartVariable｛
10      int x;                              // 成员变量
11      int max（int a,int b）｛
12          System. out. println（"m ="+m）;      // 引用局部变量 m
13          System. out. println（"k ="+k）;      // 引用成员变量 k
14          int m = 0;                          // 声明局部变量 m
15          if（a>b） z=a;
16          else z=b;
17          return z;
18      ｝
19      int k;                              // 声明成员变量 k
20  ｝
```

运行结果如图5.5所示。

图5.5 运行结果

5.2.4 构造方法

在类的定义中有一种非常特殊的方法,称为构造方法(构造器)。顾名思义,它是一类在构造类对象时使用的方法,其主要作用是初始化成员变量。构造方法有以下特征。

(1)形式上,方法名与类名完全一致。

(2)没有返回值类型说明符,即使是 void 也没有(对成员方法来说,返回值说明符不能省略,成员方法和构造方法是两个不同类型的方法)。

(3)在构造类对象时使用,主要作用是用于初始化实例变量赋初值。

定义构造方法的完整形式如下:

```
[修饰符]  <构造方法名>(参数列表)
{
    构造方法的方法体
}
```

其中,修饰符是用于控制被访问权限的说明符;构造方法名是类的名称;参数列表是调用构造方法时需要提供的参数格式。

下面就是矩形 Rectangle 类的定义,其中包含构造方法:

```
1   //file name:Rectangle. java
2   public class Rectangle{
3       private int length;
4       private int width;
5       public Rectangle( int l , int w ){
6           length=l;
7           width=w;
8       }
9       public void setLength(int l){ length=l;}
10      public void setWidth(int w){ width=w;}
11      public int getLength( ){ return length;}
12      public int getWidth( ){ return width;}
13      public int getArea( ){ return length * width;}
14      public int getPerimeter( ){ return 2 * (length+width);}
15  }
```

可以看出,在上面的构造方法中,为两个成员变量赋予了初值。当利用 new 运算符创建 Rectangle 类对象时,系统会自动地调用这个构造方法,实现对实例变量初始化的任务。与利用默认值或初始化块对实例变量进行初始化相比,利用构造方法可以在创建对象时代入不同的参数值,进而达到为每个对象赋予不同初始值的目的。

构造方法与成员方法一样,也可以重载,即有多个参数列表不同的构造方法。这样可以在创建对象时,给予用户更大的灵活性与便捷性。例如,下面的 Point 类就包含多个构造方法:

```
1   public class Point{
2       int x,y;
3       public Point( ){ x=0; y=0;}
4       public Point(int dx,int dy){ x=dx; y=dy;}
5       public Point(Point p){
6           x=p. getX( );
7           y=p. getY( );
```

```
8        }
9        int getX( ){ return x;}
10       int getY( ){ return y;}
11       void setXY(int dx,int dy){
12         x=dx;
13         y=dy;
14       }
15       void setXY( Point p ){
16       x=p. getX( );
17       y=p. getY( );
18       }
19    }
```

在这个类中有三个构造方法,它们的参数均不同。当实例化 Point 类的对象时,就可以有三种不同格式的参数创建并初始化对象。

5.2.5　设计类的原则

在面向对象的程序设计中,最主要的问题是根据实际需求设计尽可能合理的类,并整理出类与类之间的关系。这些类可以直接源于 Java 类库提供的标准类,也可以将标准类作为基类,进一步构造更加能够表示特定问题的子类。在设计类时应该掌握以下基本原则。

(1)封装。

将描述一个实体特征的所有内容封装在一起,包括表示实体属性的成员变量和表示实体行为能力的成员方法。

(2)信息隐藏。

将描述实体属性的成员变量设定为 private 访问特性,使其对外屏蔽起来,外界只能通过类提供的公共接口进行操作。

(3)接口清晰。

接口是外界与类对象沟通的渠道。接口设计既要清楚简洁,又要符合大众的使用习惯。

(4)通用性。

可重用性是面向对象程序设计希望达到的主要目标之一,而通用性是保证可重用性的关键要素。

(5)可扩展性。

任何事物都是不断发展的,软件产品也应该能够随着用户需求的变化而加以扩展,这是软件设计必须要考虑的问题。

另外,在确定了设计哪些类及类中应该包含哪些成员变量之后,就应该着眼考虑如何设计与外界沟通的成员方法了。通常,在一个类中应该包含以下成员方法。

①构造方法。至少应该包含一个不带参数的构造方法和一个带完整参数的构造方法。要求定义一个不带参数的构造方法的原因是:在很多情况下,将会默认调用不带参数的构造方法,如果没有定义这个构造方法,在有些情况下就会出现错误。要求定义一个带完整参数的构造方法的原因是:这样可以保证在创建对象时,为所有成员变量提供初始值。

②更改器。可以保证在对象创建之后更改对象的状态。

③获取器。可以保证随时获得对象的状态值。

④toString。可以将对象的状态值转换为字符串。

⑤equals。可以实现判断两个对象是否相等的操作。

5.3　对　　象

在介绍类的概念时已经认识到,对象是类的具体化,是类的一个实例。类就像一个能"生产"的机器,通过它可以产生同类对象的实例。因此,通常将由类产生实例的过程称为对象的实例化。下面介绍如何创建对象、使用对象和清除对象。

5.3.1　对象的创建

创建一个对象,可细分为三个步骤:声明对象、实例化和初始化。

创建对象与定义变量极其相似。

定义对象的语法格式如下:

[修饰符] 类名 对象名1[, 对象名2, 对象名3,…]

例如:

Point p;

TextField tf1, tf2, tf3;

此时仅定义了对象的应用,需要用运算符 new 创建对象。

创建对象的语法格式如下:

new 构造方法名([参数列表])

例如:

p1 = new Point();

p2 = new Point(10,10);

如果将定义与创建对象合并在一起,则声明与实例化的格式如下:

类名　对象名 = new 构造方法名([参数列表])

例如:

Point p1 = new Point();

Point p2 = new Point(10,10);

Label k1 = new Label("标签1");

new 运算符主要完成以下两项工作。

(1)为对象分配存储空间。

(2)根据提供的参数格式调用与之匹配的构造方法,实现初始化成员变量的操作,然后返回本对象的引用。

为正确地创建对象,必须清楚对象所属类提供的构造方法的参数格式。

5.3.2　对象的使用

对象被创建后,就可以在程序中使用对象。

前面介绍了对象的概念时说明了对象是一组信息及其上操作的描述,所以在对对象进行操作时,可能会引用其间的"信息"和"操作"。其实,这里的"信息"和"操作"在程序中的体现就是成员变量和成员方法。下面引用成员变量和调用成员方法的格式:

<对象名>.<变量名>　　//很少使用,受变量的访问控制属性控制

<对象名>.<方法名>

对象可以作为数组的元素和类的成员,也可以出现在成员方法的参数表和方法体中。接下来看下面的例子,说明它们的使用方法。

【例 5.2】 设计 Java 程序,功能是输入某个班级学生信息,按照学号升序排列。

```
1   package com.java.chapter05;
2   import java.util.Scanner;
3   class Student {
4       int number; //声明属性学号
5       String name; //声明属性姓名
6       public Student() {
7           number = 0;
8           name = null;
9       }
10      public Student(int n, String m) {
11          number = n;
12          name = m;
13      }
14  }
15  public class Example02 {                          //测试类,用于运行程序
16      public static void main(String[] args) {      //main 方法是程序运行起点
17          int sum,number;
18          String name;
19          System.out.print("请输入学生数量:");
20          Scanner scanner = new Scanner(System.in);
21          sum=scanner.nextInt();
22          //利用 new 运算符创建数组,此时每个元素为 null
23          Student[] students=new Student[sum];
24          //利用循环结构为每个元素创建对象
25          for(int i=0;i<sum;i++){
26              System.out.print("请输入第"+(i+1)+"个学生的学号:");
27              number=scanner.nextInt();
28              System.out.print("请输入第"+(i+1)+"个学生的姓名:");
29              name=scanner.next();
30              students[i]=new Student(number,name);
31          }
32      selectionSort(students);
33          System.out.print("按照学号排序:");
34          for(int i=0;i<sum;i++){
35              /* 数组元素引用其成员格式为:数组型变量[下标表达式].成员变量
36              或 数组型变量[下标表达式].成员方法名(参数列表)*/
37              System.out.print("("+students[i].number+","
38              +students[i].name+")"+"\t");
39          }
```

```
40        }
41      public static void selectionSort(Student[] arr) {
42        int i, j, k;
43        Student temp = null;
44        for (i = 0; i < arr. length − 1; i++) {
45          k = i;
46          for (j = i + 1; j < arr. length; j++)
47            if (arr[j]. number<arr[k]. number)
48              k = j;
49          if (i ! = k) {
50            temp = arr[i];
51            arr[i] = arr[k];
52            arr[k] = temp;
53          }
54        }
55      }
56    }
```

运行结果如图 5.6 所示。

```
"C:\Program Files\Java\jdk-17\bin\java.exe" "-javaagent:D:\programfil(
请输入学生数量:3
请输入第1个学生的学号:2
请输入第1个学生的姓名:李雷
请输入第2个学生的学号:1
请输入第2个学生的姓名:韩梅梅
请输入第3个学生的学号:3
请输入第3个学生的姓名:刘敏
按照学号排序:(1,韩梅梅)(2,李雷)(3,刘敏)
Process finished with exit code 0
```

图 5.6   运行结果

5.3.3   对象的回收

创建对象的主要任务是为对象分配存储空间,而清除对象的主要任务是回收对象占用的所有资源,其中最主要的是空间资源。为提高系统资源的利用率,Java 语言提供了"自动回收垃圾"的机制。

"自动回收垃圾"具体操作的过程是:在 Java 程序的运行过程中,有一个用软件实现的"垃圾回收器"。但当一个对象正处于被引用状态时,Java 运行系统会对其对象的存储空间做一个标记;当结束对象引用时,自动地取消这个标记。Java"垃圾回收器"周期性地扫描程序中所有对象的引用标记,没有标记的对象就被列入清除队伍中,待系统空闲或需要存储空间时,将其资源回收。

5.4 访问特性控制

面向对象程序设计方法主张将描述实体特征的属性隐藏起来,对象与外界仅通过公共接口进行交流。这样做的好处是:可以提高程序的可靠性,改善程序的可维护性,有利于程序的调试,真正做到将实体的属性与操作行为封装在一起,形成一个完整的整体。Java 语言通过访问特性控制符来隐藏数据,开放对外接口。

Java 语言中提供了四种访问控制符:默认访问特性、public 访问特性、private 访问特性和 protected 访问特性。在定义类、接口、成员变量和成员方法时,只需要将 public、private、protected 关键字写在最前面就可以达到指定访问特性的目的。正因如此,又将它们称为访问特性修饰符。下面分别讨论几种访问特性的具体访问规则。

1. 默认访问特性

如果在定义类、接口、成员变量和成员方法时没有指定访问特性修饰符,它们的访问特性就为默认访问特性。具体默认访问特性类、接口、成员变量和成员方法只能被本类和同一个包中的其他类、接口成员方法引用。因此,有人又将默认访问特性称为包访问特性,它可以阻止其他包的任何类、接口或成员方法的引用。

2. public 访问特性

带有 public 访问特性的类、接口、成员变量和成员方法可以被本类和其他任何类及成员方法引用。它们既可以位于同一个包中,也可以位于不同的包中。public 是访问权限最宽的,具有开放性。通常,应该将公共类或作为公共接口的成员方法指定为这种访问特性。建议不要将成员变量指定为 public 访问特性,否则会破坏数据的隐藏性。

3. private 访问特性

数据隐藏是面向对象程序设计倡导的设计思想。将数据与其操作封装在一起,并将数据的组织隐藏起来,利用成员方法作为对外的接口操作,不仅可以提高程序的安全性和可靠性,还有益于日后的维护、扩展和重用。将类中的数据成员指定为 private 访问特性是实现数据隐藏机制的最佳方式。

用 private 访问特性修饰的,其访问权限最小,只能被该类的内部访问,其子类都不能访问,更不能跨包访问。

4. protected 访问特性

具有 protected 访问特性的类成员可以被该类的对象和子类访问,即使子类在不同包中也可以。它的可访问性介于默认与 public 之间。如果希望只对本包及其他包中的子类开发,就应该选择 protected 访问特性。

归纳上述四种不同的访问特性,Java 语言提供的访问特性修饰符见表 5.2。

表 5.2 Java 语言提供的访问特性修饰符

	本类	本包	不同包中的子类	不同包中的所有类	
默认	√	√			
public	√	√	√	√	
private	√				
protected	√	√	√		

5.5　类的静态成员

到目前为止,学习的类成员中包括成员变量和成员方法,这种类成员是非静态的,在前面已经讲授过。还有一组静态的类成员:静态成员变量,以及静态成员方法。本节主要讨论静态变量,以及静态方法的定义和使用。

5.5.1　静态成员变量

在介绍成员变量的定义形式时已经说明类变量又称静态变量。类变量独立于类的对象,无论创建了类的多少个对象,类变量都只有一个实例。一个类变量被同一个类实例化的所有对象共享,当改变了其中一个对象的类变量值时,其余对象的类变量值也相应被改变,因为它们共享的是同一个量。因此,它是类所属的,与具体对象无关,这也是其称为类变量的原因。

定义一个类变量,只需在实例变量的定义形式的访问属性控制符后、数据类型说明符前加上 static 关键字。例如:

```
public static int staticMember
```

实际上,将常量定义为静态成员的情况更加普通。例如,在 Java 类库中提供的 Math 类中,将 π 与 e 两个常量用下列语句定义为静态成员:

```
public static final double E=2.7182818284590452354;
public static final double PI=3.14159265358979323846;
```

这样定义的好处是不需要创建 Math 对象就可以直接引用它们,如 Math. PI 和 Math. E。

将成员变量定义为静态成员的情况较少。下面是一个应用静态成员变量的典型实例。

设计一个 Boy 类,其中只包含两个成员变量:name 和 sex。其中,sex 是被同类对象共享的,因此通过此类的任意对象访问 sex,其值均相同。相关程序如下:

```
1    package com. java. chapter05;
2    import java. io. *;
3    import java. util. Scanner;
4    class Boy{
5      static char sex;  //声明静态成员属性:性别
6      String name;  //声明成员属性:姓名
7    }
8    public class Example03 {
9      public static void main(String[] args){
10       Boy[] boys=new Boy[3];
11       System. out. print("请输入性别:");
12       Scanner scanner = new Scanner(System. in);
13       Boy. sex=scanner. next(). charAt(0);  //所有 Boy 对象的性别相同
14       System. out. print("请输入所有姓名:");
15       for( int i=0;i<3;i++){
16         boys[i]=new Boy();
17         boys[i]. name=scanner. next();
18       }
19       System. out. print("请输出所有信息:");
```

```
20        for( int i = 0 ;i<3 ;i++) {
21           System. out. print("("+boys[ i]. name+","+boys[ i]. sex+")"+"\t") ;
22        }
23     }
24 }
```

运行结果如图 5.7 所示。

图5.7　运行结果

5.5.2　静态成员方法

静态成员方法的定义形式与成员方法定义形式相似,只是在访问控制修饰符后、方法的返回值前加关键字 static 即可。可将上例的成员方法 getMax( )、getMin( )、getAverageScore( ) 分别定义成静态成员方法,代码如下:

```
1  public static float getMax( ) {return MAX;}
2  public static float getMin( ) {return MIN;}
3  public static float getAverageScore( ) {
4  if( NUM = =0)    return 0 ;
5      else return SUM/NUM ;
6  }
```

静态成员方法的引用如下:

类名. 方法名(参数)

如果定义为静态成员方法,就可以直接通过类名来引用它们了。例如,用 StuScore. getMax( )、StuScore. getMin( )、StuScore. getAverageScore( )分别代替 main 方法中的 s[i]. getMax( )、s[i]. getMin( )、s[i]. getAverageScore( ),输出结果是一样的。

说明:静态成员方法在没有创建对象的情况下就可以被调用。

本 章 小 结

本章介绍了 Java 语言中面向对象程序设计的基本内容,了解了类和对象的基本概念。类的声明包括类头和类体。在类头中要注意类的修饰符可分成可访问的修饰符和非访问的修饰符两大类别,不同的修饰符赋予类不同的意义。类体分成类的成员数据和成员方法,类的成员也由不同修饰符定义,产生了不同类型的信息。

习 题

一、选择题

1.若一个域能被这个类中的所有代码访问,能被与这个类在同一个包中的所有类访问,能被任何一个包中的所有类访问,则这个域属于( )。

A. 公有的域　　　　B. 受保护的域　　　　C. 私有的域　　　　D. 包访问的域

2. JVM 用( )来记住方法调用的返回点。

A. 引用　　　　B. 队列　　　　C. 栈　　　　D. 上面的方法都不是

3. 方法默认为( )类型。

A. 实例　　　　B. 类方法　　　　C. 公有方法　　　　D. 抽象方法

4. 域默认为( )类型。

A. final 域　　　　B. transient 域　　　　C. class 域　　　　D. 包访问域

5. this 的作用是( )

A. 方法调用链　　　　　　　　　　B. 访问被同名局部变量或参数遮蔽的实例域

C. 调用一个类中的构造方法　　　　D. 上面的选项都是

6. 面向对象的特点主要概括为( )

A. 可分解性、可组合性、可分类性　　　B. 继承性、封装性、多态性

C. 抽象性、继承性、封装性、多态性　　　D. 封装性、易维护性、可扩展性、可重用性

7. Java 不支持( )机制。

A. 在构造函数中获得而在非构造函数中释放

B. 在一个方法中获得而在不同的方法中释放

C. 在同一个方法中获得和释放

D. 在构造函数中获得而在析构函数中释放

8. 若需要定义一个类域或类方法,应使用( )修饰符。

A. static　　　　B. package　　　　C. private　　　　D. public

9. 以下叙述不正确的是( )。

A. 对象变量是对象的一个引用

B. 对象是类的一个实例

C. 一个对象可以作为另一个对象的数据成员

D. 对象不可以作为函数的参数传递

10. 在 Java 中最基本的类是( )。

A. Window　　　　B. Compoent　　　　C. Object　　　　D. Class

11. UML 是一种( )。

A. 数据库语言　　　　B. 程序设计语言　　　　C. 建模语言　　　　D. 面向对象语言

12. 以下关于类的说法不正确的是( )。

A. 类是对具有共同实现的一些对象或一系列对象的描述

B. 在 Java 中每个类都必须有方法,这是类与记录类型不同的地方

C. 在 Java 中类被当作一个数据类型来定义

D. 在 Java 中所有新创建的类都是从其他的类派生而来的

13. 能将程序补充完整的选项是( )。

```
class Person
{
    private int a;
    public int change(int m){ return m;}
```

```
    }
public class Teacher extends Person
{
    public int b;
    public static void main(String[ ] args)  //主函数
    {
        person p=new person( );
        Teacher t=new  Teacher( );
        int i;
        _____;
    }
}
```

A. i＝m   B. i＝b   C. i＝p. a   D. i＝p. change(50)

二、填空题

1. 关键字_____引入类的定义。

2. _____是一个特殊的方法,用于初始化一个类的对象。

3. 一个声明为 static 的方法不能访问_____成员。

4. 对于带参数的成员方法来说,实参的个数、顺序及它们的数据类型必须与_____的个数、顺序及它们的数据类型保持一致。

5. 实参变量对形参变量的数据传递是_____。

6. 在方法体内可以定义本方法所使用的变量,这种变量是_____,它的生存期和作用域在_____内。

7. 方法体内定义变量时,变量前不能加_____。

8. 局部变量在使用前必须_____,否则编译时会出错。

9. 构造方法的方法名与_____相同。

10. 类的修饰符是 public,说明这个类可供_____包使用。

三、程序填空

```
1    class Point
2    {
3        int x;
4        int y;
5        int getX( ){
6              _____①_____
7        }
8        int getY( ){
9              _____②_____
10       }
11       void setXY( int x,int y)
12       {
13           this. x＝x;
14           this. y＝y;
15       }
```

```
16   }
17   class Rectangle
18   {
19       float length = 0.0f;
20       float width = 0.0f;
21       Point position = new Point( );
22       float getLength( ) { return length; }
23       float getWidth( ) { return width; }
24       Point getPosition( ) { return position; }
25       void setLength(float length) { this. length = length; }
26       void setWidth(float width) { this. width = width; }
27       void setPosition(Point p) { position. setXY(p. getX( ), p. getY( )); }
28   }
29   public class TestPointRectangle
30   {
31       public static void main(String[ ] args)   //主函数
32       {
33           Point p = new Point( );
34           _____③_____   //调用 p 的 setXY 方法,为 p 的横纵坐标赋值
35           System. out. println( "p's x is "+p. getX( )+"   p's y is "+p. getY( ) );
36   //调用 p 的 get 方法得到 p 的横纵坐标并输出
37           _____④_____   //生成矩形类的一个实例对象 r
38           r. setLength(3. 5f);
39           r. setWidth(4. 6f);
40           r. setPosition(p);
41           _____⑤_____   //调用 r 的个体方法,得到 r 的长、宽、点,并输出
42       }
43   }
```

四、简答题

1. 如何对对象进行初始化?

2. 静态数据成员与非静态数据成员有何不同?

3. 静态成员方法与非静态成员方法有何不同?

4. final 数据成员和成员方法有什么特点?

5. 类的修饰符有什么作用?

五、读程序写结果

1. public class 函数重载。

```
1   {
2       /*定义四个重载的加法函数,调用重载函数时根据参数的个数、顺序、类型调用不同的重载函数*/
3       int add(int x, int y) { return x+y; }
4       int add(int x, int y, int z) { return x+y+z; }
5       double add(double x, double y) { return x+y; }
6       double add(double x, double y, double z) { return x+y+z; }
7       public static void main(String[ ] args)   //主函数
```

```
8    {
9        //生成重载函数的一个实例对象
10       函数重载 ex1 = new 函数重载();
11       System. out. println( "3+5 = "+ex1. add(3,5)  );
12       System. out. println( "4+7+8 = "+ex1. add(4,7,8)  );
13       System. out. println( "3.4+2.2 = "+ex1. add(3.4,2.2)  );
14       System. out. println( "1.1+2.2+3.3 = "+ex1. add(1.1,2.2,3.3)  );
15   }
16 }
```

该程序的运行结果是＿＿＿＿＿＿＿＿＿＿。

2. 定义"点"类。

```
1  classPoint
2  {
3      //成员变量
4      int x;
5      int y;
6      //重载的三个构造方法
7      public Point( ){x=0;  y=0;}
8      public Point( int x,int y){  this. x=x;  this. y=y;}
9      public Point( Point p){ x=p. getX( ); y=p. getY( );}
10     //成员方法
11     int getX( ){return x;}
12     int getY( ){return y;}
13     void setXY( int x,int y){this. x=x;  this. y=y;}
14     void setXY( Point p){x=p. getX( ); y=p. getY( );}
15  }
16  classTestPoint{
17     public static void main( String[ ] args) //主函数
18     {
19        Point p1 = new Point( );//相当于调用没有参数的构造函数
20        Point p2 = new Point(1,1);//相当于调用有两个参数的构造函数
21        Point p3 = new Point(p1);//相当于调用有一个参数的构造函数
22        System. out. println( "p1's x is "+p1. getX( )+"  p1's y is "+p1. getY( ));
23        //调用 p1 的 get 方法得到 p 的横纵坐标并输出
24        System. out. println( "p2's x is "+p2. getX( )+"  p2's y is "+p2. getY( ));
25        //调用 p2 的 get 方法得到 p 的横纵坐标并输出
26        System. out. println( "p3's x is "+p3. getX( )+"  p3's y is "+p3. getY( ));
27        //调用 p3 的 get 方法得到 p 的横纵坐标并输出
28     }
29  }
```

该程序的运行结果是＿＿＿＿＿＿＿＿＿＿。

3. 关于静态变量的知识点。

```
1  class Chinese {
```

```
2    static String country="中国";//定义静态变量
3    int age;
4    String name;
5    public void singOurCountry(){
6       System. out. println( country   );//同一个类中的成员方法可直接访问同类中静态变量
7    }
8  }
9  public class TestChinese{
10    public static void main(String[ ] args)     //主函数
11    {
12       System. out. println( Chinese. country   );//类名.静态变量名
13       Chinese ch1=new Chinese( );          //生成 Chinese 类的一个实例对象
14       System. out. println( ch1. country   );   //对象名.静态变量名
15       ch1. singOurCountry( );
16    }
17  }
```

该程序的运行结果是＿＿＿＿＿＿＿＿＿＿＿＿。

4.关于静态方法。

```
1  classChinese {
2    static void sing( )//定义静态方法,静态方法里不能直接访问非静态方法
3    {
4       System. out. println( "啊!"   );
5    }
6    public void singOurCountry( )//定义非静态方法
7    {
8       sing( );      //同类非静态方法里可以直接访问静态方法
9       System. out. println( "中国"   );
10    }
11  }
12  public class TestChinese 静态方法
13  {
14    public static void main(String[ ] args) {
15       Chinese. sing( );             //类名.静态方法名的引用方式
16       Chinese ch1=new Chinese( );//生成 Chinese 类实例对象
17       ch1. sing( );            //对象名.静态方法名的引用方式
18       ch1. singOurCountry( );//对象名.非静态方法名的引用方式
19    }
20  }
```

该程序的运行结果是＿＿＿＿＿＿＿＿＿＿＿＿。

六、程序设计

1.程序功能:编写一个学校类,其中包括成员变量 scoreLine(录取分数线)和对该变量进行设置和获取的方法;编写一个学生类,它的成员变量有考生的 name(姓名)、id(考号)、intgretResult(综合成绩)、sports(体育成绩),还有获取和设置学生的综合成绩和体育成绩的方

法;编写一个录取类,它的一个方法用于判断学生是否符合录取条件。其中,录取条件是综合成绩在录取分数线上,或体育成绩在 96 分以上并且综合成绩大于 300 分。该类中的 main 方法建立若干个学生对象,对符合录取条件的学生,输入其信息"被录取",运行程序并查看结果。

2. 定义一个名为 MyRectangle 的矩形类,类中有四个私有的整型域,分别是矩形的左上角坐标(xUp,yUp)和右下角坐标(xDown,yDown);类中定义没有参数的构造方法和有四个 int 参数的构造方法,用来初始化类对象。类中还有以下方法:getW( ),计算矩形的宽度;getH( ),计算矩形的高度;area( ),计算矩形的面积;toString( ),把矩形的宽、高和面积等信息作为字符串返回。使用 MyRectangle 类编写应用程序。

第6章

类的继承和多态

继承和多态性是面向对象程序设计的重要内容。继承机制是实现软件构件复用的一种强有力的手段。多态性是面向对象编程的重要特性，是继承产生的结果。Java 语言很好地体现了继承和多态性两大特性。本章将讨论用 Java 语言实现继承和多态性，具体将介绍继承的概念、继承的实现、抽象类的作用、方法的覆盖和用接口实现多继承。

6.1 继　　承

继承是面向对象程序设计的三大概念之一，是面向对象程序的重要概念，它使程序代码复用成为可能。假设已经定义和实现类 DigitalProduction（代表数码产品），需要定义一个新的应用类 MobilePhone（代表手机）。由于手机是数码产品的一种，因此没有必要对类 DigitalProduction 中属于数码产品的特征重新书写代码，只需要继承类 DigitalProduction 的属性特征即可。这样，类 MobilePhone 通过继承获得了类 DigitalProduction 的数据和方法。由于类 MobilePhone 也具有自身的特征，如"进网许可号"，因此可以为这些异于其他数码产品的特征定义成员数据和成员方法。这样，MobilePhone 继承于 DigitalProduction，又具有新的属性特征。图 6.1 所示为 MobilePhone 继承 DigitalProduction。

图 6.1　MobilePhone 继承 DigitalProduction

从这个意义上来说，继承是指一个新的类继承原有类的基本特性，并增加新的特性。通俗地说，新的类与原有类之间体现了一种"is-a"关系。只要类与类之间存在继承关系，这种扩展就可以一直延续下去，它体现出类的层次结构。例如，类 MobilePhone 继承于类 DigitalProduction，而类 IntelligentMobile（代表智能手机）继承于类 MobilePhone。

继承可以分为两大类型：单继承和多继承。单继承是一个类只能从一个类派生而来，即只有一个父类；多继承是一个类可以从多个类派生而来，可以有多个父类。Java 语言只支持单继承，不支持多继承。

6.1.1　父类和子类

Java 语言中，继承实际上是一个类扩展一个已有的类。被扩展的类是父类，而扩展类是子类。子类继承了父类的类成员,并可以定义自己独特的属性成员,通常体现了子类与父类之间是派生与被派生的关系。因此,有时称父类为基类,而称子类为派生类。

Java 语言也体现出类的层次结构。Java 语言中定义类 java. lang. Object,它是所有类的父类。其他类无论是直接还是间接都是继承了 Object 类,具有 Object 类的属性,如在第 4 章中说明的 finalize( ) 方法。例如,Java 语言提供的类 java. lang. String 直接继承于类 java. lang. Object,而 javax. swing. JOptionPane 则是间接继承于 java. lang. Object,javax. swing. JOptionPane 的继承示意图如图 6.2 所示。同样,用户自定义类也是直接或间接继承于 java. lang. Object 类,具体实现见 6.1.2 节。

图 6.2　javax. swing. JOptionPane 的继承示意图

6.1.2　继承的实现

Java 语言中是通过关键字 extends 来实现单继承的。简单的实现格式如下:

```
class 子类名 extends 父类名{
  类体
}
```

有一点要注意,如果在格式中没有通过 extends 关键字来标明父类名,则并不是意味着该类无父类,而表示该类是 java. lang. Object 的子类。

1. 问题的提出

在介绍类的继承实现之前,先分析以下两个类:Citizen(公民)和 Student(学生)。分析一下它们之间的关系,代码如下:

```
1   public class Citizen {
2       String name,sex,homeland,ID;
3       Date date;                          //生日,日期型变量
4       public Citizen( ) {                 //重载构造方法 1
5           this. name = "无名";
6           this. sex = "";
7           this. homeland = "";
8           this. ID ="";
9           this. date = new Date( );
10      }
11      public Citizen(String name, String sex, String homeland,
12          String ID, Date date) {         //重载构造方法 2
13          this. name = name;
14          this. sex = sex;
15          this. homeland = homeland;
16          this. ID = ID;
17          this. date = date;
18      }
19      public void displayAll(){
```

```
20          System. out. println("姓名:"+name);
21          System. out. println("性别:"+sex);
22          System. out. println("出生日期:"+date);
23          System. out. println("籍贯:"+homeland);
24          System. out. println("身份证号:"+ID);
25      }
26  }
27  import java. util. * ;
28  public class Student {
29      String number,name,sex,homeland,ID,major,grade,classes;
30      Date date;                    //生日,日期型变量
31      public Student(String number, String name, String sex, String homeland, String ID,
32          String major, String grade, String classes, Date date) {
33          this. number = number;
34          this. name = name;
35          this. sex = sex;
36          this. homeland = homeland;
37          this. ID = ID;
38          this. major = major;
39          this. grade = grade;
40          this. classes = classes;
41          this. date = date;
42      }
43      public Student( ) {
44          this. number="";
45          this. name = "无名";
46          this. sex = "";
47          this. homeland = "";
48          this. ID ="";
49          this. date = new Date( );
50          this. major="";
51          this. grade="";
52          this. classes="";
53  }
54      public void display( ){
55          System. out. println("学号:"+number);
56          System. out. println("姓名:"+name);
57          System. out. println("性别:"+sex);
58          System. out. println("出生日期:"+date);
59          System. out. println("籍贯:"+homeland);
60          System. out. println("身份证号:"+ID);
61          System. out. println("专业:"+major);
62          System. out. println("年级:"+grade);
63          System. out. println("班级:"+classes);
```

```
64      }
65    }
```

对上面两个类的代码进行分析:Student(学生)类具有 Citizen(公民)类的全部属性,Student 类的构造方法和 display()方法包含了 Citizen 类构造方法和 displayAll()方法的全部功能。Student 类又具有自己的独特属性,因此在构造方法和 displayAll()方法上面向独特属性扩展了一定功能。由上述分析可见,Student 类是 Citizen 类的子类,创建 Student 类时有效复用 Citizen 类代码可以大量节省开发时间,这就是下面要介绍的类的继承实现。

2. 类的继承实现

根据上边分析结果,在 Student 类与 Citizen 类之间建立一种继承关系即可。从类别上看,Citizen 类是父类,Student 类是其子类。修改 Student 类代码如下:

```
1    import java. util. * ;
2    public class Student extends Citizen{
3      String number,major,grade,classes;          //继承了 Citizen 类的属性,无须重复声明
4      public Student(String number, String name, String sex, String homeland, String ID,
5          String major, String grade, String classes, Date date) {
6        this. name = name;
7        this. sex = sex;
8        this. homeland = homeland;
9        this. ID = ID;
10        this. date = date;
11        this. major=major;
12        this. number = number;
13        this. classes = classes;
14      }
15      public Student() {
16        this. name = "无名";
17        this. sex = "";
18        this. homeland = "";
19        this. ID ="";
20        this. date = new Date();
21        this. major="";
22        this. grade="";
23        this. classes="";
24      }
25      public void display(){
26        displayAll();                             //调用继承的父类方法
27        System. out. println("专业:"+major);
28        System. out. println("年级:"+grade);
29        System. out. println("班级:"+classes);
30      }
31    }
```

在上面的类定义程序中可以看出,Student 类继承了 Citizen 类可继承的成员变量和成员方法,可以在 Student 类的内部直接使用。下面编写一个测试程序,验证修改后的 Student 类的功能。

【例 6.1】 测试 Student 类的功能。

```
1   import java. util. * ;
2   package com. java. chapter06;
3   import java. util. * ;
4   public class Example01 {
5     public static void main(String[ ] args) {
6       Student student;
7       student = new Student("韩梅梅","女","吉林省吉林市","22020200204053015"
8         ,new Date("04/05/02")   ,"202105061214","计算机科学与技术","2021","01");
9       student. display( );
10      student. displayAll( );
11    }
12  }
```

运行结果如图 6.3 和图 6.4 所示。

图 6.3 运行 display( )方法结果

图 6.4 运行 displayAll( )方法结果

通过图 6.4 可以看出改写后的 Student 类继承了 Citizen 类的属性和方法,可以直接使用。如果将父类的成员设为私有,则再编译子类就会出错,这是因为父类私有成员不能被子类继承。子类继承了父类的特征,但不是全部。

6.1.3　super 和 this 引用

1. super 关键字

super 关键字表示对类的父类的引用。在子类中有时会使用父类的数据和方法,这时就可以利用 super 关键字来实现对父类的引用。super 关键字不是一个对象的引用,而是调用父类的成员特有的关键字。super 关键字主要应用在两个方面:应用于引用父类的构造方法;应用于引用父类中被子类覆盖的成员方法和隐藏数据成员。

【例 6.2】　super 关键字的示例。

通过 super 关键字改写例 6.1 的 Student 类,代码如下:

```
1   import java.util.*;
2   public class Student extends Citizen{
3       String number,major,grade,classes;
4       public Student(String name, String sex, String homeland, String ID, Date date,
5           String number, String major, String grade, String classes) {
6           super(name,sex,homeland,ID,date);      //引用父类构造方法
7           this.major=major;
8           this.number = number;
9           this.classes = classes;
10          this.grade=grade;
11      }
12      public Student() {
13          super();                                //引用父类构造方法
14          this.number="";
15          this.major="";
16          this.grade="";
17          this.classes="";
18      }
19      @Override
20      public void displayAll(){                   //重写父类 displayAll()方法
21          super.displayAll();                     //引用父类 displayAll()方法
22          System.out.println("专业:"+major);
23          System.out.println("年级:"+grade);
24          System.out.println("班级:"+classes);
25      }
26  }
```

改写例 6.1 的 Example01.java 代码,代码如下:

```
1   package com.java.chapter06;
2   import java.util.*;
3   public class Example02 {
4       public static void main(String[] args) {
5           Student student;
6           student=new Student("韩梅梅","女","吉林省吉林市","22020200204053015"
7               ,new Date("04/05/02")  ,"202105061214","计算机科学与技术","2021","01");
8           student.displayAll();
9       }
10  }
```

运行结果如图 6.5 所示。

图 6.5　运行结果

通过与例 6.1 的 Student 类代码进行比较,super 关键字引用继承父类方法,代码量降低。但需要注意的是,父类的私有成员数据仍然不可以通过 super 关键字在子类中进行访问,父类的私有成员只在父类有效。

另外,不能通过 super 关键字在子类对象中引用父类静态成员。类定义的静态成员方法和静态数据成员被加载后会占据固定的存储空间,对所有类的对象有效。子类静态成员占据的空间与父类静态成员占据的空间没有关系。如果在子类引用父类的静态方法和静态数据成员,就会产生编译错误。例如,改写 Citizen 类的 displayAll( )方法为静态成员方法,编译 Student 类会出现错误。

2. this 关键字

this 是指自己这个对象,它的一个主要作用是要将自己这个对象当作参数,传送到别的对象中,以下面的代码为例。

```
1   class ThisClass
2   {
3       public static void main( )
4       {
5           Bank bank = new Bank( );
6           bank. someMethod( this ) ;
7       }
8   }
```

已知实例方法可以操作类的成员变量。实际上,当成员变量在实例方法中出现时,默认的格式如下:

this. 成员变量

例如:

```
1   class A
2   { int x;
3       void f( )
4       { this. x = 100;
5       }
6   }
```

在上述 A 类中的实例方法 f 中出现了 this,this 就代表使用 f 的当前对象。因此,"this. x"

就表示当前对象的变量 x,当对象调用方法 f 时,将 100 赋给该对象的变量 x。因此,当一个对象调用方法时,方法中的成员变量就是指分配给该对象的成员变量。通常情况下,可以省略成员变量名字前面的"this."。例如:

```
1   class A
2   { int x;
3     void f( )
4     { x=100; //省略 x 前面的 this
5     }
6   }
```

但是,当成员变量的名字与局部变量的名字相同时,成员变量前面的"this."就不可以省略。例如:

```
1   class Circle
2   {
3   int r;
4   Circle( int r)
5     {
6       this. r=r;
7     }
8   public area( )
9     {
10      return r * r * 3. 14;
11     }
12  }
```

6.2　多　态　性

多态性是面向对象程序设计的重要特性,它是继承机制产生的结果。因此,继承是多态的前提。面向对象程序设计中,严格来说多态性是运行绑定机制。这种机制能够实现将方法名绑定到方法的具体实现代码,通俗地理解就是"一个名字,多种形式"。实际上,最常见的多态是符号"+",有以下表示方式:

```
6+5              //实现整数相加
3+5.0f           //将 3 隐性转化为 float 类型,实现单精度数字的相加
"IAMCHINESE"+4   //实现字符串连接操作
```

同一个"+"有多种含义:整数相加、单精度数字相加、双精度数字相加、字符串连接等操作。当然,上述的表达式 3+5.0f 中,数据类型的隐性转换也是一种多态的体现。在第 3 章讨论的对象的 finalize( ) 方法也是多态。不同类型的对象都有 finalize( ) 方法,但根据要求的不同,可以赋予 finalize( ) 方法不同的代码内容,产生不同的功能。另外,类的构造方法也是多态的一种形式。在创建对象时,要根据参数的性质来选择构造方法初始化对象。

从消息选择响应方法的角度来看,多态分成两种形式:编译多态(compile-time polymorphism)和运行多态(run-time polymorphism)。在编译时期根据信息选择响应的方法称为编译多态,Java 语言中实现编译多态性主要是方法的重载;运行多态是在程序运行时才可以确认响应的方法。通常来说,运行的多态是通过继承机制引起的。

从实际编程的角度来看,Java 语言实现多态性有三种形式:方法的重载;通过继承机制而产生的方法覆盖;通过接口实现的方法覆盖。下面对方法的重载和方法的覆盖做一个详细的介绍。

6.2.1　方法重载

重载(overloading)实质上就是在一个类内用一个标识符定义不同的方法或符号运算的方法名或符号名。Java 语言中支持符号的重载,如前面提及的运算符"+"。不过,Java 语言中不支持用户自定义的符号重载,可以支持用户定义方法的重载。

方法的重载具体可以理解为同一个方法名对应不同的方法定义。这些方法的格式说明中的参数不同,即具体涉及参数的类型、个数有所不同。值得注意的是,在 Java 语言中,方法的返回值和方法的访问控制不作为区分方法的一个因素。请看下列的方法定义格式:

①public void showMessage( )

②public void showMessage(int x)//与①不同的参数

③public void showMessage(int y)//与②不同的参数名

④private void showMessage( )　　//与①不同的访问控制

⑤public int showMessage( )　　　//与①不同的返回值类型

在这些表达式中,方法定义①和方法定义②可以视为方法的重载。方法定义①、方法定义④和方法定义⑤不是方法的重载。在编译时会将方法定义①、方法定义④和方法定义⑤作为同一种方法。如果这三种形式的 showMessage( )方法放在同一个类中,就会产生编译错误。尽管方法定义②和方法定义③具有不同的参数名,但二者是同一个方法定义,不能视为重载,因为参数个数及类型相同。

【例 6.3】　Java 中方法重载的示例。

```
1    package com. java. chapter06;
2    public class Example03 {
3      public Example03( ) {                    //无参构造方法
4        System. out. println("方法重载示例:无参构造方法");
5      }
6      public Example03( String string) {        //有参构造方法
7        System. out. println("方法重载示例:有参构造方法,参数:"+string);
8      }
9      public void showMessage( ) {
10       System. out. println("方法重载的信息显示");
11     }
12     public void showMessage( String string) {
13       System. out. println("显示字符串:"+string);
14     }
15     public void showMessage( int value) {
16       System. out. println("显示整数:"+value);
17     }
18     public static void main( String[ ] args) {
19       Example03 e1 = new Example03( );        //引用无参构造方法
20       e1. showMessage( );                      //引用无参重载 showMessage 方法
```

21   e1. showMessage("对象 1");   //引用有参且参数为 String 类型的重载 showMessage 方法
22   e1. showMessage(1);   //引用有参且参数为整型的重载 showMessage 方法
23   Example03 e2 = new Example03("示例对象 2");   //引用有参构造方法
24 }
25 }

运行结果如图 6.6 所示。

图 6.6　运行结果

【例 6.4】　定义一个类,具有求解绝对值功能。

1 package com. java. chapter06;
2 import java. util. Scanner;
3 public class Example04 {
4   public int abs(int x) {   //整数求绝对值
5   return x>=0? x:-x;
6   }
7   public float abs(float x) {   //单精度求绝对值
8   return x>=0? x:-x;
9   }
10   public double abs(double x) {   //双精度求绝对值
11   return x>=0? x:-x;
12   }
13   public static void main(String[ ] args) {
14   Example04 e = new Example04( );
15   System. out. println("输入求绝对值的数:");
16   Scanner scanner = new Scanner(System. in);
17   String x = scanner. next( );
18   if(x. endsWith("f"))   //判断输入数据的类型求绝对值
19   System. out. println(x+"的绝对值 = "+e. abs(Float. parseFloat(x)));
20   if(! x. endsWith("f")&&x. contains("."))
21   System. out. println(x+"的绝对值 = "+e. abs(Double. parseDouble(x)));
22   if(! x. endsWith("f")&&! x. contains("."))
23   System. out. println(x+"的绝对值 = "+e. abs(Integer. parseInt(x)));
24   }
25 }

运行结果如 6.7 所示。

图 6.7　运行结果

6.2.2　方法覆盖和隐藏

方法的覆盖(overriding)实质是指子类具有重新定义父类成员方法的能力。这种重新定义表示子类定义的方法具有与父类的方法相同的名称、参数类型、参数个数和返回值。方法格式定义尽管相同,但具有不同的方法体,实现的内容根据程序员的要求而有所不同。子类的方法覆盖父类的同名方法。这意味着子类对象的实例方法调用只会调用子类中定义的方法,而不是父类中同格式说明的方法。

类的静态方法是一种类方法,对该类的所有对象是共享的。有一种特殊的情况,就是子类覆盖了父类内定义的静态方法。这时,父类的静态方法被隐藏起来,在子类中失去作用。要求子类定义的方法必须与父类的静态方法具有相同性质和相同的方法格式说明,即同为静态类型、同方法名、同方法参数类型、同方法参数个数、同返回值。如果子类定义的方法在重新定义父类的静态方法时没有用关键字 static 定义,则会产生错误。用一句话可以概括成:如果子类的方法覆盖父类的静态方法,则父类的方法在子类中隐藏起来了。为说明覆盖的定义,请看例 6.5。

【例 6.5】　方法覆盖和隐藏的示例。

```
1   public class ParentClass{                          //ParentClass. java
2     public static String getMessage( ){             //ParentClass 类方法 getMessage( )
3     return "获取 ParentClass 类的对象的信息";
4     }
5   public void showMessage(String message){          //被 ChildClass 的 showMessage( )方法隐藏
6     System. out. println("输出 ParentClass 类的对象的信息:"+message);
7     }
8   }
9   public class ChildClass extends ParentClass{       //ChildClass. java
10    public static String getMessage( ){             //定义 ChildClass 类方法 getMessage( )
11      return "获取 ChildClass 类的对象的信息";
12    }
13    public void showMessage(String message){        //覆盖了 ParentClass 的 showMessage( )方法
14      System. out. println("输出 ChildClass 类的对象的信息:"+message);
15    }
16  }
17
18  public class Example 05{                           //定义测试类
```

```
19    public static void main(String args[]){
20        ParentClass cc = new ChildClass();              //对象变量 cc 引用 ChildClass 的对象
21        System.out.println("输出一个对象");
22        cc.showMessage("Writen by Chen");               //调用对象 cc 的方法 showMessage()
23      System.out.println(cc.getMessage());              //输出对象 cc 的获取信息
24      System.out.println("输出另外一个对象");
25        cc = new ParentClass();                         //对象变量 cc 引用 ParentClass 类的对象
26        cc.showMessage("Writen by Chen");
27        System.out.println(cc.getMessage());
28          System.out.println("再输出一个 ChildClass 的对象");
29        ChildClass cc2 = new ChildClass();              //创建对象 cc2
30        cc2.showMessage("Writen by Chen");
31        System.out.println(cc2.getMessage());
32        System.exit(0);
33    }
34 }
```

从图 6.8 中显示的运行结果中可以观察到两方面的内容。首先，子类 ChildClass 的 showMessage() 方法覆盖了父类 ParentClass 的同名方法。在子类 ChildClass 中定义 getMessage() 覆盖了父类的类方法 getMessage()，而父类的类方法 getMessage() 在子类中隐藏，没有发挥作用。如果在子类定义方法 getMesssage() 中没有用关键字 static 修饰，则会产生编译错误。其次，在上例中，对象变量 cc 声明为 ParentClass 的对象，但是该对象变量既可以引用 ParentClass 的对象，也可以引用 ChildClass 对象。具体引用对象的类型取决于在运行期间该对象变量引用的对象的类型，这就是运行时的多态。

图6.8　运行结果

子类覆盖父类的方法，访问控制可以不同。但是，子类访问控制的访问权限不能低于父类的同名方法访问权限，否则会产生编译错误。例如，将例 6.5 中的 ParentClass.java 和 ChildClass.java 改成以下形式：

```
1  public class ParentClass{
2    public static String getMessage(){
3      return "Hello, Parent Class";
4    }
5    protected void showMessage(String message){  //保护类型
6      System.out.println("Parent Class Message "+message);
7    }
```

```
8    }
9    public class ChildClass extends ParentClass{
10       private static String getMessage(){          //定义私有类型,出现编译错误,修改成 public 则正确
11          return "Hello Child Class";
12       }
13       public void showMessage(String message){//正确
14          System. out. println("Child Class Message "+message);
15       }
16   }
```

重新编译上述程序,子类覆盖父类方法 protected static String getMessage( ),出现编译错误,修改成 protected 或 public 则正确。

6.2.3   数据成员的隐藏

只要子类中定义了同名的数据成员,父类的数据成员就可以在子类中隐藏。即使数据成员的类型不同,也视为父类的数据成员被隐藏了。如果要在子类中引用父类的同名数据成员,则只能通过关键字 super 来实现。

【例 6.6】   数据成员隐藏的示例。

```
1    public class ParentClass{                      //ParentClass. java
2       public String string;                       //定义 string 为 String
3       public ParentClass( ){
4          string="Parent Class";
5          System. out. println("Parent Class Definition: "+string);
6          }
7       protected static String getMessage( ){
8          return "Hello, Parent Class";
9       }
10       protected void showMessage(String message){
11          System. out. println("Parent Class Message "+message);
11       }
13    }
14
15    public class ChildClass extends ParentClass{   //ChildClass. java
16       public int string;                          //定义 string 为 int
17       public ChildClass( ){
18          string=0;
19          System. out. println("Child Class Definition: "+string);
20       }
21       protected static String getMessage( ){
22          return "Hello Child Class";
23       }
24       public void showMessage(String message){
25          System. out. println("Child Class Message "+message);
26       }
```

```
27    }
28
29    public class Example 06 {
30      public static void main(String args[ ]) {
31        ChildClass cc = new ChildClass();
32        cc. showMessage("Writen by Chen");
33        System. out. println(cc. getMessage());
34        System. exit(0);
32      }
36    }
```

运行结果如图 6.9 所示。

图 6.9　运行结果

6.3　关 键 字 final

关键字 final 可以修饰类、变量和方法。

6.3.1　final 变量

使用 final 关键字修饰的变量,只能被初始化一次,即变量一旦被初始化便不可改变。这里的不可改变具有两层含义:对基本类型来说,其值不可改变;对于对象变量来说,其引用不可改变。

用 final 修饰的变量自动成为常量,格式如下:

final variableType variableName;

6.3.2　final 方法

方法被声明为 final,格式如下:

final returnType methodName(paramList) {…}

其表示这个方法不需要进行扩展(重写),也不允许任何子类覆盖这个方法,但是可以继承这个方法。

【例 6.7】　final 方法示例。

```
1    package com. java. chapter06;
2    class FatherPrint {
3      final void showMessage() {
4        System. out. println("This is the way of father!");
```

```
5        }
6    }
7    class ChildPrint extends FatherPrint{        //无法重写父类 showMessage()方法,否则编译出错
8        void showMessage(String string){        //重载 showMessage()方法
9            System.out.println("This is the way of child! The message is"+string);
10       }
11   }
12   public class Example07 {
13       public static void main(String[] args) {
14           ChildPrint c = new ChildPrint();
15           c.showMessage();
16           c.showMessage("\"Hello World! \"");
17       }
18   }
```

运行结果如图 6.10 所示。

图 6.10   运行结果

6.3.3   final 类

final 修饰类,格式如下:

final class finalClassName{…}

其表示这个类不能被任何其他类继承,final 类中的方法自然也就成了 final 型的。可以显式定义其为 final,也可以不显式定义其为 final,效果都一样。

【例 6.8】   final 方法和 final 类用法示例。

```
1    package com.java.chapter06;
2    import java.util.Scanner;
3    final class Print{
4        final String string1 = "This is a final class!";
5        String string2;
6        final void showMessage(){ //final 方法可以引用类内所有数据成员
7            System.out.println(string1+string2);
8        }
9    }
10   public class Example08 {
11       public static void main(String[] args) {
12           Print print = new Print(); //final 类不能被继承,使用与普通类无异
```

```
13        System. out. print("Please Input The Other Message:");
14        Scanner scanner = new Scanner(System. in);
15        print. string2 = scanner. nextLine();
16        print. showMessage();
17    }
18 }
```

运行结果如图6.11所示。

图6.11 运行结果

6.4 对象复制

假设需要对一个对象进行复制,可能首先会想到赋值,如 obj2 = obj1。但是这个方法实际上并没有复制对象,而只是建立了一个新的对象引用,在执行这个操作后仍然只有一个对象,新建对象引用 obj2 也指向了对象引用 obj1 所指的对象。

本节将介绍一个极其有用的方法 Object. clone(),实现对象的复制。

既然 clone 是类 Object 中的一个方法,那么它能否像 toString() 这些方法一样,直接调用呢?请看下面一个例子。

【例6.9】 应用 clone 方法实现对象复制。

```
1  class AnObject{
2    private int x;
3      public AnObject(int x){
4        this. x = x;
5      }
6      public int getX(){
7        return x;
8      }
9  }
10 public class CloneDemo{
11   public static void main(String args[]){
12     AnObject obj1 = new   AnObject(100);
13     AnObject obj2 = (AnObject)obj1. clone();
14     System. out. println("obj1 locate at "+obj1+" x ="+obj1. getX());
15     System. out. println("obj2 locate at "+obj2+" x ="+obj2. getX());
16   }
17 }
```

上面的代码会引发编译错误。查阅 Java API 文档会发现 Object. clone( )是一个 protected 方法,因此不能直接调用 clone( )方法。将类 AnObject 修改如下:

```
1   class AnObject{
2       private int x;
3       public AnObject(int x) {
4           this. x =x;
5       }
6       public int getX( ){
7           return x;
8       }
9       public Object clone( ){
10          try{
11              return super. clone( );
12          }catch(CloneNotSupportedException e){
13              e. printStackTrace( );
14              return null;
15          }
16      }
17  }
```

修改后的类 AnObject 定义了自己的 clone( )方法,它扩展 Object. clone( )方法。虽然 CloneDemo 可以编译,但是当运行它时,会抛出一个 CloneNotSupportedException 异常。通过阅读 Java API 文档可以发现,还必须让那些包含 clone( )方法的类实现 Cloneable 接口:

```
1   class AnObject implements Cloneable{
2       private int x;
3       public AnObject(int x){
4           this. x =x;
5       }
6       public int getX( ){
7           return x;
8       }
9       public Object clone( ){
10          try{
11              return super. clone( );
12          }catch (CloneNotSupportedException e){
13              e. printStackTrace( );
14              return null;
15          }
16      }
17  }
```

再次编译并运行 CloneDemo,得到:

obj1 locate at AnObject@ 182f0db x =100

obj2 locate at AnObject@ 192d342 x =100

观察运行结果,显然 obj2 复制了 obj1,因为这两个对象中存储的 x 值均为 100,并位于内存中不同的位置。

由上面的程序可知,要使一个类的对象具有复制能力,必须显式地定义 clone( )方法,并且该类必须实现 Cloneable 接口。Cloneable 接口中没有定义任何内容,只是起"标记"的作用,说明类的设计者已经为该类设计了复制的功能(这一点与第 4 章讲到的接口有所区别)。如果类没有实现 Cloneable 接口,则在运行时会抛出一个 CloneNotSupportedException 异常。

6.5 内部类和匿名类

内部类和匿名类是特殊形式的类,它们不能形成单独的 Java 源文件,在编译后也不会形成单独的类文件。

6.5.1 内部类

内部类(inner class)是指被嵌套定义在另外一个类内甚至是一个方法内的类,因此又称类中类。嵌套内部类的类称为外部类(outer class),内部类通常被看成外部类的一个成员。内部类的定义范围要比包小,它可以定义在另一个类里,也可以定义在一个方法里,甚至可以定义在一个表达式中。与内部类相对而言,包含内部类的类称为外部类或顶级类。

内部类本身是一个类,但它同时又是外部类一个成员。作为外部类的成员,它可以毫无限制地访问外部类的变量和方法,包括 private 成员。这与 private 的含义并不矛盾,因为 private 修饰符只是限制从一个类的外部访问该类成员的权限,而内部类在外部类内部,所以它可以访问外部类的所有资源。

内部类又具有多种形式,可细分为静态内部类、成员内部类、本地内部类和匿名内部类。在一个顶级类中声明一个类,并用 static 修饰符修饰的该类,就是静态内部类。例如:

```
1    package mypackage;
2    public class OuterClass {
3        //……
4        public static class StaticInnerClass {
5            //……
6        }
7    }
```

该例中静态内部类的完全限定名称为 mypackage. OuterClass. StaticInnerClass,编译时 Java 产生两个 class 文件:OuterClass. class 和 OuterClass $ StaticInnerClass. class。静态内部类作为外部类的静态成员,与其他静态变量、静态方法一样与对象无关,静态内部类只可以访问外部类的静态变量和静态方法,而不能直接引用定义在外部类中的实例变量或方法,但可以通过对象的引用来使用它们。

下面举例说明内部类的使用。

【例 6.10】 工厂工人加工正六边形的阴井盖,先将钢板压切为圆型,然后再将其切割为正六边形,求被切割下来的废料面积。

解决这个问题只需要计算出圆的面积和正六边形的面积,然后相减即可。当然,可以将正六边形化作六个全等三角形求其面积。下面建立一个圆类,并在圆类内定义内部类处理正六

边形,这主要是说明内部类的应用。程序参考代码如下:

```
1  /*该程序主要演示内部类的应用
2   *程序的名字:Circle.java
3   *在 Circle 类中嵌套了 Polygon 类
4   */
5  public class Circle extends Shape //继承 Shape 类
6  {
7    double radius;
8    public Circle()
9    {
10     name="标准圆";
11     radius=1.0;
12    }
13   public Circle(double radius)
14   {
15     name="一般圆";
16     this.radius=radius;
17   }
18   public double getArea()   //覆盖父类方法
19   {
20      return radius*radius*Math.PI;   //返回圆的面积
21   }
22   public double remainArea()
23   {
24      Polygon p1=new Polygon(radius,radius,radius); //创建内部类对象
25      return getArea()-p1.getArea();
26   }
27   class Polygon   //定义内部类
28   {
29      Tritangle t1;   //声明三角形类对象
30      Polygon(double a,double b,double c) //内部类构造方法
31      {
32   t1=new Tritangle(a,b,c); //创建三角形对象
33      }
34   double getArea()   //内部类方法
35   {
36      return t1.getArea()*6;   //返回正六边形面积
37   }
38   }
39  }
```

上面定义的 Circle 类是 Shape 类的派生类,它重写并实现了 getArea()方法的功能。类中嵌套了 Polygon 内部类,在内部类中使用了前面定义的 Tritangle 类对象,用于计算三角形的面积(正六边形可以由六个全等三角形组成),在内部类中定义了一个返回正六边形面积的方法

getArea( )。在外部类 Circle 类中还定义了 remainArea( )方法,该方法返回被剪切掉的废料面积。方法中创建了内部类对象,用于获取正六边形的面积。

下面给出测试程序。

【例 6.11】　创建 Circle 对象,测试内部类的应用,显示废料面积。

```
1   /＊这是一个测试程序
2   ＊程序名称是:Example 11. java
3   ＊/
4   public class Example 11. java
5   {
6       public static void main( String [ ] args)
7       {
8         Circle c1 = new Circle(0.5);
9         System. out. println("圆的半径为 0.5 米,剩余面积 ="+c1. remainArea( ));
10        }
11  }
```

编译、运行程序,执行结果如下:

圆的半径为 0.5 米,剩余面积 = 0.13587911055911928。

内部类作为一个成员,有如下特点。

(1)若使用 static 修饰,则为静态内部类,否则为非静态内部类。静态内部类与非静态内部类的主要区别如下。

①内部静态类对象与外部类对象可以相对独立,它可以直接创建对象,即使用 new 外部类名. 内部类名( )格式,也可通过外部类对象创建(如 Circle 类中,在 remainArea( )方法中创建);非静态类对象只能由外部对象创建。

②静态类中只能使用外部类的静态成员,不能使用外部类的非静态成员;非静态类中可以使用外部类的所有成员。

③在静态类中可以定义静态和非静态成员;在非静态类中只能定义非静态成员。

(2)外部类不能直接存取内部类的成员,只有通过内部类才能访问内部类的成员。

(3)如果将一个内部类定义在一个方法内(本地内部类),则它完全可以隐藏在方法中,甚至同一个类的其他方法也无法使用它。

6.5.2　匿名类

匿名类(anonymouse class)是一种没有类名的内部类,通常更多地出现在事件处理的程序中。在某些程序中,往往需要定义一个功能特殊且简单的类,而只想定义该类的一个对象,并把它作为参数传递给一个方法。这种情况下只要该类是一个现有类的派生或实现一个接口,就可以使用匿名类。有关匿名类的定义与使用将在后续章节的实际应用中介绍。

匿名内部类是没有名字的内部类。由于匿名内部类没有名称,因此在程序中没办法引用它们。在 Java 中创建匿名内部类对象的语法如下:

new 类或接口( ) {类的主体}

这种形式的 new 语句声明一个匿名内部类,它对一个给定的类进行扩展,或者实现一个给定的接口。它还创建匿名内部类的一个对象实例,并把这个对象实例作为 new 语句的返回值。在 Java 程序中,匿名内部类使用十分广泛,它常用来实现某个接口。

【例 6.12】 匿名类示例。

```
1   package com. java. chapter06;
2   interface A {
3      public void display( );
4   }
5   class B {
6      public void createClass( ) {
7         A a1 = new A( ) {//匿名类实现一个接口
8            public void display( ) {
9               System. out. println("在匿名类内部。");
10           }
11        };
12        a1. display( );
13     }
14  }
15  public class Example12 {
16     public static void main( String[ ] args) {
17        B b=new B( );
18        b. createClass( );
19     }
20  }
```

运行结果如图 6.12 所示。

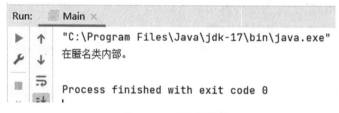

图 6.12　运行结果

本 章 小 结

Java 是一个面向对象程序设计语言,具有封装性、继承性和多态性。继承是体现了类定义的扩展,其有效地支持了代码复用,充分表现了面向对象程序设计的灵活、便利性。本章详细地介绍了用 Java 语言实现继承,并对用于派生子类的抽象类做了一个说明。

Java 语言允许多态方法命名,即用一个名字声明方法,这个名字已在这个类或其超类中使用过。多态性简单地可以理解为"一个接口,多种实现",从而实现方法的覆盖(override)及重载(overload)。覆盖是指对继承来的方法提供另一种不同的实现;重载是指声明一个方法,它与另外一个方法有相同的名字,但参数表不同。

习　　题

一、选择题

1. 有关多态性的正确说法是(　　　)。

A. 在一个类中不能有同名的方法存在

B. 子类中不能有与父类中同名的方法

C. 子类中可以有与父类中同名且参数相同的方法

D. 多态性就是方法的名字可以相同,但返回的类型必须不同

2. 关键字 supper 的作用是(　　)。

A. 用来访问父类被隐藏的成员变量

B. 用来调用父类中被重载的方法

C. 用来调用父类的构造函数

D. 以上都是

3. 编译以下代码,将出现的情况是(　　)。

```
  abstract class Practice_1{
abstract void draw();
  }
  class Practice_2 extends Practice_1{
  }
```

A. Practice_1 类和 Practice_2 都可以成功编译

B. Practice_2 类无法编译,但 Practice_1 类可以编译

C. Practice_1 类无法编译,但 Practice_2 类可以编译

D. Practice_1 类和 Practice_2 类都无法编译

4. 下列关于内部类的说法不正确的是(　　)。

A. 内部类的类名只能在定义它的类、程序段中或在表达式内部匿名使用

B. 内部类可以使用它所在类的静态成员变量和实例成员变量

C. 内部类不可以用 abstract 修饰符定义为抽象类

D. 内部类可作为其他类的成员,而且可访问它所在类的成员

5. 已知有下列类的说明,则下列语句正确的是(　　)。

```
public class Test
{
private float f =1.0f;
int m=12;
static int n=1;
  public static void main(String arg[])
  {
    Test t=new Test();
  }
}
```

A. t. f;　　　B. this. n;　　　C. Test. m　　D. Test. f;

二、填空题

1. 如果类 pa 继承自类 fb,则类 pa 称为_____类,类 fb 称为_____类。

2. 继承使_____成为可能,它节省了开发时间,鼓励使用先前证明过的高质量软件构件。

3. 一个超类一般代表的对象数量要_____其子类代表的对象数量。

4. 一个子类一般比其超类封装的功能性要_____。

5. 标记成_____的类的成员只能由该类的方法访问。

6. Java 用_____关键字指明继承关系。

7. this 代表了对_____的引用。

8. super 代表的是当前对象的_____对象。

9. 在一个类的内部嵌套定义的类称为_____。

三、简答题

1. 什么是多态？面向对象程序设计为什么要引入多态的特性？使用多态有什么优点？

2. Overload 与 Override 的区别是什么？

四、程序设计

1. 编写一个程序，实现方法的重载。

2. 编写一个程序，实现数据成员的隐藏。

3. (1)编写一个学校类，其中包括成员变量 scoreLine（录取分数线）和对该变量进行设置和获取的方法。

(2)编写一个学生类，它的成员变量有考生的 name（姓名）、id（考号）、intgretResult（综合成绩）、sports（体育成绩），它还有获取学生的综合成绩和体育成绩的方法。

(3)编写一个录取类，它的一个方法用于判断学生是否符合录取条件。其中，录取条件是综合成绩在录取分数线上，或体育成绩在 96 分以上并且综合成绩大于 300 分。该类中的 main 方法建立若干个学生对象，对符合录取条件的学生，输出其信息"被录取"。

第 7 章

接口、抽象类与包

构造 Java 语言程序有两大基本构件:类和接口。事实上,程序设计的任务就是构建各种类和接口,并由它们组装出程序。接口由常量和抽象方法构成。一个接口可以扩展多个接口,一个接口也可以被多个接口继承。

在 Java 语言中,抽象类可以用来表示那些不能或不需要实例化的抽象概念,抽象需要被继承,在抽象类中包含了一些子类共有的属性和行为。抽象类中可以包含抽象方法,抽象类的非抽象的继承类需要实现抽象方法。

在 Java 语言中,可以把一组相关类和接口存放在一个"包"中,构成一个"类库",然后供多个场合重复使用,这种机制称为类复用。类复用体现了面向对象编程的优点之一。每个 Java 包也为类和接口提供了一个不同的命名空间,一个包中的类和接口可以与其他包中的类和接口重名。

7.1 接　　口

Java 语言不支持多继承,但是在有些情况下需要使用多继承。例如,大学的人员分为学生和在校职工。如果某些在校职工正在读本校的在职研究生,这时他们就具有在校职工和学生两种身份。用 UML 简图来表示(图 7.1),用 Person 表示人,用 Student 表示学生,用 Employee 表示在校职工,用 EmployedStudent 表示在读的本校职工。在现实生活中类似的多继承的例子随处可见。

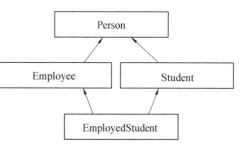

图 7.1　UML 简图表示多继承

可是,多继承的存在有可能导致"二义性问题"。假设 Person 类具有某个公共方法,如 setName( ),那么类 Employee 和类 Student 都继承了该公共方法,在这两个类中通过覆盖可以重写该方法 setName( ),当在类 EmployedStudent 的对象中调用实例方法 setName( )时,将无法判别调用的是从类 Employee 中继承的方法还是从类 Student 中继承的方法,具体的调用完全取决于运行状态。这种"二义性问题"会导致用户对程序代码产生错误的理解。Java 语言可以通过接口概念,一方面实现多继承,同时避免"二义性问题"的产生;另一方面为 Java 语言在支持单继承机制的前提下实现多态提供了方便。

接口实质上就是为外界提供运算,而不揭示这些运算的结构或具体的实现内容。从编程的角度看,Java 语言定义的接口实际上是一组抽象方法和常量的集合,为其他类提供运算的外部说明。接口为一个或多个类提供一个行为规范,具体的实现在这些类中完成,这些类之间并不存在层次关系。通过接口可以了解对象的实例方法的原型,而不需要了解这些方法的具体实现。接口的存在有效解决了如何实现多继承,同时避免了多继承产生的"二义性问题"。

7.1.1 接口格式定义

Java 接口的定义方式与类基本相同,不过接口定义使用的关键字是 interface,其格式如下:

```
public interface InterfaceName extends I1,…,Ik   //接口声明
{//接口体,其中可以包含方法声明和常量
   ……
}
```

接口定义由接口声明和接口体两部分组成。具有 public 访问控制符的接口允许任何类使用;没有指定为 public 的接口,其访问将局限于所属的包。

在接口定义中,InterfaceName 指定接口名。

在接口定义中,还可以包含关键词 extends,表明接口的继承关系。接口继承没有唯一性限制,一个接口可以继承多个接口。

位于 extends 关键字后面的 I1,…,Ik 就是被继承的接口。接口 InterfaceName 称为 I1,…,Ik 的子接口(subinterface);I1,…,Ik 称为 InterfaceName 的父接口(superinterface)。

由一对花括号{}括起的部分是接口体,其中定义抽象方法(abstract methods,见 7.2 节)和常量。在接口内也可以嵌套类和接口的定义,不过这并不多见。

在接口体中,方法声明的常见格式如下:

```
ReturnType MethodName (Parameter-List);
```

此方法声明由方法返回值类型(ReturnType)、方法名(MethodName)和方法参数列表(Parameter-List)组成,不需要其他修饰符。在 Java 接口中声明的方法将隐式地声明为公有的(public)和抽象的(abstract)。

由于接口没有为其中声明的方法提供实现,因此在方法声明后会需要一个分号。如果把分号换成一对花括号{},即使花括号{}中没有任何内容,也表示一个方法被实现,只是这是一个没有任何操作的空方法。

在 Java 接口中声明的变量其实都是常量,接口中的变量声明将隐式地声明为 public、static 和 final,即常量,所以接口中定义的变量必须初始化,如下所示。

```
1   interface MyInterface {
2      //变量 a 声明不合法,a 为常量,必须初始化
3      int a;
4      //下面的变量声明,等同于 public static final int b=200;
5      int b=200;
6      //下面的方法声明,等同于 public abstract void m();
7      void m();
8   }
```

与类不同,一个 Java 接口可以继承多个父接口,子接口也可以对父接口的方法和变量进行覆盖。

【例 7.1】 子类接口覆盖父类接口方法和属性。

```
1    interface A{
2      int x = 1;
3      void method1();
4    }
5    interface B{
6      int x = 2;
7      void method2();
8    }
9    interface C extends A,B{
10     int x = 3;
11     void method1();
12     void method2();
13   }
```

在该例中,接口 C 的常量 x 覆盖了父接口 A 和 B 中的常量 x,方法 method1()覆盖了父接口 A 中的方法 method1(),方法 method2()覆盖了父接口 B 中的方法 method2()。

接口与类还有一个重要的区别,即在 Java 接口中不存在构建器。

7.1.2　接口的实现

Java 接口中声明了一组抽象方法,它构成了实现该接口的不同类共同遵守的约定。在类定义中可以用关键字 implements 来指定其实现的接口。一个类实现某个接口,就必须为该接口中的所有方法(包括因继承关系得到的方法)提供实现,它也可以直接引用接口中的常量。

【例 7.2】 实现接口。

```
1    package com. java. chapter07;
2    //接口
3    public class Example02 {
4      public static void main(String[] args) {
5        Dog dog = new Dog();
6        dog. breathe();
7        dog. run();
8      }
9    }
10   //定义了 Animal 接口
11   interface   Animal{
12     //定义全局常量 ,其默认修饰为 public static final
13     String Animal_Behavior="动物的行为:";
14     //定义抽象方法 breath(),其默认修饰为 public abstract
15     void breathe();
16     //定义抽象方法 run()
17     void run();
18   }
19   //Dog 类实现了 Animal 接口
20   class Dog implements Animal{
```

```
21        //实现 breath()方法
22        public void breathe(){
23            System. out. println(Animal_Behavior+"狗在叫");
24        }
25        //实现 run()方法
26        public void run(){
27            System. out. println(Animal_Behavior+"狗在跑");
28        }
29    }
```

运行结果如图7.2所示。

```
"C:\Program Files\Java\jdk-17.0.4\bin\java.exe" -Didea.launcher.port=5201'
动物的行为:狗在叫
动物的行为:狗在跑


Process finished with exit code 0
```

图7.2　运行结果

Java 类只允许单一继承,即一个类只能继承(extends)一个父类;但一个类可以实现多个接口,Java 支持接口的多重继承。在 Java 类定义中,可以同时包括 extends 子句和 implements 子句,如果存在 extends 子句,则 implements 子句应跟随在 extends 子句后面。

7.1.3 接口类型及特点

与类一样,Java 接口也是一种数据类型,可以在任何使用其他数据类型的地方使用接口名来表示数据类型。可以用接口名来声明一个类变量、一个方法的形参或一个局部变量。

用接口名声明的引用型变量,可以指向实现该接口的任意类的对象。

【例7.3】　实现 Runnable 接口中的 run()方法。

```
1    package com. java. chapter07;
2    //定义 Student 类实现 Runnable 接口
3    public class Student implements Runnable{
4        public void run() {
5            System. out. print("Student run!");
6        }
7    }
8    public class Server {
9        public static void main(String[] args) {
10           Runnable s = new Student();        //创建 Student 对象并赋给
11                                              //Runnable 类型的变量 s
12           (new Thread(s)). start();
13       }
14   }
```

运行结果如图7.3所示。

一个接口声明了方法,但没有实现它们。位于树型结构中任何位置的任何类都可以实现它。实现某个接口的类,要为这个接口中

```
Student run!
进程已结束,退出代码0
```

图7.3　运行结果

的每个方法提供具体的实现,由此形成某些一致的行为协议。

如果想修改某个接口,为其添加一个方法,这个简单的修改可能会造成牵一发而动全身的局面:所有实现这个接口的类都将无法工作,因为现在它们已经不再实现这个接口了。要么放弃对这个接口的修改,要么连同修改所有实现这个接口的所有类。

在设计接口的最初预测出接口的所有功能可能不太现实。如果觉得接口必须改,则可以创建一个新的接口或扩展这个接口,这是一种折中的解决方法。其他相关的类可以保持不变,或者重新实现这个新的接口。

7.2 抽 象 类

在现实生活中可以发现这样的现象:许多实物抽象出一个共同的类别,如"交通工具";但是"交通工具"并直接对应着实际存在的类别,如卡车、自行车、三轮车等。又如,"动物"并不特指具体的某个实际存在,它只是哺乳动物、两栖动物等以有机物为食物,可运动生物的统称。"交通工具""动物"等这些只是作为一个抽象概念存在,对一组固定实现的抽象描述,并不对应具体的概念。因此,在面向对象程序设计中,可以将这些抽象描述定义为抽象类,而这一组任意一个可能的具体实现则表现为所有可能的派生类。由于抽象类对一组具体实现的抽象性描述,因此抽象体是不能修改的。通常抽象类不具备实际功能,只用来派生子类。

7.2.1 抽象方法

在讨论抽象类之前,先了解什么是抽象方法。抽象方法在形式上就是包含 abstract 修饰符的方法声明,它没有方法体,也就是没有实现方法。抽象方法的声明格式如下:

abstract returnType abstractMethodName([paramlist]);

抽象方法只能出现在抽象类中。如果一个类中含有抽象方法,那么该类也必须声明为抽象的,否则在编译时编译器会报错,例如:

```
class Test{
    abstract int f();
}
```

编译时的错误信息如下:

Test.java:1: Test should be declared abstract; it does not define f() in Test class Test{

^

1 error

7.2.2 抽象类实现

在现实世界中存在一些概念,这些的概念通常用来泛指一类事物,如家具,它用来指桌子、凳子、柜子等一系列具体的实物,就家具本身而言,并没有确定的对应实物。在 Java 中,可以定义一个抽象类来表示这样的概念。

定义一个抽象类需要关键字 abstract,其基本格式如下:

```
abstract class ClassName{
    ......
}
```

作为类的修饰符 abstract 和 final 不可同时出现在类的声明中,因为 final 将限制一个类被继承,而抽象类却必须被继承。

抽象类不能被实例化,在程序中如果试图创建一个抽象类的对象,则编译时 Java 编译器会提示出错。

抽象类中最常见的成员就是抽象方法。

抽象类中也可以包含供所有子类共享的非抽象的成员变量和成员方法。继承抽象类的非抽象子类只需要实现其中的抽象方法,对于非抽象方法既可以直接继承,也可以重新覆盖。

下面通过一个具体的例子来说明抽象类的使用。

【例 7.4】 抽象类的使用。

```
1   package com. java. chapter07;
2   //抽象类
3   public class Example03 {
4     public static void main(String[ ] args) {
5       Cat cat = new Cat();//创建猫类的实例对象
6       cat. shout();//使用猫对象的 shout()方法
7     }
8   }
9   abstract   class Animal1{
10    //定义抽象方法 shout
11    abstract   void   shout();
12  }
13  //定义 Cat 类继承抽象类 Animal1
14  class Cat extends   Animal1{
15    //实现抽象方法 shout()
16    void   shout(){
17      System. out. println("喵喵喵");
18    }
19  }
```

程序运行结果如图 7.4 所示。

```
"C:\Program Files\Java\jdk-17.0.4\bin\java.exe" -Didea.launcher.port=52265
喵喵喵

Process finished with exit code 0
```

图 7.4　运行结果

抽象类不能直接实例化,也就是不能用 new 运算符去创建对象。抽象类只能作为父类使用,而由它派生的子类必须实现其所有的抽象方法,才能创建对象。

【例 7.5】 实现抽象类中的抽象方法。

```
1   package com. java. chapter07;
2   //抽象方法
3   public class Example04 {
4     public static void main(String[ ] args) {
5       Message msg = new DatabaseMessage();          //子类为父类实例化
```

```
6        msg. setType("MLDN");                    //调用父类继承方法
7        System. out. println( msg. getConnectInfo( ) );    //调用被重写的方法
8    }
9  }
10  abstract class Message{                         //定义抽象类
11     private String type;                         //消息类型
12     public abstract String getConnectInfo( );    //抽象方法
13     public void setType( String type){            //普通方法
14        this. type = type;
15     }
16     public String getType( ){
17        return this. type;                        //普通方法
18     }
19  }
20  class DatabaseMessage extends Message{          //类的继承关系
21     @ Override
22     public String getConnectInfo( ){             //方法重写 定义方法体
23        return "["+super. getType( )+"]数据库信息";
24     }
25  }
```

程序运行结果如图 7.5 所示。

```
"C:\Program Files\Java\jdk-17.0.4\bin\java.exe" -Didea.launcher.port=52378
[MLDN]数据库信息

Process finished with exit code 0
```

图 7.5 运行结果

7.2.3 抽象类和接口的比较

抽象类在 Java 语言中体现了一种继承关系,要想使得继承关系合理,抽象类与继承类之间必须存在"is-a"关系,即抽象类与继承类在本质上应该是相同的。而对于接口来说,并不要求接口与接口实现者在本质上是一致的,接口实现者只是实现了接口定义的行为而已。

Java 中一个类只能继承一个父类,对抽象类来说也不能例外。但是,一个类却可以实现多个接口。在 Java 中按照继承关系,所有的类形成了一个树型的层次结构,抽象类位于这个层次中的某个位置。而接口却不曾在这种树型的层次结构,位于树型结构中任何位置的任何类都可以实现一个或多个不相干的接口。

在抽象类的定义中,可以定义方法,并赋予默认行为。而在接口的定义中,只能声明方法,而不能为这些方法提供默认行为。抽象类的维护要比接口容易一些,在抽象类中,增加一个方法并赋予默认行为,并不一定要修改抽象类的继承类。而接口一旦修改,所有实现该接口的类都被破坏,需要重新修改。

下面通过一个应用案例来说明抽象类和接口的使用。在一个超市的管理软件中,所有的商品都具有价格,可以把商品的价格、设置和获取商品价格的方法定义成一个抽象类 Goods:

```
1   abstract class Goods{
2     //商品价格
3       protected double cost;
4     //设置商品价格
5       abstract public void setCost();
6     //获取商品价格
7       abstract public double getCost();
8       ……
9   }
```

某些商品,如食品,具有一定保质期,需要为这类商品设置过期日期,并希望在过期时能够通知过期消息。对于这样的行为,是否可以把它们也整合在类 Goods 中呢? 显然这并不适合,对于其他商品来说并不存在这样的行为,如服装,而 Goods 中的方法应该是所有子类共有的行为。可以将过期这样的行为设计在一个接口 Expiration 中,Goods 的子类可以选择是否要实现 Expiration 接口:

```
1   interface Expiration{
2     //设置过期日期
3       void setExpirationDate();
4     //通知过期
5       void expire();
6   }
```

对于服装这类商品,需要继承抽象类 Goods 中的属性和方法,对其中的抽象方法必须提供具体的实现,而可以全然不管 Expiration 接口。但像食品这样的商品,则既要继承 Goods 抽象类,又要实现 Expiration 接口:

```
1   class Clothes extends Goods{
2     public void setCost(){
3         ……
4       }
5     public double getCost(){
6         ……
7   return cost;
8       }
9   //……
10  }
11  class Food extends Goods implements Expiration{
12    public void setCost(){
13        ……
14      }
15    public double getCost(){
16        ……
17  return cost;
18      }
19    public void setExpirationDate(){
20        ……
```

```
21        }
22        public void expire( ) {
23            ……
24        }
25        ……
26    }
```

仔细体味一下个中关系,抽象类 Goods(商品)与类 Clothes(服装)及 Food(食品)存在着"is-a"的关系;而接口 Expiration 与 Food 具有联系,与 Clothes 就不存在联系。

7.3　包

在 Java 中,包(package)是一种松散的类的集合,它可以将各种类文件组织在一起,就像磁盘的目录(文件夹)一样。无论是 Java 中提供的标准类,还是自己编写的类文件,都应包含在一个包内。包的管理机制提供了类的多层次命名空间,避免了命名冲突问题,解决了类文件的组织问题,便于使用。

7.3.1　包的作用

包的作用与其他编程语言中的函数库类似,它将实现某方面功能的一组类和接口集合为包进行发布。Java 语言本身就是一组包组成,每个包实现了某方面的功能。

SUN 公司在 JDK 中提供了各种实用类,通常称为标准的 API(application programming interface),这些类按功能分别被放入了不同的包中,供大家开发程序使用。随着 JDK 版本的不断升级,标准类包的功能也越来越强大,使用也更为方便。

下边简要介绍其中最常用几个包的功能。Java 提供的标准类都放在标准的包中,常用的一些包说明如下。

1. java. lang

包中存放了 Java 最基础的核心类,如 System、Math、String、Integer、Float 类等。在程序中,这些类不需要使用 import 语句导入即可直接使用,如前边程序中使用的输出语句 System. out. println( )、类常数 Math. PI、数学开方方法 Math. sqrt( )、类型转换语句 Float. parseFloat( )等。

2. java. awt

包中存放了构建图形化用户界面(GUI)的类,如 Frame、Button、TextField 等,使用它们可以构建出用户所希望的图形操作界面。

3. javax. swing

包中提供了更加丰富、精美、功能强大的 GUI 组件,是 java. awt 功能的扩展,对应提供了 JFrame、JButton、JTextField 等。在前边的例子中就使用过 JoptionPane 类的静态方法进行对话框的操作,它比 java. awt 相关的组件更灵活、更容易使用。

4. java. applet

包中提供了支持编写、运行小应用程序(applet)所需要的一些类。

5. java. util

包中提供了一些实用工具类,如定义系统特性、使用与日期日历相关的方法及分析字符串等。

6. java. io

包中提供了数据流输入/输出操作的类,如建立磁盘文件、读写磁盘文件等。

7. java. sql

包中提供了支持使用标准 SQL 方式访问数据库功能的类。

8. java. net

包中提供与网络通信相关的类,用于编写网络实用程序。

创建一个包的方法十分简单,只要将一个包的声明放在 Java 源程序的头部即可。包声明格式如下:

package packageName;

package 语句的作用范围是整个源文件,而且同一个 package 声明可以放到多个源文件中,所有定义在这些源文件中的类和接口都属于这个包的成员。

如果准备开发一个自己的图形工具,就可以定义一个名为 Graphics 的包,将所有相关的类放在这个包里。格式如下:

```
1   package Graphics;
2   class Square{
3       ……
4   }
5   class Triangle{
6       ……
7   }
8   class Circle{
9       ……
10  }
```

在一些小的或临时的应用程序中,可以忽略 package 声明,类和接口被放在一个默认包(default package)中,默认包没有名称。

在前面的章节曾提到 package 访问控制,只有声明为 public 的包成员才可以从一个包的外部进行访问。

7.3.2 包命名

包是实现某方面功能的程序集合,因此一个有意义的包名应该体现包的功能。另外,全球所有的 Java 程序员都在积极地开发自己的 Java 程序,命名自己的程序包,因此保证包名的唯一性也就成了一个问题。

各公司组织达成一个约定,在它们的包名称中使用自己的互联网域名的反序形式。例如,常见的包名格式都是这样的:

com. company. package

这种方式可以有效地防止各公司组织之间在命名 Java 程序包上的冲突。在一个公司内部冲突可能还会存在,这需要公司内部的软件规范来解决,通常可以在公司名称后面增加项目的名称来解决。例如:

com. company. projectname. package

这种方式可以有效地确保 Java 程序包名的唯一性,但是包中的成员还是可能重名。例如,在

javax. swing 包和 java. util 中都有一个类 Timer,如果在同一段程序中同时引入了这两个包,那么下面这个语句就存在二义性:

　　Timer timer = new Timer( );

在这种情况下,就需要采用类的完全限定名称来消除二义性。一个类的完全限定名称就是包含包名的类名。例如:

　　java. util. Timer timer = new java. util. Timer( );

　　Java 平台采用层次化的文件系统来管理 Java 源文件和类文件。Java 包名称的每个部分对应一层子目录。例如,下面是一个名为 MyMath. java 的 java 源文件:

```
1   package edu. njust. cs;
2   public class MyMath{
3   ……
4   }
5   class Helper {
6   ……
7   }
```

该文件在文件系统(以 Windows 系统为例)中的存储位置如下:

src\edu\njust\cs\MyMath. java

编译后,对应的类文件如下:

classes\edu\njust\cs\MyMath. class

classes\edu\njust\cs\Helper. class

其中,src 和 classes 分别对应具体应用程序的源文件和类文件根目录,src 目录和 classes 目录可以在一起,也可以各自独立。

在此顺便指出,在编译 Java 源码时,编译器为一个源文件中定义的每个类和接口都创建了一个单独的输出文件,输出文件的基本名称是类或接口名加上文件扩展名. class。

7.3.3　包的使用

一个包中的 public 类或 public 接口可以被包外代码访问;非 public 的类型则以包作为作用域,在同一包内可以访问,对外是隐藏的,甚至对于嵌套包也是隐藏的。

嵌套包是指一个包嵌套在另一个包中。例如,javax. swing. event 是一个包,javax. swing 也是一个包,所以可以称 javax. swing. event 包嵌套在 javax. swing 中。

当要使用某个包时,要通过关键字 import 实现:

import packagename;

例如,// 表示引入 java. io 包, . * 表示 java. io 包中所有的类和接口:

import java. io. * ;

也可以指明只引入包中的某个类或是接口,// 表示只引入 java. io 包中的 File 类:

import java. io. File;

在 Java 程序如果通过类的完全限定名称来使用一个类,可以省略 import 语句,不过这显然会给程序的书写带来诸多不便。

在引入包时,并不会自动引入嵌套包中的类和接口,例如:

import java. swing. event. * ;

只是表示引入包 java. swing. event 中的所有类和接口,但是包 java. swing 中的类和接口并不会被引入。

1. 包使用格式

一般情况下,是在开发环境界面(如 JCreator)中单击编译命令按钮或图标执行编译的。但有时希望在 DOS 命令提示符下进行 Java 程序的编译、运行等操作。下面简要介绍一下 DOS 环境下编译带有创建包的源程序的操作。其编译命令的一般格式如下:

    javac -d [文件夹名] [.]源文件名

其中,-d 表明带有包的创建;表示在当前文件夹下创建包;文件夹名是已存在的文件夹名,要创建的包将放在该文件夹下。

例如,要把上述的三个程序文件创建的包放在当前的文件夹下,则应执行以下编译操作:

    javac -d . Shape. java
    javac -d . Triangle. java
    javac -d . Circle. java

如果想将包创建在 d:\java 文件夹下,则应执行以下编译操作:

    javac -d d:\java Shape. java
    javac -d d:\java Triangle. java
    javac -d d:\java Circle. java

在执行上述操作之后,可以查看一下所生成的包 shape 文件夹下的字节码类文件。

事实上,常常将包中的类文件压缩在 JAR(Java Archive,用 ZIP 压缩方式,以. jar 为扩展名)文件中,一个 JAR 文件往往会包含多个包,Sun J2SE 所提供的标准类就压缩在 rt. jar 文件中。

2. 引用类包

在前边的程序中已经多次引用了系统提供的包中的类,如使用 java. util 包中的 Date 类创建其对象处理日期等。

一般来说,可以用以下两种方式引用包中的类。

①使用 import 语句导入类,在前边的程序中已经使用过,其应用的一般格式有以下两种:

    import 包名. * ;   //可以使用包中所有的类
    import 包名. 类名;   //只装入包中类名指定的类

在程序中,import 语句应放在 package 语句之后,如果没有 package 语句,则 import 语句应放在程序开始。一个程序中可以含有多个 import 语句,即在一个类中,可以根据需要引用多个类包中的类。

②在程序中直接引用类包中所需要的类,其引用的一般格式如下:

    包名. 类名

例如,可以使用如下语句在程序中直接创建一个日期对象:

    java. util. Date date1 = new java. util. Date( );

下面通过案例说明包的使用方法。

【例7.6】 包的使用。

```
1   package com. java. chapter07;          //MyMath 类所在的包
2   public class MyMath {
3       public static int max(int a, int b) {
```

```
4        System. out. println( a+"和"+b+"中的最大值为:" );
5        return a>b? a:b;
6    }
7  }
8  package com. java. test;                    //TestMyMath 类所在的包
9  import com. java. chapter07. MyMath;
10   public class TestMyMath {
11     public static void main( String[ ] args) {
12       int max = MyMath. max( 100,200 );
13       System. out. print( max );
14     }
15   }
```

程序运行结果如图 7.6 所示。

"C:\Program Files\Java\jdk-17.0.4\bin\java.exe" -Didea.launcher.port=52378
[MLDN]数据库信息

Process finished with exit code 0

图 7.6　运行结果

以上案例中,TestMyMath 类和 MyMath 类不在同一个包中,TestMyMath 类中使用 MyMath 类中的 max( )方法时,需要将 MyMath 类使用 import 关键字进行导入。

本 章 小 结

接口实质是一组方法和常量的集合。Java 语言利用关键字 interface 来定义,在类中用 implements 来实现接口,对接口说明的抽象方法进行覆盖。接口解决了 Java 语言不能实现多继承的问题。更为理想的是,通过接口有效地克服了其他语言在实现多继承中导致的"二义性问题"。

接口中所有的方法均默认是 abstract。因为接口对其说明的方法不可能给出具体的实现,所以也就没有必要采用 abstract 显式地说明其方法是抽象的。每一个实现接口的类必须实现接口中的所有方法,如果仅实现接口中的部分方法,则该类必须被说明为抽象的。因为 static 方法是类特有的,而接口中的方法仅可能是抽象的,所以接口中的方法不可能是静态的。

接口内的方法总是 public 的,接口中的变量总是 static 和 final 的。

抽象类是不能直接实例化的类,抽象类需要被继承才能实例化。抽象类中可以包含抽象方法,却不一定要包含抽象方法。

package 由一组 class 和 interface 组成,它是管理大型名字空间,避免名字冲突的工具。每一个类和接口的名字都包含在某个包中。定义一个编译单元的包由 package 语句定义。

使用 package 语句,编译单元的第一行必须无空格,也无注释。若编译单元无 package 语句,则该单元被置于一个缺省的无名的包中。包的设计应当保证同一包中仅包含功能上相关的类或接口。

习　题

一、选择题

1.下列叙述正确的是(　　　)。

A. finally 类可以有子类

B. abstract 类中只可以有 abstract 方法

C. abstract 类中可以有非 abstract 方法,但该方法不可以用 final 修饰

D. 不可以同时用 final 和 abstract 修饰一个方法

2.假定 X、Y 和 Z 都是接口,则(　　　)是不正确的接口声明。

A. public interface A extends X{void aMethod( );}

B. interface B extends Y{void aMethod( );}

C. interface C extends X,Y,Z{void aMethod( );}

D. interface D extends X{void aMethod( );}

3.下面几个抽象类定义中正确的是(　　　)。

A. class alarmclock {abstract void alarm( );}

B. abstract alarmclock {abstract vod alarm( );}

C. class abstract alarmclock {abstract void alarm( );}

D. abstract class alarmclock {abstract void alarm( );}

E. abstract class alarmclock {abstract void alarm( ){System. out. println("alarm!");}}

4.以下关于接口不正确的说法是(　　　)。

A. 一个类可以实现多个接口类似于多重继承

B. 接口没有构造函数和析构函数

C. 接口可以继承

D. 接口包含的方法既可以有实现,也可以没有实现

5.以下说法正确的是(　　　)。

A. 构造函数不可以重载

B. 创建对象时,所有的字段都默认为 null

C. 抽象方法无须实现代码

D. 可以通过复制对象变量来复制一个新的对象

6.不能在 Java 派生类中被覆盖的方法是(　　　)。

A. 构造函数　　　　B. 动态方法　　　　C. final 方法　　　　D. 抽象方法

7.使用继承的优点是(　　　)。

A. 父类的大部分功能可以通过继承关系自动进入子类

B. 继承将父类的实现细节暴露给子类

C. 一旦父类实现出现 bug,就会通过继承的传播影响到子类的实现

D. 可在运行期决定是否选择继承代码,有足够的灵活性

8.下列说法正确的是(　　　)。

A. Java 中包的主要作用是实现跨平台功能

B. package 语句只能放在 import 语句后面

C. package 由一组 class 和 interface 组成

D. 可以用#include 关键词来标明来自其他包中的类

9. 下列声明正确的是(　　　)。

A. abstract class G2 extends superClass1 , superClass2 {…}

B. abstract public class classmates {…}

C. public final class NewClass extends superClass implements Interface1 {…}

D. public abstract class String {…}

二、填空题

1. 如果一个类包含一个或多个 abstract 方法, 它就是一个_____类。

2. 抽象类的修饰符是_____。

3. 接口中定义的数据成员是_____。

4. 接口中没有_____方法, 所有的成员方法都是_____方法。

三、简答题

1. 抽象类和接口的区别是什么?

2. 为什么不能将类同时声明为 abstract 和 final?

3. 什么是接口? 为什么要定义接口? 接口与类有什么异同?

四、程序设计

1. 编写一个 Java Application 程序, 该程序有一个 Pointer 类, 它包含横坐标 x 和纵坐标 y 两个属性, 再给 Pointer 定义两个构造方法和一个打印点坐标的方法 Show。定义一个圆 Circle 类, 它继承 Pointer 类(Pointer 是 Center 的圆心)。此外, 还有属性半径 Radius。再给圆定义两个构造方法:一个打印圆的面积的方法 PrintArea 和一个打印圆中心、半径的方法 Show。

2. 编写一个测试类, 对其进行编译、运行。结果如何? 若去掉语句"super. show ( ) ;", 再看看运行结果。

3. 学校中有老师和学生两类人, 而在职研究生既是老师又是学生, 对学生的管理和对教师的管理在他们身上都有体现。请编写相应类描述上述关系。

第 8 章

异 常 处 理

Java 语言作为面向对象的程序设计语言,与其他早期程序设计语言一样,在编写过程中会出现除语法外的其他错误。在 Java 中引进了异常和异常类来进行错误处理,本章将介绍异常的概念及其异常处理的方法。

8.1 Java 异常概述

早期的编程语言(如 C 语言)没有异常(exception)处理机制,通常是遇到错误返回一个特殊的值或设定一个标志,并以此判断是不是有错误产生。随着系统规模的不断扩大,这种错误处理已经成为创建大型可维护程序的障碍。于是,在一些语言中出现了异常处理机制,如 Basic 中的异常处理语句"on error goto",而 Java 则在 C++的基础上建立了全新的异常处理机制。

Java 运用面向对象的方法进行异常处理,把各种不同的异常进行分类,并提供了良好的接口。这种机制为复杂程序提供了强有力的控制方式。同时,这些异常代码与"常规"代码的分离增强了程序的可读性,编写程序时也显得更为灵活。

Java 程序开发人员在开发 Java 程序时要面对很多的问题,从获得可移植的代码一直到处理异常。除最简单的程序外,稍微复杂的程序常会崩溃。其原因多种多样,从编程错误、错误的用户输入一直到操作系统的缺陷。无论程序崩溃的原因是什么,程序开发者都有责任使得所设计的程序在错误发生后,要么能够恢复(在错误修复后能够继续执行),要么能合适地关闭(要尽力在系统终止前能够保存用户的数据)。

简而言之,异常是用来应对程序中可能发生的各种错误的一种强大的处理机制。正确地使用异常,可以使程序易于开发维护、远离 bug、可靠性增强、易于使用。反之,若异常运用不当,则会产生许多令程序开发人员头疼的事情:程序难以理解和开发、产生令人迷茫的结果、维护变得非常困难。

要写出友好、健壮的程序,灵活地运用 Java 程序语言的异常处理机制,须从以下几个角度来认识异常,即抛出异常、捕获异常和处理异常。

任何一个软件程序在运行初期都会产生错误,Java 程序也不例外,如内存空间不足、程序控制试图打开一个不存在的文件、网络连接数据中断、数组下标越界等。这些错误的出现如果没有及时检查出来并解决,就会阻止程序的正常执行。在 Java 中,通常将运行时产生的错误分为两类:一类是致命错误,它是指一个合理的应用程序不能截获的严重的问题,大多数都是反常的情况,如内存溢出,一般的开发人员是无法处理这些错误的;另一类是非致命错误,又称异常,它是指一个程序在编译和运行时出现的错误,通过 Java 虚拟机(JVM)通知已经犯了一个错误,需要修改它,如数组越界。

异常又称例外,它是某种异常类的对象。Java 中定义了许多异常类,每个异常类代表一种异常事件。Java 中,异常通常是程序执行时出现的不正常的情况,可以通过定义异常对象,在出现异常时进行捕获,然后进行处理,使程序正常地运行。异常捕获是通过一个变量去指向出错的对象,然后对这个变量进行处理。

8.2　Java 编程中的错误

错误是编程中不可避免和必须要处理的问题,编程人员和编程工具处理错误能力在很大程度上影响着编程工作的效率和质量。一般来说,错误分为编译错误和运行错误两种。

1. 编译错误

编译错误是编写的程序存在语法问题,未能通过源代码到目标码(在 Java 语言中是由源代码到字节码)的编译过程产生的,它由语言的编译系统负责检测和报告。

每种计算机高级语言都有自己的语言规范,编译系统就根据这个规范来检查编程人员所书写的源代码是否符合规定。有的高级语言的语法规定得比较严格,如 FORTRAN 语言,对程序的格式有严格的要求;有的语言则给编程人员很大的自由度,如 C 语言,程序可以写得很灵活,可让编程者充分发挥技巧和能力。由于 Java 语言是定位于网络计算的安全性要求较高的语言,因此它的语法规范设计得比较全面,相对于 C 语言增加了不少规定,如数组元素下标越界检查、对未开辟空间对象使用的检查等。由于更多的检查工作由系统自动完成,因此可以减少编程者的设计负担和程序中隐含的错误,提高初学者编程的成功率。大部分编译错误是对语法不熟悉或拼写失误引起的。例如,在 Java 语言中规定需在每个句子的末尾使用分号,标识符区分大小写,如果不注意这些细节,就会引发编译错误。由于编译系统会给出每个编译错误的位置和相关的错误信息,因此修改编译错误相对较简单。但同时由于编译系统判定错误比较机械,因此在参考它所指出的错误地点和信息时应灵活地同时参照上下文其他语句,将程序作为一个整体来检查。

没有编译错误是一个程序能正常运行的基本条件,只有所有的编译错误都改正了,源代码才可以被成功地编译成目标码或字节码。

2. 运行错误

一个没有编译错误的可执行的程序距离完全正确还有一段距离,这是因为排除了编译错误,程序中可能还存在着运行错误。

运行错误是在程序的运行过程中产生的错误。根据性质不同,运行错误还可以分为系统运行错误和逻辑运行错误。

系统运行错误是指程序在执行过程中引发了操作系统的问题。应用程序是工作在计算机的操作系统平台上的,如果应用程序运行时所发生的运行错误危及操作系统,对操作系统产生损害,就有可能造成整个计算机的瘫痪,如死循环、死机等。因此,不排除系统错误,程序就不能正常地工作。系统运行错误通常比较隐秘,排除时应根据错误的现象,结合源程序仔细判断。例如,出现了死循环,就应该检测源程序中的循环语句和中止条件;出现了死机,就应该检测程序中的内存分配处理语句等。

排除了系统运行错误,程序就可以顺利执行了,却仍然不代表它已经毫无问题了,因为程序中还有可能存在着逻辑运行错误。逻辑运行错误是指程序不能实现编程人员的设计意图和设计功能而产生的错误,如排序时不能正确处理数组头尾的元素等。有些逻辑运行错误是算法考虑不周引起的,也有些来自编码过程中的疏忽。

排序运行错误时,包括系统运行错误和逻辑运行错误,一个非常有效和常用的手段是使用开发环境所提供的单步运行机制和设置断点功能来分析程序运行过程,使之在人为的控制下边调试边运行。在设计过程中,调试者可以随时检查变量中保存的中间量,设置临时运行环境,一步步地检查程序的执行过程,从而挖出隐藏的错误。

8.3 异常与异常类

8.3.1 异常类结构与组成

异常(exception)又称例外,是特殊的运行错误对象,对应着 Java 语言特定的运行错误处理机制。为及时有效地处理程序中的运行错误,Java 中引入了异常和异常类。作为面向对象的语言,异常与其他语言要素一样,是面向对象规范的一部分,是异常类的对象。

Java 中定义了很多异常类,每个异常类都代表了一种运行错误,类中包含了该运行错误的信息和处理错误的方法等内容。每当 Java 程序运行过程中发生一个可识别的运行错误,即该错误有一个异常类与之相对应时,系统都会产生一个相应的该异常类的对象,即产生一个异常。一旦一个异常对象产生了,系统中就一定要有相应的机制来处理它,确保不会产生死循环、死机或对操作系统产生损害,从而保证了整个程序运行的安全性,这就是 Java 的异常处理机制。

Java 的异常类是处理运行时错误的特殊类,每一种异常类对应一种特定的运行错误。所有的 Java 异常类都是系统类库中的 Exception 类的子类,异常类的类层次结构图如图 8.1 所示。

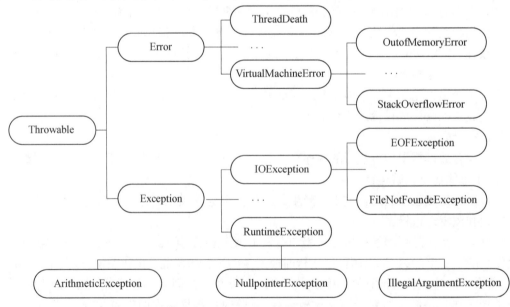

图 8.1 异常类的类层次结构图

异常的继承结构:基类为 Throwable,Error 和 Exception 继承 Throwable。其中,Error 类描述了 Java 运行系统中的内部错误及资源耗尽的情形,应用程序不应该抛出这种类型的对象(一般由虚拟机抛出)。如果出现这种错误,除尽力使程序安全退出外,在其他方面是无能为力的。因此,在进行程序设计时,应该更关注 Exception 类。Exception 类又派生了许多子类,分为两部分:RuntimeException 类和非 RuntimeException 类。RuntimeException 类表示编程时所存在的隐患或在运行期间由 Java 虚拟机产生的异常,包括错误的类型转换、数组越界访问和试图访问空指针等。处理 RuntimeException 的原则是:如果出现 RuntimeException,那么一定是程序员的错误,可以通过检查数组下标和数组边界来避免数组越界访问异常。非 RuntimeException 类异常一般是外部错误,如试图从文件尾后读取数据等,这并不是程序本身的错误,而是在应用环境中出现的外部错误。Exception 类供应用程序使用。

与其他的类一样,Exception 类有自己的方法和属性,它的构造函数有以下两个:

public Exception( );

public Exception(String s);

其中,第二个构造函数可以接受字符串参数传入的信息,该信息通常是对异常类所对应的错误的描述。

Exception 类从父亲 Throwable 那里还继承了若干方法,其中常用的如下。

public String toString( );

toString( )方法返回描述当前 Exception 类信息的字符串。

public void printStackTrace( );

printStackTrace( )方法没有返回值,它的功能是完成一个打印操作,在当前的标准输出(一般就是屏幕)上打印输出当前异常对象的堆栈使用轨迹,即程序先后调用执行了哪些对象或类的哪些方法,使得运行过程中产生了这个异常对象。

8.3.2 系统定义的运行异常

Exception 类有若干子类,每一个子类代表了一种特定的运行时错误。这些子类有些是系统事先定义好并包含在 Java 类库中的,称为系统定义异常。

系统定义异常通常对应着系统运行错误。由于这种错误可能导致操作系统错误甚至是整个系统的瘫痪,因此需要系统定义异常类来表示这类错误。部分常用系统定义的异常见表 8.1。

表 8.1 部分常用系统定义的异常

系统定义的运行异常	异常对应的系统运行错误
ClassNotFoundException	未找到相应的类
ArrayIndexOutOfBoundsException	数组越界
FileNotFoundException	未找到制定的文件或目录
IOException	输入、输出错误
NullPointException	引用空的尚无内存空间的对象
ArithmeticException	算术错误
InterruptedException	一线程被其他线程打断
UnknownHostException	无法确定主机的 IP 地址
SecurityException	安全性的错误
MalformedURLException	URL 格式错误
…	…

由于定义了相应的异常,因此 Java 程序即使产生一些致命的错误,如引用空对象等,系统也会自动产生一个对应的异常对象来处理和控制这个错误,避免其蔓延或产生更大的问题。

在异常类中经常使用的方法如下。

(1)异常类的常用构造方法。

①Exception( )。构造详细信息为空的新异常。

②Exception(String message)。构造带指定详细信息的新异常。

(2)异常类的常用方法。

①public String getMessage( )。该方法返回描述异常对象信息的详细消息字符串。

②public void printStackTrace( )。该方法在屏幕上输出异常对象及其跟踪的堆栈。

【例 8.1】 除法运算。

```
1   package com. java. chapter08 ;
2   //异常
3   public class Example01 {
4       public static void main(String[ ] args) {
5           int result = divide(3,4);//调用 divide( )方法
6           System. out. println(result);
7       }
8       public static int divide(int x,int y){
9           int result = x/y;//定义一个变量 result 记录两个数相除
10          return result;//将结果返回
11      }
12  }
```

运行结果如图 8.2 所示。

```
"C:\Program Files\Java\jdk-17.0.4\bin\java.exe" -Didea. launcher. port=5252
0


Process finished with exit code 0
```

图8.2　运行结果

上面是一个简单的 Java Application 程序。当除数 y 为 4 时,程序可以正常运行,并得到结果 0。将除数 y 置为 0 时,运行程序将引发 ArithmeticException,这个异常是系统预先定义好的类,对应系统可以自动识别的错误,所以 Java 虚拟机遇到了这样的错误就会自动终止程序的运行,并新建一个 ArithmeticException 类的对象,即抛出了一个算数运行异常,如图 8.3 所示。

```
捕获的异常信息为:/ by zero
进入finally代码块


进程已结束,退出代码0
```

图8.3　除数为 0 运行结果

8.3.3　用户自定义的异常

系统定义的异常主要用来处理系统可以预见的较常见的运行错误,对于某个应用程序所特有的运行错误,则需要编程人员根据程序的特殊逻辑在用户程序中自己创建用户自定义的异常类和异常对象。这种用户自定义异常主要用来处理用户程序中特定的逻辑运行错误。

用户定义的异常通常采用 Exception 作为异常类的父类,一般用以下结构:

```
1    class MyException extends Exception {      //自定义的异常类子类 MyException
2        public MyException( ) {                //用户异常的构造函数
3        }
4        public MyException( String s ) {
5            super( s ) ;                        //调用父类的 Exception 的构造函数
6        }
7        public String toString( ) {            //重载父类的方法,给出详细的错误信息
8            ......
9        }
10       ......
11   }
```

用户自定义异常用来处理程序中可能产生的逻辑错误,使得这种错误能够被系统及时识别并处理,而不致扩散产生更大的影响,从而使用户程序更为强健,有更好的容错性能,并使整个系统更加安全稳定。

创建用户自定义异常时,一般需要完成以下工作。

(1)声明一个新的异常类,使之以 Exception 类或其他某个已经存在的系统异常类或用户异常类为父类。

(2)为新的异常类定义属性和方法,或重载父类的属性和方法,使这地些属性和方法能够体现该类所对应的错误的信息。

只有定义了异常类,系统才能够识别特定的运行错误,及时地控制和处理运行错误,所以定义正确的异常类是创建一个稳定的应用程序的重要基础之一。

8.4　异常的处理

异常的处理主要包括捕捉异常和抛出异常。

8.4.1　try…catch…finally 块

Java 语言提供了 try…catch…finally 语句来捕捉一个或多个异常,并进行处理。try…catch…finally 块语句的具体格式如下:

```
try {                        //可能出现异常的程序代码
    语句 1
    ......
    语句 n
}
catch( 异常类型 1,异常对象 e1 ) {
```

```
    ……                      //进行异常类型 1 的处理
    }
catch(异常类型 2,异常对象 e2){
    ……                      //进行异常类型 2 的处理
    }
catch(异常类型 3,异常对象 e3){
    ……                      //进行异常类型 3 的处理
    }
……
    finally{                 //其他处理程序代码
      语句 1
      ……
      语句 n
    }
}
```

Java 异常的捕捉和处理过程如下:把程序中可能出现异常的语言包含在 try 引导的程序块中;在 try{ }之后紧跟一个或多个 catch 块,用于处理各种指定类型的异常;catch 块后可以跟一个 finally 块,该程序块中一般包含用于清除程序现场的语句。无论 try 块中是否出现异常,catch 块是否被执行,最后都要执行 finally 块。

下面详细地介绍 Java 捕捉和处理异常的语句。

1. try 语句块

在 try 语句的{ }中包含了可能会抛出一个或多个异常的一段程序代码,这些代码实际上指定了它后面的 catch 块所能捕捉的异常的范围。

如果 Java 程序运行到 try 块中的语句时产生了异常,就不再继续执行该 try 块中剩下的语句,而是直接进入第一个 catch 块中寻找与之匹配的异常类型并进行处理。

2. catch 语句

catch 语句的参数类似于方法中的参数,包括一个异常类型和一个异常对象。异常类型必须为 Throwable 类的子类,它指明了 catch 语句所处理的异常类型;异常对象则由 Java 运行时系统在 try 所指定的程序代码块中生成并捕获,大括号中包含异常对象的处理,其中可以调用对象的方法。

catch 语句可以有多个,分别处理不同类型的异常。Java 运行时系统从上到下分别对每个 catch 语句处理的异常类型进行检测,直到找到与之相匹配的 catch 语句为止。这里,类型匹配指 catch 所处理的异常类型与生成的异常对象的类型完全一致或是它的父类。在 try 语句与 catch 语句之间及相邻的 catch 语句之间不允许出现其他程序代码。

3. finally 语句

finally 语句可以说是为异常处理事件提供的一个清理机制,一般用来关闭文件或释放其他系统资源。在 try…catch…finally 语句中可以没有 finally。

如果没有 finally 部分,则当 try 指定的程序代码抛出一个异常时,其他的程序代码就不会被执行;如果存在 finally 部分,则无论 try 块中是否发生了异常,是否执行过 catch 部分的语句,都要执行 finally 部分的语句。可见,finally 部分的语句为异常处理提供了一个统一的出口。例 8.2 是一个异常演示程序。

【例 8.2】 捕捉和处理异常。

```
1    package com. java. chapter08;
2    //try catch 和 finally
3    public class Example02 {
4      public static void main(String[ ] args) {
5        //下面的代码定义了一个 try…catch…finally 的
6        //语句用于捕获异常
7        try{
8          int result = divide(2,3);
9          System. out. println(result);
10       }catch(Exception e){
11         System. out. println ("捕获的异常信息为:"
12                               + e. getMessage( ));
13         return ;//用于结束当前语句
14       }finally{
15         System. out. println("进入 finally 代码块");
16       }
17       System. out. println("程序继续进行");
18     }
19     //下面的方法实现了两个整数相除
20     public static   int divide(int x,int y){
21       int result =x/y;//定义一个变量 result 记录两个数相除
22       return result;//返回结果
23     }
24   }
```

运行结果如图 8.4 所示。

```
"C:\Program Files\Java\jdk-17.0.4\bin\java.exe" -Didea.launcher.port=52743
0
进入finally代码块
程序继续进行

Process finished with exit code 0
```

图 8.4   运行结果

8.4.2   多异常的处理

catch 块紧跟在 try 块的后面,用来接收 try 块可能产生的异常。一个 catch 语句块通常会用同种方式来处理它所接收到的所有异常,但是实际上一个 try 块可能产生多种不同的异常,如果希望能采取不同的方法来处理这些例外,就需要使用多异常处理机制。

多异常处理是通过在一个 try 块后面定义若干个 catch 块来实现的,每个 catch 块用来接收和处理一种特定的异常对象。

要想用不同的 catch 块来分别处理不同的异常对象,首先要求 catch 块能够区分这些不同的异常对象,并能判断一个异常对象是否应为本块接收和处理。这种判断功能是通过 catch 块的参数实现的。

如果一个 try 块后面跟了两个 catch 块,则每个 catch 块都有一个异常类名作为参数。当 try 块抛出一个异常时,程序的流程首先转向第一个 catch 块,并审查当前异常对象可否被这个 catch 块接收。一个异常对象能否被一个 catch 语句块接收,主要看该异常对象与 catch 块的异常参数的匹配情况:当它们满足下面三个条件的任何一个时,异常对象将被接收。

(1)异常对象与参数属于相同的异常类。

(2)异常对象属于参数异常类的子类。

(3)异常对象实现了参数所定义的接口。

如果 try 块产生的异常对象被第一个 catch 块接收,则程序的流程将直接跳转到这个 catch 语句块中,语句块执行完后就退出当前方法,try 块中尚未执行的语句和其他的 catch 块将被忽略;如果 try 块产生的异常对象与第一个 catch 块不匹配,系统将自动转到第二个 catch 块进行匹配;如果第二个仍不匹配,就转向第三个、第四个,直到找到一个可以接收该异常对象的 catch 块,完成流程的跳转。

如果所有的 catch 块都不能与当前的异常对象匹配,则说明当前方法不能处理这个异常对象,程序流程将返回到调用该方法的上层方法;如果这个上层方法中定义了与所产生的异常对象相匹配的 catch 块,流程就跳转到这个 catch 块中,否则继续回溯更上层的方法;如果所有的方法中都找不到合适的 catch 块,则由 Java 运行系统来处理这个异常对象,此时通常会中止程序的执行,退出虚拟机返回操作系统,并在标准输出上打印相关的异常信息。

在另一种完全相反的情况下,假设 try 块中所有语句的执行都没有引发异常,则所有的 catch 块都会被忽略而不予执行。

在设计 catch 块处理不同的异常时,一般应注意以下问题。

(1)catch 块中的语句应根据异常的不同执行不同的操作,比较通用的操作是打印异常和错误的相关信息,包括异常名称、产生异常的方法名等。

(2)由于异常对象与 catch 块的匹配是按照 catch 块的先后排列顺序进行的,因此在处理多异常时应注意认真设计各 catch 块的排列顺序。一般来说,处理较具体和较常见的异常的 catch 块应放在前面,而可以与多种异常相匹配的 catch 块应放在较后的位置。下面的例子中错误地把以 Exception 为参数的 catch 块放在了第一的位置:

```
1    try{
2        Emp. setEmpSalary(cs);
3        msg = new String(Emp. toString());
4    }
5    catch(Exception e){              //将捕捉到所有的异常对象
6        msg = new String(e. toString());
7    }
8    catch(IllegalSalaryException ise){    //下面两种异常块不可能执行
9        msg = new String(ise. toString());
10    }
11    catch(IllegalSalaryChangeException isce){
12        msg = new String(Emp. toString() + isce. toString());
13    }
```

由于所有的异常都是 Exception 类的子类,因此这个 catch 块就可以与所有的异常对象匹配,排在它后面的 catch 块永远不被使用。正确的方法是将以 Exception 为参数的 catch 块放在最后的位置,保证任何一个异常对象,即使不被前面处理具体异常的 catch 块接收,也能够被最后这个 catch 块接收,把 try 块的所有问题都在当前方法内部解决。

8.4.3　抛出异常

一般用户自定义的异常不可能依靠系统自动抛出,而必须用 Java 语句抛出,throw 语句用来明确地抛出一个"异常"。首先必须知道什么样的情况算是产生了某种异常对应的错误,并应该为这个异常类创建一个实例,用 throw 语句抛出。下面是 throw 语句的通常格式:

返回类型 方法名(参数列表) throws 要抛出的异常类名列表{
……
throw 异常类实例;
……
}

其中,throw 用来抛出某个异常类对象;throws 用来标明一个成员函数可能抛出的各种异常。使用 throw 抛出异常时应注意以下问题。

(1)一般这种抛出语句应定义为满足某种条件时执行。例如,往往把 throw 语句放在 if 语句中,当某个 if 条件满足时,才用 throw 语句抛出相应的异常:

if(I>100)
throw(new MyException());

(2)含有 throw 语句的方法,应当在方法头定义中增加以下部分:

throws 要抛出的异常类名列表

这样做主要是为了通知所有欲调用这个方法的上层方法,准备接收和处理它在运行中可能会抛出的异常。如果方法中的抛出的异常种类不止一个,则应该在方法头 throws 中列出所有可能的异常。例如,上面的例子应该包含在这样的方法 MyMethod 中:

void MyMethod() throws MyException{　　//可能在程序中抛出 MyException 异常
……
if(I>100)
throw(new MyException());
……
}

若某个方法 MyMethod 可能产生 Exception1、Exception2 和 Exception3 三种异常,而它们又都是 Super_Exception 类的子类(图 8.3),则应在相应的方法中声明可能抛出的异常类:

void MyMethod() throws Exception1,Exception2,Exception3{
……　　　　　　　　　　　　　//可能在程序中抛出这三个异常
}

除以上这种声明抛出 Exception1、Exception2、Exception3 三种异常外,还可以只简单地声明抛出 Super_Exception。下面这种方式与上面的是等价的:

void MyMethod() throws Super_Exception{
……　　　　　　　　　　　　　//可能在程序中抛出这三个异常的父类
}

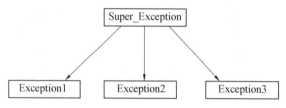

图 8.3　异常类继承关系

在 Java 语言中如果调用了一个可能产生异常的方法,则当前的方法也可能会抛出这个异常,所以在当前的方法中也要对这个异常类进行声明,如下面程序,方法 YourMethod( )要调用上面定义的 MyMethod( ):

```
void YourMethod ( ) throws Super _ Exception{
  ……
  MyMethod( );                  //在程序中调用了可能会抛出异常的方法
  ……
}
```

(3)Java 语言要求所有用 throws 关键字声明的类和用 throw 抛出的对象必须是 Throwable 类或其子类。Java 开发环境提供了大量的错误和异常类,它们都是 Throwable 类或其子类,可以用来表示 Java 程序执行过程中出现的各类错误和异常。

抛出异常只能抛出方法声明中 throws 关键字后的异常列表中的异常。

通常情况下,通过 throw 抛出的异常为用户自己创建的异常类的实例。

注意:throws 与 throw 的区别如下。

①throws 用于声明方法可能会抛出的异常,所以它常用在方法声明的后面。例如:

```
public static void main( String[ ] args) throws IOException
```

②throw 用于抛出代码层次的异常,常用于方法块里面的代码,常与 try…catch…语句块搭配使用。

【例 8.3】　使用 throws 语句抛出异常。

```
1   package com. java. chapter08;
2   public class Example03 {
3     //使用 throws 继续上抛
4   public static void show( int age) throws RuntimeException{
5     if( age<0 || age>150){
6       throw new RuntimeException("年龄范围是 0~150");
7       //这里 throw 抛出了一个运行时异常,没有使用 try…catch 处理,则需要使用 throws 继续上抛,如
          果这里被捕获了,则本方法参数列表后不用继续上抛
8     }
9   }
10    public static void main( String[ ] args){
11      try{
12        show(200);
13    //这里选择了使用 try…catch 语句,可以接着上抛
14    //如果不进行任何操作,控制台会报出异常,而且程序执行到这里不会继续执行,即不会输出 OK;继
          续上抛之后也不会执行下面代码(多次上抛,每次上抛的异常类的范围需要是本类或其父类)
15      }catch( RuntimeException e){
```

```
16          e. printStackTrace( ) ;
17        }
18        System. out. println("OK") ;
19      }
20    }
```

运行结果如图 8.5 所示。

```
java.lang.RuntimeException Create breakpoint : 年龄范围是0-150
    at com.java.Example03.show(Example03.java:6)
    at com.java.Example03.main(Example03.java:12)
ok


进程已结束,退出代码0
```

图 8.5 运行结果

8.5 关于使用异常的几点建议

由于异常使用起来是十分方便,因此在很多情况下程序员可能会滥用异常。然而,使用异常处理会降低程序运行的速度,如果程序中过多地使用异常处理,程序的执行速度会显著地降低。这里给出几点建议,帮助读者把握好使用异常处理的尺度。

(1)在可以使用简单的测试就可以完成的检查中,不要使用异常来代替它。例如:

```
if( aref! =null)
{
    //使用 aref 引用对象
    ……
}
```

(2)不要过细地使用异常。最好不要到处使用异常,更不要在循环体内使用异常处理,可以将它包裹在循环体外面。

(3)不要捕获了一个异常而又不对它做任何的处理,如下所示:

```
try
{
    //正常执行的代码
    ……
}
catch( Exception e)
{}
```

在 Java 类库中有些方法会产生异常,而在自己方法中又不愿意处理它(如它的发生概率很小,不必为小概率事件操心),但是也不希望将它放到方法的 throws 子句中,因为那样所有调用这个方法的方法都要处理这个异常,这时可能会采取上面的处理方法,将异常"雪藏"起来。这样做是不负责任的。如果这个异常发生了,而程序又没有处理它,这样一个小小的疏忽就可能给用户带来很大的损失。

(4)将异常保留给方法的调用者并非不好的做法。

有些人可能习惯于在方法内部处理所有的异常。而实际上,对于有些异常,将其交给方法的调用者去处理可能是一种更好的处理办法。

本 章 小 结

异常指的是程序运行时出现的非正常情况,可以是程序设计本身的错误,也可以是运行中出现了不可解决的问题造成了异常。异常往往会导致程序运行失败。

在 Java 语言中提供了一系列的异常处理方法,在 Java 程序中出现的异常都是以某个异常类的实例(对象)形式存在的。程序中产生了异常,在 Java 程序中就是创建了对应异常类的实例(对象),并把它"抛出"来。

所有的异常类都是 Throwable 的子类,它有 Exception 和 Error 两个直接子类。前者是用户可以捕捉到的异常,也是 Java 异常处理的对象;后者对应一些系统的错误。

try…catch 异常处理机制是指当 try 块中发生了一个异常时,try…catch 语句就会自动在 catch 语句中找出与该异常类相匹配的参数,执行包含这一参数的 catch 语句中的 Java 代码,执行完 catch 语句后,程序恢复执行,但不会回到异常发生处继续执行,而是执行 finally 后面的代码。

throws 抛出异常与方法说明联系在一起,是针对以下情况:调用的方法抛出了异常;检测到了错误并使用 throw 语句抛出异常;程序代码有错误从而异常。方法中出现的异常由 catch 语句捕获并进行处理。

异常处理可以提高程序的健壮性,学会如何处理异常、如何在程序中应用异常处理机制来提高所设计程序的健壮性并设计出更完善的程序将是同学们学习 Java 编程中一个非常重要的知识点。

习 题

一、选择题

1. 异常类层次结构的根类是( )类。

A. Error　　　B. Exception　　　C. Throwable　　　D. RuntimeException

2. 库方法要从某些 catch 子句抛出异常是因为( )。

A. 使方法与某些规范一致　　　B. 标识无效的参数传递给了方法

C. A 和 B　　　D. 以上选项都不是

3. 下列异常类中( )是其他异常类的父类。

A. EOFException　　　B. FileNotFoundException

C. InterruptedIOException　　　D. IOException

4. 当从 finally 子句抛出异常时,会发生的情况是( )。

A. 最初异常丢失

B. JVM 搜索方法调用堆栈寻找处理程序,找到时就处理异常,然后执行 finally 子句,在遇到新异常时 JVM 将重新处理程序

C. JVM 总会终止程序

D. 以上选项都不是

5. 下列 Throwable 方法中,( )返回了 Throwable 对象或 Throwable 的一个对象的引用。

A. fillInStackTrace   B. printStackTrace

C. getMessage   D. toString

二、简答题

1. 请列举八种常见的可能产生异常的情况。

2. 请分别简述关键字 throw 和 throws 的用途,并分析它们之间的差别。

3. 若 try 块未发生异常,则 try 块执行后,控制转向何处?

4. 如果发生了一个异常,但没有找到适当的异常处理程序,则会发生什么情况?

5. 若 try 块中有多个 catch 子句,这些 catch 子句排列次序的不同是否能保证程序执行效果相同?

6. 使用 finally 程序块的关键理由是什么?

7. 若同时有几个异常处理程序都匹配同一类型的引发对象,则会发生什么情况?

8. 在一个 catch 处理程序中不使用异常类的继承,怎样处理具有相同类型的错误?

9. 若一个程序引发一个异常,并执行了相应的异常处理程序,但是在该异常处理程序中又引发了一个同样的异常,这会导致无限循环吗,为什么?

三、程序设计

1. 编写一个程序,包含一个 try 块和两个 catch 块,两个 catch 子句都有能力捕捉 try 块发生的异常。说明两个 catch 子句排列次序不同时程序产生的输出。

2. 编写程序,说明引发一个异常是否一定会导致程序终止。

3. 编写一个说明,用 catch(Exception e)可以捕捉各种不同异常的 Java 程序。

第 9 章

集 合 类

Java 数组的程度是固定的,在同一个数组中只能存放相同的类型数据。数组可以存放基本类型的数据,也可以存放对象引用的数据。

在创建数组时必须明确指定数组的长度,数组一旦创建,大小固定,不能改变。在许多应用的场合,一组数据的数目不是固定的。例如,一个单位的员工数目是变化的,有员工离职,也有员工入职。

为使程序方便地存储和操纵数目不固定的一组数据,JDK 中提供了 Java 集合类,所有 Java 集合类都位于 Java. util 包中。与 Java 数组不同,Java 集合不能存放基本数据类型数据,而只能存放对象的引用。本章将主要介绍以下内容:集合的概念、Collection 接口、Iterator 接口、Set 接口、List 接口、Map 接口、Collections 类等。

9.1 集合的概念

9.1.1 Java 中的集合概述

在常见用法中,集合(collection)与数学上直观的集(set)的概念是相同的。集是一个唯一项组,也就是说组中没有重复项。实际上,"集合框架"包含了一个 Set 接口和许多具体的 Set 类,但正式的集概念却比 Java 技术提前了一个世纪,那时英国数学家 George Boole 按逻辑正式地定义了集的概念。大部分人在小学时通过熟悉的维恩图引入的"集的交"和"集的并"学到过一些集的理论。

集的基本属性如下:

(1)集内只包含每项的一个实例;

(2)集可以是有限的,也可以是无限的;

(3)可以定义抽象概念。

集不仅是逻辑学、数学和计算机科学的基础,对于商业和系统的日常应用来说,它也很实用。"连接池"这一概念就是数据库服务器的一个开放连接集。Web 服务器必须管理客户机和连接集。文件描述符提供了操作系统中另一个集的示例。

映射是一种特别的集,它是一种对(pair)集,每个对表示一个元素到另一元素的单向映射。一些映射示例如下:

(1)IP 地址到域名(DNS)的映射;

(2)关键字到数据库记录的映射;

（3）字典（词到含义的映射）；

（4）二进制到十进制转换的映射。

与集一样,映射背后的思想比 Java 编程语言早得多,甚至比计算机科学还早。而 Java 中的 Map 就是映射的一种表现形式。

具备了一些集的理论,应该能够更轻松地理解"集合框架"。"集合框架"由一组用来操作对象的接口组成,不同接口描述不同类型的组。在很大程度上,一旦理解了接口,就理解了框架。虽然总要创建接口特定的实现,但访问实际集合的方法应该限制在接口方法的使用上。因此,允许更改基本的数据结构而不必改变其他代码。

集合是存放一组数据的容器,能够实现对数据的存储、检索和操纵。

集合的最大特点就是长度不固定,相对于长度固定的数组来说应用集合就显得游刃有余了。

集合的另一个特性就是集合中必须存放对象。

9.1.2　Collection 接口

Collection 接口用于表示任何对象或元素组。当想要尽可能以常规方式处理一组元素时,就使用这一接口。Collection 是 List 和 Set 的父类,并且它本身也是一个接口,它定义了作为集合所应该拥有的一些方法。集合必须只有对象,集合中的元素不能是基本数据类型。

该接口中定义了以下方法。

1. 单元素添加、删除操作

（1）boolean add（Object o）。将对象添加给集合。

（2）boolean remove（Object o）。如果集合中有与 o 相匹配的对象,则删除对象 o。

2. 查询操作

（1）int size（）。返回当前集合中元素的数量。

（2）boolean isEmpty（）。判断集合中是否有任何元素。

（3）boolean contains（Object o）。查找集合中是否含有对象 o。

（4）Iterator iterator（）。返回一个迭代器,用来访问集合中的各个元素。

3. 组操作：作用于元素组或整个集合

（1）boolean containsAll（Collection c）。查找集合中是否含有集合 c 中所有元素。

（2）boolean addAll（Collection c）。将集合 c 中所有元素添加给该集合。

（3）void clear（）。删除集合中所有元素。

（4）void removeAll（Collection c）。从集合中删除集合 c 中的所有元素。

（5）void retainAll（Collection c）。从集合中删除集合 c 中不包含的元素。

4. Collection 转换为 Object 数组

（1）Object［］toArray（）。返回一个内含集合所有元素的数组。

（2）Object［］toArray（Object［］a）。返回一个内含集合所有元素的数组,返回的数组与参数 a 的类型相同。

containsAll（）方法允许查找当前集合是否包含了另一个集合的所有元素,即另一个集合是否是当前集合的子集。其余方法是可选的,因为特定的集合可能不支持集合更改。addAll（）方法确保另一个集合中的所有元素都被添加到当前的集合中,通常称为并。clear（）方法从当前集合中除去所有元素。removeAll（）方法类似于 clear（）,但只除去了元素的一个子集。retainAll（）方法类似于 removeAll（）方法,不过可能感到它所做的与前面正好相反：它从当前集合中除去不属于另一个集合的元素。

此外,还可以把集合转换成其他任何类型的数组。但是,不能直接把集合转换成基本数据类型的数组,因为集合必须持有对象。

【例 9.1】 Collection 接口的应用示例。

```
1   import java.util.ArrayList;
2   import java.util.Collection;
3   import java.util.Collections;
4   public class CollectionToArray {
5    /**
6     * @param args
7     */
8    public static void main(String[] args) {
9      Collection collection1 = new ArrayList();
10     collection1.add("000");
11     collection1.add("111");
12     collection1.add("222");
13     System.out.println("集合 collection1 的大小:"+collection1.size());
14     System.out.println("集合 collection1 的内容:"+collection1);
15     collection1.remove("000");
16     System.out.println("集合 collection1 移除 000 后的内容:"+collection1);
17     System.out.println("集合 collection1 中是否包含 000:"+collection1.contains("000"));
18     System.out.println("集合 collection1 中是否包含 111:"+collection1.contains("111"));
19     Collection collection2 = new ArrayList();
20     collection2.addAll(collection1);
21     System.out.println("集合 collection2 的内容"+collection2);
22     collection2.clear();
23     System.out.println("集合 collection2 是否为空:"+collection2.isEmpty());
24     Object s[] = collection1.toArray();
25     for(int i=0;i<s.length;i++){
26       System.out.println(s[i]);
27     }
28   }
29 }
```

运行结果如下:

集合 collection1 的大小:3
集合 collection1 的内容:[000, 111, 222]
集合 collection1 移除 000 后的内容:[111, 222]
集合 collection1 中是否包含 000:false
集合 collection1 中是否包含 111:true
集合 collection2 的内容[111, 222]
集合 collection2 是否为空:true
111
222

9.2　Set 接口及各个实现类

Set 接口继承 Collection 接口,而且它不允许集合中存在重复项,也不会按照添加的顺序进行排序。Set 接口没有引入新方法,是最简单的一种集合,集合中的对象不按特定方式排序,且没有重复对象。Set 接口主要有两个实现类:一个是 HashSet 类;一个是子类 LinkedHashSet 类,它不仅实现了哈希算法,而且实现了链表数据结构,链表数据结构能提高插入和输出元素的性能。TreeSet 类实现了 SortedSet 接口,具有排序功能。

HashSet 基于散列表的集,加入散列表的元素要实现 hashCode( )方法以判断是否为同一个对象,无顺序,无重复。

那么,当一个新的对象加入到 Set 集合中时,Set 的 add( )方法是如何判断这个对象是否已经存在于集合中的呢?

LinkedHashSet 在 HashSet 中加入了链表数据结构,有顺序。TreeSet 需要实现 Comparable 接口,并实现其 compareTo( )方法,可以排序。下面举例说明。

【例 9.2】　在 HashSet 中添加信息。

```
1    package com. java. chapter09;
2    import java. util. HashSet;
3    //lambda 表达式遍历集合
4    public class Example02 {
5      public static void main( String[ ] args) {
6        //创建一个集合
7        var books = new HashSet<>( );
8        books. add("小明是三好学生");
9        books. add("小明是学生会主席");
10       books. add("小明是班长");
11       //调用 forEach( )方法来遍历集合
12       books. forEach( obj→ System. out. println("迭代集合
13       元素:"+obj) );
14     }
15   }
```

运行结果如图 9.2 所示。

```
"E:\Program Files\Java\jdk-17.0.4\bin\java.exe" "-javaagent:E:\Program Files\JetBrains\IntelliJ IDEA 2021.3.2
c集合的元素个数为:2
c集合是否包含"小明"字符串true
c集合的元素:[小明, 6, 小明是三好学生]
c集合是否包含books集合false
c集合的元素[小明, 6]
c集合里的元素[]
books集合的元素[]

Process finished with exit code 0
```

图 9.2　运行结果

9.3　List 接口及各个实现类

9.3.1　List 接口的特点

List(列表)接口集合中的对象按照检索位置排序,可以有重复对象,允许按照对象在集合中的索引位置检索对象。List 与数组有些相似。

List 的主要特征是元素以先行方式存储,集合中允许存放重复对象。

(1)List 接口主要的实现类如下。

① ArrayList。代表长度可变的数组。允许对元素进行快速的随机访问,但是向 ArrayList 中插入和删除元素的速度较慢。

② LinkedList。在实现中采用链表数据结构。对顺序访问进行了优化,向 List 中插入和删除元素的速度较快,随机访问速度则相对较慢。随机访问是指检索位于特定索引位置元素。

(2)关于索引方面的操作如下。

① void add(int index, Object element)。在指定位置 index 上添加元素 element。

② boolean addAll(int index, Collection c)。将集合 c 的所有元素添加到指定位置 index。

③ Object get(int index)。返回 List 中指定位置的元素。

④ int indexOf(Object o)。返回第一个出现元素 o 的位置,否则返回-1。

⑤ int lastIndexOf(Object o)。返回最后一个出现元素 o 的位置,否则返回-1。

⑥ Object remove(int index)。删除指定位置上的元素。

⑦ Object set(int index, Object element)。用元素 element 取代位置 index 上的元素,并且返回旧的元素。

(3)List 接口不仅以位置序列迭代遍历整个列表,还能处理集合的子集。

① ListIterator listIterator()。返回一个列表迭代器,用来访问列表中的元素。

② ListIterator listIterator(int index)。返回一个列表迭代器,用来从指定位置 index 开始访问列表中的元素。

③ List subList(int fromIndex, int toIndex)。返回从指定位置 fromIndex(包含)到 toIndex(不包含)范围中各个元素的列表视图,对子列表的更改(如 add()、remove() 和 set() 调用)对底层 List 也有影响。

9.3.2　ListIterator 接口

ListIterator 接口继承 Iterator 接口以支持添加或更改底层集合中的元素,还支持双向访问。ListIterator 没有当前位置,光标位于调用 previous 与 next 方法返回的值之间。

一个长度为 n 的列表有 $n+1$ 个有效索引值。下面介绍 ListIterator 接口中的各个方法的定义和功能。

(1) void add(Object o)。将对象 o 添加到当前位置的前面。

(2) void set(Object o)。用对象 o 替代 next 或 previous 方法访问的上一个元素。如果上次调用后列表结构被修改了,则将抛出 IllegalStateException 异常。

(3) boolean hasPrevious()。判断向后迭代时是否有元素可访问。

(4) Object previous()。返回上一个对象。

（5）int nextIndex( )。返回下次调用 next 方法时将返回的元素的索引。

（6）int previousIndex( )。返回下次调用 previous 方法时将返回的元素的索引。

正常情况下,不用 ListIterator 改变某次遍历集合元素的方向——向前或向后。虽然在技术上可以实现,但 previous( ) 后立刻调用 next( ),返回的是同一个元素。把调用 next( ) 和 previous( )的顺序颠倒一下,结果相同。

其中,add( )操作在添加一个元素会导致新元素立刻被添加到隐式光标的前面。因此,添加元素后调用 previous( )会返回新元素,而调用 next( )则不起作用,返回添加操作之前的下一个元素。

9.3.3 LinkedList 类和 ArrayList 类

在 Java 的集合框架中有两种常规的 List 实现:ArrayList 和 LinkedList。使用两种 List 实现的哪一种取决于应用的特定需要。如果要支持随机访问,而不必在除尾部的任何位置插入或除去元素,那么 ArrayList 提供了可选的集合。但如果需要频繁地从列表的中间位置添加和除去元素,而只要顺序地访问列表元素,那么 LinkedList 实现更好。

ArrayList 对象是长度可变的对象引用数组,可以将其看作能够自动增长容量的数组。

1. ArrayList 的使用——添加、更新、删除元素的应用示例

```
1   ArrayList al = new ArrayList( );
2   String letter[ ] = {"a","b","c","a"};          //arrayList. addAll( Arrays. asList( letter));
3   for( int i = 0; i < letter. length; i++){
4           al. add( letter[ i ] );
5       }
6   al. set(3,"e");
7   al. remove(3);
```

2. ArrayList 的使用——获取元素的应用示例

```
1   for( int i = 0;i< al. size( );i++) {
2       System. out. println( col. get( i) );
3   }
```

如果利用 Iterator 接口实现上面的例题中的迭代功能,则应该为下面的代码:

```
1   Iterator list = al. iterator( );
2   while( list. hasNext( ) ) {
3           System. out. println( list. next( ) );
4   }
```

3. ArrayList 的使用——转换成数组的应用示例

```
1   Object[ ] objs = al. toArray( );
2       for( int i = 0;i<objs. length;i++) {
3           System. out. println( objs[ i ] );
4   }
```

4. ArrayList 的使用——查找元素的应用示例

```
1   if ( al. contains("ewing") {
2       System. out. println("ewing is contained in list") ;
3   }
```

```
4    int index = al. indexOf("ewing");
5    if( index < 0) {
6        System. out. println("ewing is not contained in list");
7    }
8    else {
9        System. out. println("ewing is contained in list and index is "+index);
10   }
```

9.3.4 LinkedList 类

LinkedList 类添加了一些处理列表两端元素的方法,下面为其类中的部分方法的定义及功能说明。

① void addFirst(Object o)。将对象 o 添加到列表的开头。

② void addLast(Object o)。将对象 o 添加到列表的结尾。

③ Object getFirst()。返回列表开头的元素。

④ Object getLast()。返回列表结尾的元素。

⑤ Object removeFirst()。删除并且返回列表开头的元素。

⑥ Object removeLast()。删除并且返回列表结尾的元素。

1. LinkedList( )构造方法

(1) LinkedList()构造方法。构建一个空的链接列表。

(2) LinkedList(Collection c)。构建一个链接列表,并且添加集合 c 的所有元素。

使用这些构造方法,可以轻松地把 LinkedList 当作一个堆栈、队列或其他面向端点的数据结构。

2. LinkedList 类的使用示例

```
1    LinkedList link = new LinkedList();
2    link. add("a");
3    link. add("b");
4    link. addFirst("c");
5    link. addLast("e");
6    System. out. println("首尾元素值是"+ link. getFirst() + ":" + link. getLast());
7    System. out. print("整个列表中的元素是:");
8    for( int i=0; i < link. size(); i++) {
9        System. out. print(link. get(i) + ",");
10   }
```

【例9.3】 Araylist 使用举例。

```
1    package com. java. chapter09;
2    import java. util. ArrayList;
3    import java. util. HashSet;
4        //Collection
5    public class Example01 {
6        public static void main(String[] args) {
7            //ArrayList 集合
```

```
8          Collection c = new ArrayList<>();
9          //添加元素
10         c.add("小明");
11         //虽然集合里不能放基本类型的值 但 java 支持自动装箱
12         c.add(6);
13         System.out.println("c 集合的元素个数为:"+c.size());//输出 2
14         //删除指定元素
15         //c.remove(6);
16         //System.out.println("c 集合的元素个数为:"+c.size());//输出 1
17         //判断是否包含指定字符串
18         System.out.println("c 集合是否包含\"小明\"字符串"+c.contains("小明"));//输出 true
19         c.add("小明是三好学生");
20         System.out.println("c 集合的元素:"+c);
21
22         //HashSet 集合
23         set books = new HashSet<>();
24         books.add("小明是三好学生");
25         books.add("小明是班长");
26         System.out.println("c 集合是否包含 books 集合"+c.containsAll(books));//输出 false
27         c.removeAll(books);//用 c 集合减去 books 集合里的元素
28         System.out.println("c 集合的元素"+c);
29         c.clear();//清除 c 集合里的所有元素
30         System.out.println("c 集合里的元素"+c);
31         //控制 books 集合里值剩下 c 集合里也包含的元素
32         books.retainAll(c);
33         System.out.println("books 集合的元素"+books);
34     }
35 }
```

运行结果如图 9.3 所示。

```
D:\软件\jdk\jdk-16.0.2\bin\java.exe "-javaagent:D:\软件\idea\IntelliJ IDEA E
c集合的元素个数为:2
c集合是否包含"小明"字符串true
c集合的元素:[小明, 6, 小明是三好学生]
c集合是否包含books集合false
c集合的元素[小明, 6]
c集合里的元素[]
books集合的元素[]


进程已结束,退出代码0
```

图 9.3　运行结果

9.4 Iterator 接口及应用

1. Iterator 接口

任何容器类都必须用某种方式将东西放进去,然后用某种方式将东西取出来,毕竟存放事物是容器最基本的工作。对于 ArrayList,add( )是插入对象的方法,而 get( )是取出元素的方式之一。ArrayList 很灵活,可以随时选取任意元素,或使用不同的下标一次选取多个元素。

如果从更高层的角度思考,会发现这里有一个缺点:要使用容器,必须知道其中元素的确切类型。初看起来这没有什么不好,但是考虑如下情况:如果原本是 ArrayList ,但是后来考虑到容器的特点,想要换用 Set,应该怎么做? 或者打算写通用的代码,它们只是使用容器,不知道或不关心容器的类型,那么如何才能不重写代码就可以应用于不同类型的容器?

迭代器(Iterator)是出于一种设计模式而形成的,在 Collection 中不提供 get( )方法。如果要遍历 Collection 中的元素,就必须用 Iterator。

迭代器本身就是一个对象,它的工作就是遍历并选择集合序列中的对象,而客户端的程序员不必知道或关心该序列底层的结构。此外,迭代器通常称为"轻量级"对象,创建它的代价小。但是,它也有一些限制,如某些迭代器只能单向移动。

Collection 接口的 iterator( )方法返回一个 Iterator 对象。Iterator 接口方法能以迭代方式逐个访问集合中各个元素,并安全地从 Collection 中除去适当的元素。方法如下。

(1) boolean hasNext( )。判断是否存在另一个可访问的元素。

(2) Object next( )。返回要访问的下一个元素。如果到达集合结尾,则抛出 NoSuch ElementException 异常。

(3) void remove( )。删除上次访问返回的对象。本方法必须紧跟在一个元素的访问后执行。如果上次访问后集合已被修改,方法将抛出 IllegalStateException。Iterator 中删除操作对底层 Collection 也有影响。

迭代器是故障快速修复的。这意味着,当另一个线程修改底层集合时,如果正在用 Iterator 遍 历 集 合 , 那 么 Iterator 就 会 抛 出 ConcurrentModificationException (另 一 种 RuntimeException)异常并立刻失败。

2. Iterator 接口的应用示例

【例 9.4】 Iterator 接口使用举例。

```
1   package com. java. chapter09;
2
3   import java. util. ArrayList;
4   import java. util. Iterator;
5
6   //iterator 接口
7   public class Example03 {
8     public static void main(String[] args) {
9       ArrayList list = new ArrayList();//创建 ArrayList 集合
10        list. add("add_1");
11        list. add("add_2");
12        list. add("add_3");
```

```
13       list. add("add_4");
14       Iterator it = list. iterator( );//获取 Iterator 对象
15       while(it. hasNext( )){//判断 ArrayList 中是否存在下一个元素
16           Object obj = it. next( );//取出 ArrayList 集合中的元素
17           System. out. println(obj);
18       }
19
20    }
21  }
```

运行结果如图 9.4 所示。

```
"E:\Program Files\Java\jdk-17.0.4\bin\java.exe" "-javaagent:E:\Program Files\JetBrains\IntelliJ IDEA 2021.3.2
add_1
add_2
add_3
add_4

Process finished with exit code 0
```

图 9.4　运行结果

9.5　Map 接口

Map 接口不是 Collection 接口的继承。Map 接口映射唯一关键字(key)到值,关键字是以后用于检索值的对象。给定一个关键字和一个值,可以存储这一对映射到一个 Map 对象中,然后就可以根据这个映射中的关键字来检索对应的值。

9.5.1　Map 的基本特性

Map 的关键字不能重复,但值可以重复。基本方法如下。

1. 添加、删除操作

(1) Object put(Object key, Object value)。将互相关联的一个关键字与一个值放入该映像。如果该关键字已经存在,那么与此关键字相关的新值将取代旧值,方法返回关键字的旧值;如果关键字原先并不存在,则返回 null。

(2) Object remove(Object key)。从映像中删除与 key 相关的映射。

(3) void putAll(Map t)。将来自特定映像的所有元素添加给该映像。

(4) void clear( )。从映像中删除所有映射。

其中,键和值都可以为 null,但是不能把 Map 作为一个键或值添加给自身。

2. 查询操作

Object get(Object key)。获得与关键字 key 相关的值,并且返回与关键字 key 相关的对象,如果没有在该映像中找到该关键字,则返回 null。

(1) boolean containsKey(Object key)。判断映像中是否存在关键字 key。

(2) boolean containsValue(Object value)。判断映像中是否存在值 value。

(3) int size( )。返回当前映像中映射的数量。

(4) boolean isEmpty( )。判断映像中是否有任何映射。

3. 视图操作:处理映像中键/值对组

(1) Set keySet()。返回映像中所有关键字的视图集。

映射中键的集合必须是唯一的,用 Set 支持。还可以从视图中删除元素。同时,关键字和它相关的值将从源映像中被删除,但是不能添加任何元素。

(2) Collection values()。返回映像中所有值的视图集。

可以从视图中删除元素。同时,值和它的关键字将从源映像中被删除,但是不能添加任何元素。

(3) Set entrySet()。返回 Map. Entry 对象的视图集,即映像中的关键字/值对。映射是唯一的,用 Set 支持。还可以从视图中删除元素。同时,这些元素将从源映像中被删除,但是不能添加任何元素。

9.5.2 Map. Entry 接口

Map 的 entrySet()方法返回一个实现 Map. Entry 接口的对象集合。集合中每个对象都是底层 Map 中一个特定的键/值对。通过这个集合的迭代器,可以获得每一个条目(唯一获取方式)的键或值并对值进行更改。当条目通过迭代器返回后,除非是迭代器自身的 remove()方法或迭代器返回的条目的 setValue()方法,其余对源 Map 外部的修改都会导致此条目集变得无效,同时产生条目行为未定义。

(1) Object getKey()。返回条目的关键字。

(2) Object getValue()。返回条目的值。

(3) Object setValue(Object value)。将相关映像中的值改为 value,并且返回旧值。

【例9.5】 Map 使用举例。

```
1   package com. java. chapter09;
2   import java. util. *;
3   //HashMap 集合
4   public class Example05 {
5     public static void main(String[] args) {
6       Map map = new HashMap<>();//创建 Map 对象
7       map. put("1","Tom");//存储键和值
8       map. put("2","Jerry");
9       map. put("3","Jack");
10      System. out. println("1:"+map. get("1"));//根据键获取值
11      System. out. println("2:"+map. get("2"));
12      System. out. println("3:"+map. get("3"));
13    }
14  }
```

运行结果如图9.5 所示。

```
"E:\Program Files\Java\jdk-17.0.4\bin\java.exe" "-javaagent:E:\Program Files\JetBrains\IntelliJ IDEA 2021.3.
1:Tom
2:Jerry
3:Jack

Process finished with exit code 0
```

图9.5　运行结果

9.6　Collections 类

1. Collections 类的主要功能

Collections 类完全由在 collection 上进行操作或返回 collection 的静态方法组成,它包含在 Collection 上操作的多态算法,即"包装器",能够实现对各种集合的搜索、排序、线程安全化等操作。

2. 利用 Collections 类中的有关的方法实现对 ArrayList 的操作的示例

```
1   ArrayList <String> list = new ArrayList<String>( );
2   list. add("b");
3   list. add("f");
4   list. add("c");
5   list. add("g");
6   list. add("a");
7   Collections. sort(list);
8   Collections. swap(list, 1,2);
9   Collections. reverse(list);
10   System. out. println(Collections. max(list));
11   for(String i:list){
12       System. out. print(i);
13   }
```

【例9.6】　Collections 类的应用示例。

```
1   package com. px1987. collection;
2   import java. util. *;
3   public class CollectionsTest {
4       public static void main(String[ ] argc) {
5       List aList = new ArrayList( );
6       for (int i=0; i < 5; i++){
7         aList. add("a" + i);
8       }
9       System. out. println(aList);
10      Collections. shuffle(aList);// 随机排列
11      System. out. println(aList);
12      Collections. reverse(aList);// 逆续
13      System. out. println(aList);
14      Collections. sort(aList);// 排序
15      System. out. println(aList);
16      System. out. println(Collections. binarySearch(aList, "a2"));
17      Collections. fill(aList, "hello");
18      System. out. println(aList);
19   }
20   }
```

本 章 小 结

本章介绍了集中常用 Java 集合类的特点和使用方法,为保证集合正常工作,有些集合类对存放的对象有特殊要求。HashSet 和 HashMap 具有好的性能,是 Set 和 Map 首选的实现类,只有在需要排序的场合,才考虑用 TreeSet 和 TreeMap。LinkedList 和 ArrayList 各有优缺点:如果经常对元素之间插入和删除操作,那么可用 LinkedList;如果经常随机访问元素,那么可用 ArrayList。

习 题

一、选择题

1. 可实现有序对象的操作有(　　)。

A. HashMap　　　　B. HashSet　　　　C. TreeMap　　　　D. LinkedList

2. 迭代器接口所定义的方法是(　　)。

A. hasNext( )　　　　　　　　　B. next( )

C. remove( )　　　　　　　　　D. nextElement( )

3. 欲构造 ArrayList 类的一个实例,此类继承了 List 接口,下列方法正确的是(　　)。

A. ArrayList myList＝new Object( );　　B. ArrayList myList＝new List( );

C. List myList＝new ArrayList( );　　D. List myList＝new List( );

二、判断题

1. Map 接口是自 Collection 接口继承而来。(　　)

2. 集合 Set 是通过键/值对的方式来存储对象的。(　　)

3. Arrays 类主要对数组进行操作。(　　)

4. 在集合中元素类型必须是相同的。(　　)

5. 集合中可以包含相同的对象。(　　)

6. 枚举接口定义了具有删除功能的方法。(　　)

三、简答题

1. Vector 与 ArrayList 的区别是什么?

2. HashMap 与 TreeMap 的区别是什么?

3. Set 里的元素是不能重复的,那么用什么方法来区分重复与否呢? 是用 ＝＝ 还是 equals( )?它们有何区别?

四、程序设计

某中学有若干学生(学生对象放在一个 List 中),每个学生有一个姓名属性(String)、班级名称属性(String)和考试成绩属性(int),某次考试结束后,每个学生都获得了一个考试成绩。请打印出每个班级的总分和平均分。

第*10*章

多　线　程

迄今为止,开发的 Java 程序大多是单线程的,即一个程序只有一条从头至尾的执行线索,当程序执行过程中因为等待某个 I/O 操作而受阻时,其他部分的程序同样无法执行。然而,现实世界中很多过程都具有多条线索同时工作。例如,生物的进化就是多方面多种因素共同作用的结果。又如,服务器可能需要同时处理多个客户机的请求等,这就需要编写的程序也要支持多线程的工作。

多线程是指同时存在几个执行体,按几条不同的执行线索共同工作的情况。Java 语言的一个重要功能特点就是内置对多线程的支持,它使得编程人员可以很方便地开发出具有多线程功能,能同时处理多个任务的功能强大的应用程序。在 Java 语言中,不仅语言本身有多线程的支持,可以方便地生成多线程的程序,而且运行环境也利用多线程的应用程序并提供多种服务。

10.1　Java 中的线程

10.1.1　线程的基本概念

程序是一段静态的代码,它是应用软件执行的蓝本。进程是程序的一次动态执行过程,它对应了从代码加载、执行到执行完毕的一个完整过程,这个过程也是进程从产生、发展到消亡的过程。作为执行蓝本的同一段程序可以被多次加载到系统的不同内存区域分别执行,形成不同的进程。

线程是比进程更小的执行单位。一个进程在其执行过程中可以产生多个线程,形成多条执行线索。每条线索即每个线程也有它自身的产生、存在和消亡的过程,是一个动态的概念。每个进程都有一段专用的内存区域,并以 PCB 作为它存在的标志,与此不同的是,线程间可以共享相同的内存单元(包括代码与数据),并利用这些共享单元来实现数据交换、实时通信和必要的同步操作。

多线程的程序能更好地表述和解决现实世界的具体问题,是计算机应用开发和程序设计的一个必然发展趋势。

Java 提供的多线程功能使得在一个程序里可同时执行多个小任务,CPU 在线程间的切换非常迅速,使人们感觉到所有线程好像是同时进行的一样。多线程带来的更大的好处是实现了更好的交互性能和实时控制性能。当然,实时控制性能还取决于操作系统本身。

10.1.2　Java 的 Thread 类和 Runnable 接口

Java 中编程实现多线程应用有两种途径：一种是创建用户自己的线程子类；另一种是在用户自己的类中实现 Runnable 接口。

1. Thread 类

Thread 类是一个具体的类，该类封装了线程的属性和行为。

（1）构造函数。

Thread 类的构造函数有多个，比较常用的有以下几个。

public Thread( );

这个方法创建了一个默认的线程类的对象。

public Thread(Runnable target);

这个方法在上一个构造函数的基础上，利用一个实现了 Runnable 接口参数对象 Target 中所定义的 run( )方法，以便初始化或覆盖新创建的线程对象的 run( )方法。

public Thread(String name);

这个方法在第一个构造函数创建一个线程的基础上，利用一个 String 类的对象 name 为所创建的线程对象指定了一个字符串名称供以后使用。

public Thread(ThreadGroup group, Runnable target);

这个方法在第二个构造函数创建一个初始化了 run( )方法的线程基础上，利用给出的 ThreadGroup 类的对象为所创建的线程指定了所属的线程组。

public Thread(ThreadGroup group, String name);

这个方法在第三个构造函数创建了一个指定了一个字符串名称的线程对象的基础上，利用给出的 ThreadGroup 类的对象为所创建的线程指定了所属的线程组。

public Thread(ThreadGroup group, Runnable target, String name);

这个方法综合了上面提到的几种情况，创建了一个属于 group 的线程组，用 target 对象中的 run( )方法初始化了本线程中的 run( )方法，同时还为线程指定了一个字符串名。

利用构造函数创建新线程对象之后，这个对象中的有关数据即被初始化，从而进入线程生命周期的第一个阶段——新建阶段。

（2）线程优先级。

Thread 类有以下三个有关线程优先级的静态常量：

public static final int MAX _ PRIORITY

public static final int NORM _ PRIORITY

public static final int MIN _ PRIORITY

其中，MAX _ PRIORITY 代表最高优先级，通常是 10；NORM _ PRIORITY 代表普通优先级，通常是 5；MIN _ PRIORITY 代表最低优先级，通常是 1。

对应一个新建线程，系统会根据以下原则为其定义优先级。

①新建线程将继承创建它的父线程的优先级。父线程是指执行创建新线程对象语句的线程，它可能是程序的主线程，也可能是某一个用户自定义的线程。

②一般情况下，主线程具有普通优先级。

另外，用户可以通过调用 Thread 类的方法 setPriority( )来修改系统自动设定的线程优先级，使之符合程序的特定需要：

public final void setPriority(int newPriority)

（3）其他主要方法。

①启动线程的 start( )方法。

public void start( )

start( )方法将启动线程对象,使之从新建状态转入到就绪状态并进入就绪队列排队。

②定义线程操作的 run( )方法。

public void run( )

Thread 类的 run( )方法是用来定义线程对象被调用之后所执行的操作,都是系统自动调用而用户程序不得引用的方法。系统的 Thread 类中,run( )方法没有具体内容,所以用户程序需要创建自己的 Thread 类的子类,并定义新的 run( )方法来覆盖原来的 run( )方法。

run( )方法将运行线程,使之从就绪队列状态转入运行状态。

③使线程暂时休眠的 sleep( )方法。

public static void sleep(long millis) throws InterruptedException

//millis 是以毫秒为单位的休眠时间

线程的调度执行是按照其优先级的高低顺序进行的,当高级线程未完成,即未死亡时,低级线程没有机会获得处理器。有时,优先级高的线程需要优先级低的线程做一些工作来配合它,或优先级高的线程需要完成一些费时的操作,此时优先级高的线程应该让出处理器,使优先级低的线程有机会执行。为达到这个目的,优先级高的线程可以在它的 run( )方法中调用 sleep( )方法来使自己放弃处理器资源,休眠一段时间。休眠时间的长短由 sleep( )方法的参数决定。进入休眠的线程仍处于活动状态,但不被调度运行,直到休眠期满。它可以被另一个线程用中断唤醒,如果被另一个线程唤醒,则会抛出 InterruptedException 异常。

④中止线程的 stop( )方法。

public final void stop( )

public final void stop(Throwable obj)

程序中需要强制终止某线程的生命周期时可以使用 stop( )方法。stop( )方法可以由线程在自己的 run( )方法中调用,也可以由其他线程在其执行过程中调用。

stop( )方法将会使线程由其他状态进入死亡状态。

⑤向其他线程退让运行权的 yield( )方法。

public static native void yield( )

此方法使当前运行线程将运行权让给其他可运行的线程,这将导致一个可运行线程开始运行。如果未找到其他可以运行的线程,当前线程将继续运行。

在有些平台上,进入持续循环的线程会占据处理器,使其他线程长期等待。为避免这种情况,这样的线程应调用 yield( )方法把处理器交给其他线程。

⑥判断线程是否未消亡的 isAlive( )方法。

public final native Boolean isAlive( )

在调用 stop( )方法终止一个线程之前,最好先用 isAlive( )方法检查一下该线程是否仍然存活,杀死不存在的线程可能会造成系统错误。

2. Runnable 接口

Runnable 接口只有一个方法 run( ),所有实现 Runnable 接口的用户类都必须具体实现这个 run( )方法,为它书写方法体并定义具体操作。Runnable 接口中的这个 run( )方法是一个较特殊的方法,它可以被运行系统自动识别和执行。具体地说,当线程被调度并转入运行状态时,它所执行的就是 run()方法中规定的操作。因此,一个实现 Runnable 接口的类实际上定义了一个主线程之外新线程的操作,而定义新线程的操作和执行流程是实现多线程应用的最主要和最基本的工作之一。

10.2 Java 多线程并发程序

如前所述,在程序中实现多线程并发程序有两个途径:一个是创建 Thread 类的子类;另一个是实现 Runnable 接口。无论采用哪种方式,程序员可以控制的关键性操作都有以下两个。

(1)定义用户线程的操作,即定义用户线程中的 run()方法。

(2)在适当时建立用户线程并用 start()方法启动线程,如果需要,还要在适当时休眠或挂起线程。

下面通过具体的例子来解释如何设计 Java 多线程程序。

10.2.1 使用 Thread 类的子类

在这种方式中,创建一个线程,程序员必须创建一个从 Thread 类导出的新类。程序员必须覆盖 Thread 的 run() 函数来完成所需要的工作。用户并不直接调用此函数,而是必须调用 Thread 的 start() 函数,该函数再调用 run()。

【例 10.1】 创建两个线程用于显示当前系统时间,线程 1 输出当前系统时间后睡眠 1 s,线程 2 输出当前系统时间后睡眠 3 s。

```
1    package com. java. thread;
2    import java. util. Date;
3    public class Example01 {
4       public static void main(String[] args) {
5          Thread t1 = new MyThread("thread1",1000L);
6          Thread t2 = new MyThread("thread2",3000L);
7          t1. start();
8          t2. start();
9       }
10   }
11   class MyThread extends Thread{
12      private Long pauseTime;
13      private String name;
14      public MyThread(String name, Long pauseTime) {
15         this. name = name;
16         this. pauseTime = pauseTime;
17      }
18      public void run() {
19         while(true){
20            System. out. println(name+":"+new
21               Date(System. currentTimeMillis()));
22            try {
23               Thread. sleep(pauseTime);
```

```
24              } catch (InterruptedException e) {
25                  e. printStackTrace( );
26              }
27          }
28      }
29  }
```

运行结果如图 10.1 所示。

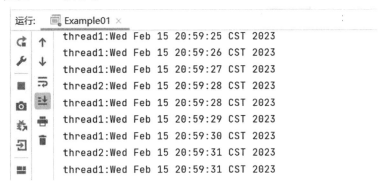

图 10.1　运行结果

10.2.2　实现 Runnable 接口

在这种方式中,可以通过实现 Runnable 接口的方法来定义用户线程的操作。Runnable 接口只有一个方法 run( ),实现这个接口,就必须要定义 run( )方法的具体内容,用户新建线程的操作也由这个方法来决定。定义了 run( )方法后,这个类就可以视为多个线程来工作。

【例 10.2】　创建两个线程用于显示当前系统时间,线程 1 输出当前系统时间后睡眠 1 s,线程 2 输出当前系统时间后睡眠 3 s(使用实现 Runnable 完成)。

```
1   package com. java. thread;
2   import java. util. Date;
3   public class Example02 {
4       public static void main(String[ ] args) {
5           Runnable r1 = new MyThread("thread1",1000L);
6           Thread t1 = new Thread(r1);
7           Runnable r2 = new MyThread("thread2",3000L);
8           Thread t2 = new Thread(r2);
9           t1. start( );
10          t2. start( );
11      }
12  }
13
14  class MyThread extends Thread{
15      private Long pauseTime;
16      private String name;
17      public MyThread(String name,Long pauseTime) {
18          this. name = name;
```

```
19        this. pauseTime  =  pauseTime ;
20      }
21     public void run( ) {
22       while( true ) {
23         System. out. println ( name+":"+new
24         Date( System. currentTimeMillis( ) ) ) ;
25         try {
26           Thread. sleep( pauseTime ) ;
27         } catch ( InterruptedException e ) {
28           e. printStackTrace( ) ;
29         }
30       }
31     }
32   }
```

运行结果如图 10.2 所示。

图 10.2   运行结果

10.3   线程的状态与调度

10.3.1   线程的生命周期

线程从创建、运行到结束总是处于新建状态、就绪状态、运行状态、阻塞状态和死亡状态之一。线程的五种状态如图 10.3 所示。

图 10.3   线程的五种状态

下面以前面的 Java 小程序为例说明线程的状态。

1. 新建状态（new thread）

当 Applet 启动时，用 Applet 的 start（）方法时，小应用程序就创建一个 Thread 对象 clockThread：

```
1      public void start( ) {
2        if( clockThread = = null) {
3              clockThread = new Thread( cp, "Clock") ;
4              clockThread. start( ) ;
5          }
6      }
```

当该语句执行后，clockThread 就处于新建状态。处于该状态的线程仅仅是空的线程对象，并没有为其分配系统资源。当线程处于该状态时，仅能启动线程，调用任何其他方法是无意义的，且会引发 IllegalThreadStateException 异常（实际上，当调用线程的状态所不允许的任何方法时，运行时系统都会引发 IllegalThreadStateException 异常）。

注意：cp 作为线程构造方法的第一个参数，该参数必须是实现了 Runnable 接口的对象并提供线程运行的 run（）方法，第二个参数是线程名。

2. 就绪状态（runnable）

一个新创建的线程并不自动开始运行，要执行线程，必须调用线程的 start（）方法。线程对象调用 start（）方法即启动了线程，如"clockThread. start（）；"语句就是启动 clockThread 线程。start（）方法创建线程运行的系统资源，并调度线程运行 run（）方法。当 start（）方法返回后，线程就处于就绪状态。

处于就绪状态的线程并不一定立即运行 run（）方法，线程还必须与其他线程竞争 CPU 时间，只有获得 CPU 时间才可以运行线程。由于在单 CPU 的计算机系统中不可能同时运行多个线程，一个时刻仅有一个线程处于运行状态，因此此时可能有多个线程处于就绪状态。多个处于就绪状态的线程是由 Java 运行时系统的线程调度程序（thread scheduler）来调度的。

3. 运行状态（running）

当线程获得 CPU 时间后，它才进入运行状态，真正开始执行 run（）方法。这里，run（）方法中是一个循环，循环条件是 true。

```
1    public void run( ) {
2       while ( true) {
3            repaint( ) ;
4            try {
5                Thread. sleep( 1000) ;
6            } catch ( InterruptedException e) { } }
7      }
```

4. 阻塞状态（blocked）

线程运行过程中，可能出于各种原因而进入阻塞状态。阻塞状态是指正在运行的线程没有运行结束，暂时让出 CPU，这时其他处于就绪状态的线程就可以获得 CPU 时间，进入运行状态。有关阻塞状态将在后面详细讨论。

5. 死亡状态（dead）

线程正常结束，即 run（）方法返回，线程运行就结束了，此时线程就处于死亡状态。本例中，线程运行结束的条件是 clockThread 为 null，而在小应用程序的 stop（）方法中，将

clockThread 赋值为 null，即当用户离开含有该小应用程序的页面时，浏览器调用 stop( )方法，将 clockThread 赋值为 null，这样在 run( )的 while 循环时条件就为 false，线程运行就结束了。如果再重新访问该页面，小应用程序的 start( )方法又会重新被调用，重新创建并启动一个新的线程。

```
1    public void stop( ) {
2        clockThread = null;
3    }
```

程序不能像终止小应用程序那样通过调用一个方法来结束线程(小应用程序通过调用 stop( )方法结束小应用程序的运行)。线程必须通过 run( )方法的自然结束而结束。通常在 run( )方法中是一个循环，要么是循环结束，要么是循环的条件不满足，这两种情况都可以使线程正常结束，进入死亡状态。

例如，下面一段代码是一个循环：

```
1    public void run( ) {
2        int i = 0;
3        while(i<100) {
4            i++;
5            System.out.println("i =" + i );
6        }
7    }
```

当该段代码循环结束后，线程就自然结束了。注意，一个处于死亡状态的线程不能再调用该线程的任何方法。

10.3.2 线程的优先级和调度

Java 的每个线程都有一个优先级，当有多个线程处于就绪状态时，线程调度程序根据线程的优先级调度线程运行。

可以用下面方法设置和返回线程的优先级。

① public final void setPriority(int newPriority)。设置线程的优先级。

② public final int getPriority( )。返回线程的优先级。

newPriority 为线程的优先级，其取值为 1~10 的整数，也可以使用 Thread 类定义的常量来设置线程的优先级，这些常量分别为 Thread.MIN_PRIORITY、Thread.NORM_PRIORITY 和 Thread.MAX_PRIORITY，它们分别对应于线程优先级的 1、5 和 10，数值越大，优先级越高。当创建 Java 线程时，如果没有指定它的优先级，则它从创建该线程那里继承优先级。

一般来说，只有在当前线程停止或出于某种原因而被阻塞，较低优先级的线程才有机会运行。

前面说过多个线程可并发运行，然而实际上并不总是这样。由于很多计算机都是单 CPU 的，因此一个时刻只能有一个线程运行，多个线程的并发运行只是幻觉。在单 CPU 机器上多个线程的执行是按照某种顺序执行的，称为线程的调度(scheduling)。

大多数计算机仅有一个 CPU，所以线程必须与其他线程共享 CPU。多个线程在单个 CPU 是按照某种顺序执行的。实际的调度策略随系统的不同而不同，通常线程调度可以采用两种策略调度处于就绪状态的线程。

1. 抢占式调度策略

Java 运行时系统的线程调度算法是抢占式的（preemptive）。Java 运行时,系统支持一种简单的固定优先级的调度算法。如果一个优先级比其他任何处于可运行状态的线程都高的线程进入就绪状态,运行时系统就会选择该线程运行。新的优先级较高的线程抢占（preempt）了其他线程,但是 Java 运行时系统并不抢占同优先级的线程。换句话说,Java 运行时系统不是分时的（time-slice）。然而,基于 Java Thread 类的实现系统可能是支持分时的,因此编写代码时不要依赖分时。当系统中处于就绪状态的线程都具有相同优先级时,线程调度程序采用一种简单的、非抢占式的轮转的调度顺序。

2. 时间片轮转调度策略

有些系统的线程调度采用时间片轮转（round-robin）调度策略,这种调度策略是从所有处于就绪状态的线程中选择优先级最高的线程分配一定的 CPU 时间运行,该时间过后再选择其他线程运行。只有当线程运行结束、放弃（yield）CPU 或出于某种原因而进入阻塞状态时,低优先级的线程才有机会执行。如果有两个优先级相同的线程都在等待 CPU,则调度程序以轮转的方式选择运行的线程。

10.3.3 线程状态的改变

一个线程在其生命周期中可以从一种状态改变到另一种状态,线程状态的改变如图 10.4 所示。

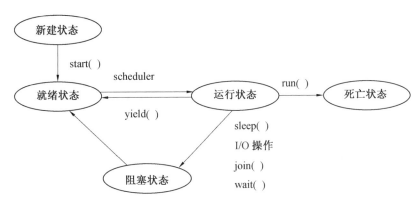

图 10.4 线程状态的改变

1. 控制线程的启动和结束

当一个新建的线程调用它的 start（）方法后即进入就绪状态,处于就绪状态的线程被线程调度程序选中就可以获得 CPU 时间,进入运行状态,该线程就开始运行 run（）方法。

控制线程的结束稍微复杂一点。如果线程的 run（）方法是一个确定次数的循环,则循环结束后,线程运行就结束了,线程对象即进入死亡状态。如果 run（）方法是一个不确定循环,则早期的方法是调用线程对象的 stop（）方法。然而,由于该方法可能导致线程死锁,因此从 JDK 1.1 版开始就不推荐使用该方法结束线程了。一般是通过设置一个标志变量,在程序中改变标志变量的值实现结束线程。

【例 10.3】 结束线程的方法（使用特殊标记结束线程）。

```
1    package com. java. thread;
2    import java. util. Date;
```

```
3    public class Example03 {
4      public static void main(String[] args) {
5        MyThread r1 = new MyThread();
6        Thread t1 = new Thread(r1);
7        t1.setName("thread1");
8        t1.start();
9        for (int i=0;i<100;i++){
10         System.out.print("\\r"+i);
11         try {
12           Thread.sleep(100);
13         } catch (InterruptedException e) {
14           e.printStackTrace();
15         }
16       }
17       r1.stopRun();
18     }
19   }
20
21   class MyThread implements Runnable{
22     private boolean flag = true;
23     @Override
24     public void run() {
25       while(flag) {
26         System.out.print("\r\t"+new Date()+"…");
27         try {
28           Thread.sleep(1000);
29         } catch (Exception e) {
30           e.printStackTrace();
31         }
32       }
33       System.out.println("\n"+Thread.currentThread().getName()+"Stop");
34     }
35     public void stopRun() {
36       flag = false;
37     }
38   }
```

2. 线程阻塞条件

处于运行状态的线程除可以进入死亡状态外,还可能进入就绪状态和阻塞状态。下面分别讨论这两种情况。

(1)运行状态到就绪状态。

处于运行状态的线程如果调用了 yield()方法,将放弃 CPU 时间,使当前正在运行的线程进入就绪状态。这时,有几种可能的情况:如果没有其他的线程处于就绪状态等待运行,该线程会立即继续运行;如果有等待的线程,此时线程回到就绪状态与其他线程竞争 CPU 时间,当有比该线程优先级高的线程时,高优先级的线程进入运行状态,当没有比该线程优先级高的线程,但有同优先级的线程时,则由线程调度程序来决定哪个线程进入运行状态。因此,线程调用 yield( )方法只能将 CPU 时间让给具有同优先级的或高优先级的线程,而不能让给低优先级的线程。

一般来说,在调用线程的 yield( )方法可以使耗时的线程暂停执行一段时间,使其他线程有执行的机会。

(2)运行状态到阻塞状态。

有多种原因可使当前运行的线程进入阻塞状态,进入阻塞状态的线程在相应的事件结束或条件满足时进入就绪状态。使线程进入阻塞状态可能有多种原因。

①线程调用了 sleep( )方法,线程进入睡眠状态,此时该线程停止执行一段时间。当时间到时该线程回到就绪状态,与其他线程竞争 CPU 时间。

Thread 类中定义了一个 interrupt( )方法。一个处于睡眠中的线程若调用了 interrupt( )方法,则该线程立即结束睡眠进入就绪状态。

②如果一个线程的运行需要进行 I/O 操作,如从键盘接收数据,这时程序可能需要等待用户的输入,如果该线程一直占用 CPU,其他线程就得不到运行,这种情况称为 I/O 阻塞。这时,该线程就会离开运行状态而进入阻塞状态。Java 语言的所有 I/O 方法都具有这种行为。

③有时要求当前线程的执行在另一个线程执行结束后再继续执行,这时可以调用 join( )方法实现。join( )方法有以下三种格式。

a. public void join( ) throws InterruptedException。使当前线程暂停执行,等待调用该方法的线程结束后再执行当前线程。

b. public void join(long millis) throws InterruptedException。最多等待几毫秒后,当前线程继续执行。

c. public void join(long millis, int nanos) throws InterruptedException。可以指定多少毫秒、多少纳秒后继续执行当前线程。

上述方法使当前线程暂停执行,进入阻塞状态,当调用线程结束或指定的时间过后,当前线程进入就绪状态,如执行下面的代码:

t. join( );

将使当前线程进入阻塞状态,当线程 t 执行结束后,当前线程才能继续执行。

④线程调用了 wait( )方法,等待某个条件变量,此时该线程进入阻塞状态。直到被通知(调用了 notify( )或 notifyAll( )方法)结束等待后,线程才回到就绪状态。

⑤另外,如果线程不能获得对象锁,则也进入就绪状态。

10.4 线 程 池

在实际的开发中,Java 的应用程序或应用服务器往往都要处理大量短小的任务,构建服务器应用程序的一个简单的模型可以是:每当一个请求到达,就创建一个新线程,然后在新线程中完成请求的任务。实际上,这个方法有很明显的不足。每个请求对应一个线程方法的不足是:为每个请求创建一个新线程的开销很大,为每个请求创建新线程的服务器在创建和销毁线程上花费的时间和消耗的系统资源要比花在处理实际的用户请求的时间和资源更多;除创建和销毁线程的开销外,活动的线程也消耗系统资源,在一个 Java 虚拟机里创建太多的线程可能会导致系统因过度消耗内存而导致运行效率降低。

线程池为线程生命周期开销问题和资源不足问题提供了解决方案。通过对多个任务重用线程,线程创建的开销被分摊到了多个任务上。其好处是,因为在请求到达时线程已经存在,所以无意中也消除了线程创建所带来的延迟。这样,就可以立即为请求服务,使应用程序响应更快。而且,适当地调整线程池中的线程数目,也就是当请求的数目超过某个阈值时,就强制其他任何新到的请求一直等待,直到获得一个线程来处理为止,从而可以防止资源不足。

通过 Java 5 中新引进的 Java. util. concurrent 包中定义的 Executor 接口可以方便地实现线程池。Executor 接口提供了一个类似于线程池的管理工具,只需要向 Executor 中提交实现了 Runnable 接口的对象,剩下的启动线程等工作都会由对应的实现类来完成。在程序中只要创建一个 Executor,然后调用 Executor 的 execute( )方法就可以启动线程,结束线程调用 Executor 的 shutdown( )方法。常用的创建线程池的方法有以下两个。

Exceutors. newSingleThreadExecutor( );

这个方法为 Exceutors 类中的静态方法,创建一个支持单个线程的线程池。

Exceutors. newFixedThreadPool(int size) ;

这个方法为 Exceutors 类中的静态方法,创建一个具有固定线程个数的线程池,其中参数 size 确定线程的个数。

例 10. 4 是一个使用 Executor 接口的子接口 ExecutorSerivice 创建线程池的例子,ExecutorSerivice 接口不仅可以创建线程池,还可以追踪线程池中线程的执行状态,本例中创建了两个线程的线程池,测试程序中共启动了四个线程,当前两个线程运行时,其他线程只能等待,只有线程池中的线程结束运行后,其他的线程才能被线程池启动。

【例 10.4】 创建固定线程数量的线程池。

```
1    package com. java. thread;
2    import java. util. concurrent. ExecutorService;
3    import java. util. concurrent. Executors;
4    public class Example04 {
5      public static void main(String[ ] args) {
6        ExecutorService pool = Executors. newFixedThreadPool(2);
7        Task r1 = new Task("小 A");
8        Task r2 = new Task("小 B");
9        Task r3 = new Task("小 C");
10       Task r4 = new Task("小 D");
11       Task r5 = new Task("小 E");
12       pool. execute(r1);
13       pool. execute(r2);
14       pool. execute(r3);
15       pool. execute(r4);
16       pool. execute(r5);
17       System. out. println("main 方法结束");
18     }
19   }
20   class Task implements Runnable{
21     private String name;
```

```
22      public Task(String name) {
23         this.name = name;
24      }
25      public void run() {
26         for(int i=1;i<6;i++) {
27            System.out.println(name+":"+i);
28            try {
29               Thread.sleep(1000);
30            } catch (InterruptedException e) {
31               e.printStackTrace();
32            }
33         }
34      }
35   }
```

运行结果如图 10.5 所示。

图 10.5 运行结果

10.5 线程的同步

10.5.1 多线程的不同步

在多线程的程序中,当多个线程并发执行时,虽然各个线程中的语句(或指令)的执行顺序是确定的,但线程的相对执行顺序是不确定的。例如,有 A、B 两个线程,A 线程先执行 A1、后执行 A2,B 线程先执行 B1、后执行 B2,当这两个线程并发执行时,可能会出现以下执行顺序之一:

①A1-A2-B1-B2;

②A1-B1-A2-B2;

③A1-B1-B2-A2;

④B1-A1-A2-B2;

⑤B1-A1-B2-A2;

⑥B1-B2-A1-A2。

当多个并发线程需要共享程序的代码区域和数据区域时,由于各线程的执行顺序是不确定的,因此执行的结果就带有不确定性。

【例 10.5】 使用线程同步模拟多用户存/取钱过程。两个线程:线程 1 负责存钱,线程 2 负责取钱。每次存钱后睡眠 1 s,取钱后睡眠 3 s,启动资金为 200 元,每次存取基数为 100 元。

```java
1   public class Bank {
2     /**
3      * 给银行个启动资金
4      */
5      private int sum = 200;
6   /**
7      * 存钱
8      * 如果不加[synchronized--同步函数],则会出现多线程安全问题
9      */
10     public synchronized void add(int n) {
11       //synchronized (obj) {
12       sum = sum + n;
13       try {
14         Thread.sleep(1000);
15       } catch (Exception ignore) {
16       }
17   //当存钱次数变多时,就可以发现存钱的线程确实是 2 个在交替执行存钱这个动作的
18   System.out.println(Thread.currentThread().getName() + "…sum=" + sum);
19       //}
20     }
21     /**
22      * 取钱
23      * 如果不加[synchronized--同步函数],则会出现多线程安全问题
24      */
25   public synchronized void reduce(int n) {
26     if (sum - n >= 0) {
27       sum = sum - n;
28     } else {
29       System.out.println("bank's money is not enough !");
30     }
31       try {
32         Thread.sleep(3000);
33       } catch (Exception ignore) {
34       }
35   //当存钱次数变多时,就可以发现存钱的线程确实是 2 个在交替执行存钱这个动作的
36   System.out.println(Thread.currentThread().getName() + "…sum=" + sum);
37     }
38   }
39   public class Example05 {
```

```
40    public static void main(String[] args) {
41        //一个银行和多个客户
42        Bank bank = new Bank();
43        int time = 10000;
44        //每次存/取的基数
45        int money = 100;
46        //这个客户存钱
47        Customer c1 = new Customer(bank, Customer.TYPE_ADD, time, money);
48        //这个客户取钱
49        Customer c2 = new Customer(bank, Customer.TYPE_REDUCE, time, money);
50        Thread t1 = new Thread(c1);
51        Thread t2 = new Thread(c2);
52        t1.start();
53        t2.start();
54    }
55  }
56  class Customer implements Runnable {
57    /**
58     * 存钱类型
59     */
60    static final String TYPE_ADD = "add";
61    /**
62     * 取钱类型
63     */
64    static final String TYPE_REDUCE = "reduce";
65    /**
66     * 银行
67     */
68    private Bank bank;
69    /**
70     * 对钱的操作类型,存钱或取钱
71     */
72    private String type;
73    /**
74     * 操作的次数,理论上是个正数
75     */
76    private int time;
77    /**
78     * 要存或取多少钱
79     */
80    private int money;
81    public Customer() {
82    }
83  public Customer(Bank bank, String type, int time, int money) {
```

```
84        this. bank = bank;
85        this. type = type;
86        this. time = time;
87        this. money = money;
88      }
89      @ Override
90      public void run( ) {
91        for (int x = 0; x < time; x++) {
92          if (TYPE_ADD. equals(type)) {
93            bank. add(money);
94          } else if (TYPE_REDUCE. equals(type)) {
95            bank. reduce(money);
96          }
97        }
98      }
99    }
```

运行结果如图 10.6 所示。

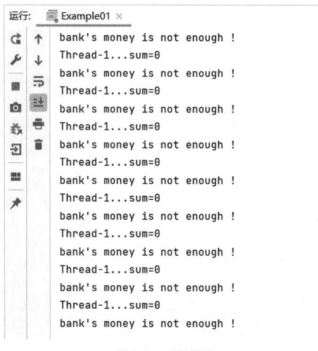

图 10.6　运行结果

10.5.2　临界区和线程的同步

　　Java 为用户提供了"锁"的机制来实现线程的同步。锁的机制要求每个线程在进入共享代码之前都要取得锁,否则不能进入。而退出共享代码之前则释放该锁,这样就防止了两个或多个线程竞争共享代码的情况,从而解决了线程不同步的问题,即在运行共享代码时最多只有一个线程进入,也就是所谓的垄断。在多线程程序设计中,将程序中那些不能被多个线程并发执行的代码段称为临界区。当某个线程已处于临界区时,其他的线程就不允许再进入临界区。

锁机制的实现方法则是在共享代码之前加入 synchronized 段,把共享代码包含在 synchronized 段中,格式如下:

  synchronized[(objectname)] statement

其中,objectname 用于指出该临界区的监控对象,是可选项;statement 为临界区,它既可以是一个方法,称为同步方法,也可以是一段程序代码,称为同步语句块。

例如,下列语句定义了一个同步方法 method1():

  synchronized int method1(){

  ……

  }

在一个对象中,可以定义多个同步方法或同步语句块,它们共同组成该对象的临界区。对于每一个对象,系统都为其设定了一个监控器。这个监控器类似于一把锁,该锁只有一把钥匙,当有一个线程进入临界区时,系统将给临界区上锁,并将钥匙交给该线程,这样其他线程将不能进入临界区,直至进入临界区的线程退出或以其他方式放弃临界区后,其他线程才有可能被调度进入临界区。

在定义同步语句块时,应该显式地指出监控该同步语句块的对象,例如:

  int method1(){

   synchronized(this){

   ……

   }

  }

可见,在方法 method1()中定义了一个同步语句块,并设定该语句块的监控对象为当前对象。当然,监控对象也可以设为其他对象,这时就可以实现不同类或对象之间的同步。

由于过多的 synchronized 段将会影响程序的运行效率,因此往往通过引入同步方法来解决线程同步的问题。

关于线程同步,需注意以下两个问题。

(1)无同步问题。即两个或多个线程在进入共享代码前得到了不同的锁而都进入共享代码而造成。

(2)死锁问题。即两个或多个线程都无法得到相应的锁而造成的两个线程都等待的现象。这种现象主要是相互嵌套的 synchronized 代码段造成的,因此在程序中尽可能少用嵌套的 synchronized 代码段是防止线程死锁的好方法。

有了临界区和同步的概念,就可以改写上述的银行存款程序,只需将 Account 类的 deposit()方法说明为同步方法就可以了,例如:

  public synchronized void deposit(String threadName,int amount){

  ……

  }

其他地方不变,则运行结果如图 10.7 所示。从运行结果中可以看出,引入了同步方法之后,这两个线程轮流独占临界区资源,它们是轮流工作的。当第一个线程在做存款工作时,第二个线程只能等待,直到第一个线程完成工作,第二个线程才开始工作。这样,最后得到的结果也不会错误了,从图中可以看出最后得到了 6 500 元的正确结果。由此可见线程同步在多线程程序设计中的重要性。

图 10.7　引入了同步方法的例 10.8 运行结果

10.5.3　wait( )方法和 notify( )方法

有时,当某一个线程进入同步方法后,共享变量并不满足它所需要的状态,该线程需要等待其他线程将共享变量改为它所需要的状态后才能往下执行。由于此时其他线程无法进入临界区,因此就需要该线程放弃监控器,并返回到排队状态等待其他线程交回监控器。下面讲到的"生产者–消费者"问题就是一类典型的问题。为此,Java 语言中引入了 wait( )方法和 notify( )方法。

1. wait( )方法

wait( )方法用于使当前线程放弃临界区而处于睡眠状态,直到有另一线程调用 notify( )方法将它唤醒或睡眠时间已到为止,其格式如下:

wait( );

wait(millis);

其中,millis 是睡眠时间。

2. notify( )方法

notify( )方法用于将处于睡眠状态的某个等待当前对象监控器的线程唤醒。如果有多个这样的线程,则按照先进先出的原则唤醒第一个线程。Object 类中还提供了另一个方法 notifyAll( ),用于唤醒所有因调用 wait( )方法而睡眠的线程。

10.5.4　生产者–消费者问题

通常,把系统中使用某类资源的线程称为"消费者",产生或释放同类资源的线程称为"生产者"。下面举一个线程同步的典型例子:"生产者–消费者"问题。

在"生产者–消费者"问题中,"生产者"不断生产产品,并将其放在产品队列中;而"消费者"则不断从产品队列中取出产品。这里用两个线程模拟"生产者"和"消费者",用一个数据对象模拟产品。生产者在一个循环中不断生产了 A～Z 的共享数据,而消费者则不断地消费生产者生产的 A～Z 的共享数据。前面已经说过,在这一对关系中,必须先有生产者生产,才能有消费者消费。但如果运行上面这个程序,结果却出现了在生产者没有生产之前消费者就已经开始消费了,或是生产者生产了却未能被消费者消费这种反常现象,则为解决这一问题,引入了如下等待通知(wait/notify)机制。

(1)在生产者没有生产之前,通知消费者等待;在生产者生产之后,马上通知消费者消费。

(2)在消费者消费了之后,通知生产者已经消费完,需要生产。

程序如例 10.6 所示。

【例 10.6】 生产者-消费者问题。

```
1   public class Example06{
2     public static void main(String[] args){
3       Shoper shoper= new Shoper();//新建商户
4       Thread productor = new Thread(new Productor(shoper));//创建生产者进程
5       Thread consumer = new Thread(new Consumer(shoper));//创建消费者进程
6       //启动进程
7       consumer.start();
8       productor.start();
9     }
10  }
11    class Shoper {
12    static int num = 0;
13    public int getNum(){
14      return num;
15    }
16    public void addNum(){
17      num += 1;
18    }
19    public void subNum(){
20      num -= 1;
21    }
22  }
23    class Consumer implements Runnable{
24    Shoper shoper;
25      public Consumer(Shoper shoper){
26      this.shoper = shoper;
27    }
28    @Override
29    public void run(){
30      synchronized(shoper){//此处不可省略,否则运行时会有问题,详见简单说明第2点
31        while(true){
32          try {
33            if(shoper.getNum() == 0){
34              //当前商品数量为0时
35              //放弃当前进程对shoper对象的对象锁
36              //当前线程暂停执行并进入等待池等待被唤醒
37              shoper.wait();
38            }
39            System.out.println("消费者消费了一件商品");
40            shoper.subNum();
41            shoper.notify();//唤醒生产者进程进行生产
42          } catch(Exception e){
```

```
43                 e. printStackTrace( );
44              }
45            }
46          }
47        }
48    }
49    class Productor implements Runnable{
50       Shoper shoper;
51       public Productor( Shoper shoper) {
52          this. shoper = shoper;
53       }
54       @ Override
55       public void run( ) {
56          synchronized( shoper) {//此处不可省略,否则运行时会有问题,详见简单说明第2点
57             while( true) {
58                try {
59                   if( shoper. getNum( ) ! = 0) {
60                      //当前商品数量不为0时
61                      //放弃当前进程对 shoper 对象的对象锁
62                      //当前线程暂停执行并进入等待池等待被唤醒
63                      shoper. wait( );
64                   }
65                   System. out. println("生产者生产了一件商品");
66                   shoper. addNum( );
67                   shoper. notify( );//唤醒消费者进程进行消费
68                } catch( Exception e) {
69                   e. printStackTrace( );
70                }
71             }
72          }
73       }
74    }
```

10.5.5 死锁

死锁是指两个或多个线程无休止地互相等待对方释放所占据资源的过程。错误的同步往往会引起死锁。为防止死锁,在进行多线程程序设计时必须遵循以下原则。

(1)在指定的任务真正需要并发时,才采用多线程来进行程序设计。

(2)在对象的同步方法中需要调用其他同步方法时必须小心。

(3)在临界区中的时间应尽可能短,需要长时间运行的任务尽量不要放在临界区中。

10.6　线　程　组

所有 Java 线程都属于某个线程组(thread group)。线程组提供了一个将多个线程组织成

一个线程组对象来管理的机制,如可以通过一个方法调用来启动线程组中的所有线程。

10.6.1 创建线程组

线程组是由 java.lang 包中的 ThreadGroup 类实现的,它的构造方法有以下两种:

public ThreadGroup(String name)

public ThreadGroup(ThreadGroup parent, String name)

其中,name 为线程组名;parent 为线程组的父线程组。若无该参数,则新建线程组的父线程组为当前运行的线程的线程组。

当一个线程被创建时,运行时系统都将其放入一个线程组。创建线程时可以明确指定新建线程属于哪个线程组,若没有明确指定,则放入缺省线程组中。一旦线程被指定属于哪个线程组,便不能改变,不能删除。

10.6.2 缺省线程组

如果在创建线程时没有在构造方法中指定所属线程组,运行时系统会自动将该线程放入创建该线程的线程所属的线程组中。那么,若创建线程时没有指定线程组,它属于哪个线程组呢?

当 Java 应用程序启动时,Java 运行时系统创建一个名为 main 的 ThreadGroup 对象。除非另外指定,否则所有新建线程都属于 main 线程组的成员。

在一个线程组内可以创建多个线程,也可以创建其他的线程组。一个程序中的线程组和线程构成一个树型结构,线程组的树型结构如图 10.8 所示。

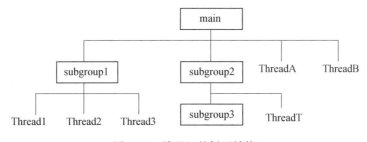

图 10.8　线程组的树型结构

如果在 Applet 中创建线程,新线程组可能不是 main 线程组,它依赖于使用的浏览器或 Applet 查看器。

创建属于某个线程组的线程可以通过以下构造方法实现:

public Thread(ThreadGroup group, Runnable target)

public Thread(ThreadGroup group, String name)

public Thread(ThreadGroup group, Runnable target, String name)

例如,下面代码创建的 myThread 线程属于 myThreadGroup 线程组:

ThreadGroup myGroup = new ThreadGroup("My Group of Threads");

Thread myThread = new Thread(myGroup, "a thread for my group");

为得到线程所属的线程组,可以调用 Thread 的 getThreadGroup()方法,该方法返回 ThreadGroup 对象。可以通过下面方法获得线程所属线程组名:

myThread.getThreadGroup().getName()

一旦得到了线程组对象,就可以查询线程组的有关信息,如线程组中的其他线程,也可仅通过调用一个方法实现修改线程组中的线程,如挂起、恢复或停止线程。

10.6.3　线程组操作方法

线程组类提供了以下有关方法可以对线程组进行操作。

①public final String getName()。返回线程组名。

②public final ThreadGroup getParent()。返回线程组的父线程组对象。

③public final void setMaxPriority(int pri)。设置线程组的最大优先级。线程组中的线程不能超过该优先级。

④public final int getMaxPriority()。返回线程组的最大优先级。

⑤public boolean isDestroyed()。测试该线程组对象是否已被销毁。

⑥public int activeCount()。返回该线程组中活动线程的估计数。

⑦public int activeGroupCount()。返回该线程组中活动线程组的估计数。

⑧public final void destroy()。销毁该线程组及其子线程组对象。当前线程组的所有线程必须已经停止。

本　章　小　结

本章主要介绍了计算机中线程的概念、在 Java 程序中线程如何表示、在 Java 程序中如何来实现多线程,以及线程同步的概念。

线程是比进程更小的执行单位,在计算机系统中,一个进程往往可以由若干个线程组成,操作系统往往通过多线程并发来提高效率,在 Java 中也可以实现多线程的程序。

线程是有一定的生命周期的,它经历新建、就绪、运行、有可能会被阻塞、再运行,直到死亡。在 Java 中也可以完美地实现线程的生命周期。

在 Java 中,通过提供的 Thread 类和 Runnable 接口来实现多线程。每一个 Java 的程序,无论是 Java Application 还是 Java Applet,都是一个主线程,若用户还需要建立子线程,则必须定义 Thread 的子类,重载它的 run 方法,定义子线程的操作,并用 new 调用它的构造函数创建线程,用 start 启动线程。如果需要,还可以用 suspend 挂起线程,最后用 stop 方法停止线程并使线程死亡。如果要在已经继承了某个类的子类中实现线程,则要用到第二种方法,实现 Runnable 接口,并实现里面的 run 方法,这样同样可以实现多线程的程序。

在多线程的程序中采用线程优先级的调度方式来使线程排队获得处理器资源,同一优先级采用先来先服务的方式。

在多线程程序中往往用 sleep 方法来休眠某个线程,使别的线程得到处理器,实现线程的轮流执行。

在实际应用中,为提高运行效率,往往采用先建立线程池,然后启动线程的方式。利用 Java 程序中的 Java. util. concurrent. Executor 接口或子接口实现线程池,然后用 execute()方法启动线程。

在多线程的程序中还要注意线程的同步问题。由于线程是共享内存资源的,因此可能会产生临界资源的争夺问题,在 Java 中的解决方法就是要保证线程的同步,它提供了两种方法:加入 synchronized 设定临界资源或者定义同步方法,保证临界资源的独享;用 wait()方法和 notify()方法使线程只有满足条件了才开始运行。这样可以保证多线程的程序不会出问题。

最后还要防止在线程同步中出现死锁的问题。

习 题

一、选择题

1. 下述选项中,( )为真。

A. Error 类是一个 RuntimeException 异常

B. 任何抛出一个 RuntimeException 异常的语句必须包含在 try 块之内

C. 任何抛出一个 Error 对象的语句必须包含在 try 块之内

D. 任何抛出一个 Exception 异常的语句必须包含在 try 块之内

2. 下列关于 Java 线程的说法正确的是( )。

A. 每个 Java 线程可看成由代码、一个真实的 CPU 及数据三部分组成

B. 创建线程的两种方法中,从 Thread 类中继承可以防止出现多父类问题

C. Thread 类属于 java. util 程序包

D. 以上说法无一正确

3. ( )关键字可以对对象加互斥锁。

A. transient B. synchronized C. serialize D. static

4. 下列方法可用于创建一个可运行的类的是( )。

A. public class X implements Runable { public void run( ) {…} }

B. public class X implements Thread { public void run( ) {…} }

C. public class X implements Thread { public int run( ) {…} }

D. public class X implements Runable { protected void run( ) {…} }

5. 下面选项不会直接引起线程停止执行的是( )。

A. 从一个同步语句块中退出来

B. 调用一个对象的 wait 方法

C. 调用一个输入流对象的 read 方法

D. 调用一个线程对象的 setPriority 方法

6. 使当前线程进入阻塞状态,直到被唤醒的方法是( )。

A. resume( )方法 B. wait( )方法 C. suspend( )方法 D. notify( )方法

7. 运行下列程序,会产生的结果是( )。

```
1  public class X extends Thread implements Runnable{
2  public void run( ){
3  System. out. println("this is run( )");
4  }
5  public static void main(String[ ] args){
6      Thread t=new Thread(new X( ));
7          t. start( );
8      }
9  }
```

A. 第一行会发生编译错误 B. 第六行会发生编译错误

C. 第六行会发生运行错误 D. 程序会运行和启动

8. java. lang. ThreadGroup 类的作用为( )。

A. 使任何类都可以为线程提供线程体

B. 定义了线程与交互的方法

C. 提供了线程组或组中的每个线程进行操作的方法

D. 以上都不是

9. 实现线程的创建有( )种方法。

A. 一   B. 两   C. 三   D. 四

10. 一个进程可以包含( )个线程。

A. 一   B. 两   C. 三   D. 多个

11. Java 中的线程模型包含( )。

A. 一个虚拟处理机   B. CPU 执行的代码

C. 代码操作的数据   D. 以上都是

12. 关于线程组,以下说法错误的是( )。

A. 在应用程序中,线程可以独立存在,不一定要属于某个线程

B. 一个线程只能在创建时设置其线程组

C. 线程组由 java. lang 包中的 ThreadGroup 类实现

D. 线程组使一组线程可以作为一个对象进行统一处理或维护

13. 下列定义线程方法正确的是( )。

A. Public Thread( );

B. Public Thread(Runnable target);

C. Public Thread(ThreadGroup group,Runnable target);

D. 以上都正确

14. 以下不属于 Thread 类提供的线程控制方法是( )。

A. break( )   B. sleep( )   C. yield( )   D. join( )

15. 下列关于线程的说法正确的是( )。

A. 线程就是进程

B. 线程在操作系统出现后就产生了

C. Soloris 是支持线程的操作系统

D. 在单处理器和多处理器上多个线程不可以并发执行

16. 下列不属于线程生命周期状态的是( )。

A. 新建状态   B. 可运行状态

C. 运行状态   D. 解锁状态

17. 以下不属于 Thread 类的线程优先级静态常量的是( )。

A. MIN _ PRIORITY

B. MAX __ PRIORITY

C. NORM __ PRIORITY

D. BEST __ PRIORITY

18. ( )关键字可以对对象加互斥锁。

A. synchronized   B. transient   C. serialize   D. static

19. ( )方法与 resume( )方法相互搭配,使线程停止执行,然后调用 resume( )方法恢复线程。

A. interrupt( )   B. stop( )   C. suspend( )   D. yield( )

20. Thread 类的方法中,getName( )方法的作用是( )。

A. 返回线程组的名称   B. 设置线程组的名称

C. 返回线程的名称   D. 设置线程的名称

二、填空题

1. 线程模型在 Java 中是由_____类进行定义和描述的。

2. 多线程间采用 Java 程序的_____机制,它能共享同步数据,处理不同事件。

3. Java 的线程调度策略是一种基于优先级的_____。

4. 当线程完成运行并结束后,将不能再运行。除线程正常运行结束外,还可用其他方法控制其停止。可以用_____方法强行终止线程。

5. 如果一个线程处于_____态,那么这个线程是不能运行的。

6. 提供线程体的特定对象是在创建线程时指定的,创建线程对象是通过_____类的构造方法实现的。

7. 在 Java 中,新建的线程调用 start( )方法,将使线程的状态从 New(新建状态)转换为_____。

8. 按照线程的模型,一个具体的线程是由虚拟的 CPU、代码和数据组成的。其中,代码和数据构成了_____,现成的行为由它决定。

9. Thread 类的方法中,toString( )方法的作用是_____。

10. 线程是一个_____级的实体,线程结构驻留在用户空间中,能够被普通的相应级别方法直接访问。

11. 线程是由表示程序运行状态的_____组成的。

12. 在 Java 线程模型中,一个线程是由_____、_____和_____三部分组成的。

13. Thread 类中表示最高优先级的常量是_____,而表示最低优先级的常量是_____。

14. 若要获得一个线程的优先级,可以使用方法_____;若要修改一个线程的优先级,则可以使用方法_____。

15. 在 Java 语言中,临界区使用关键字_____标识。

16. 线程的生命周期包括新建状态、_____、_____和终止状态。

17. Java 语言使用_____技术对共享数据操作进行并发控制。

18. 进程是由_____、数据、内核状态和_____组成的。

19. 在 Java 线程模型中,数据与代码之间的关系是_____的。

20. 线程中,_____方法使执行线程放弃 CPU 并释放原来持有的对象锁,进入对象的 wait 等待池中。

三、判断题

1. 一旦一个线程被创建,它就可以立即开始运行。( )

2. 调用 start( )方法可使一个线程成为可运行的,但是它并不能立即开始执行。( )

3. 主线程不具有默认优先级。( )

4. Java 中线程的优先级从低到高以整数 0 ~ 9 表示。( )

5. 从一个同步语句块中退出来不会直接引起线程停止执行。( )

6. 线程的阻塞是指暂停一个线程的执行以等待某个条件发生。( )

7. 优先级只能在线程启动前设置。( )

8. 当生成守护线程的线程结束时,此守护线程会随之消失。(　　)

9. 线程之间的通信可以通过共享数据来让线程互相交流,也可以通过线程控制方法来让线程互相等待。(　　)

10. Object 类定义了线程同步和交互的方法。(　　)

11. 线程一旦被创建,则自动运行。(　　)

12. 线程创建后需要调用 start( )方法,将线程置于可运行状态。(　　)

13. Thread 类中没有定义 run( )方法。(　　)

14. 线程开始运行时,是从 start( )方法开始运行的。(　　)

15. 一个进程可以创建多个线程。(　　)

16. 代表优先级的常数值越大,优先级越低。(　　)

17. 程序中可能出现一种情况:多个线程相互等待对方持有的锁,而在得到对方的锁之前都不会释放自己的锁,这就是死锁。(　　)

18. 临界区可以是一个语句块,但是不可以是一个方法。(　　)

19. 释放锁时,应该按照加锁顺序的逆序进行。(　　)

20. 在对象串行化中,可以用来保护类中敏感信息的关键字是 protected。(　　)

四、简答题

1. 简述线程的基本概念、线程的基本状态及状态之间的关系。

2. Java 中有几种方法可以实现一个线程? 用什么关键字修饰同步方法? stop( )和 suspend( )方法为何不推荐使用?

3. sleep( )与 wait( )有什么区别?

4. 请说出你所知道的线程同步的方法。

5. 同步和异步有何异同,在什么情况下分别使用它们? 举例说明。

6. 当一个线程进入一个对象的一个 synchronized 方法后,其他线程是否可以进入,为什么?

五、程序设计

1. 编写一个多线程类,该类的构造方法调用 Thread 类带字符串参数的构造方法。建立自己的线程名,然后随机生成一段休眠时间,再将自己的线程名和休眠时间显示出来。该线程运行后,休眠一段时间,该时间就是在构造方法中生成的时间。最后编写一个测试类,创建多个不同名字的线程,并测试其运行情况。

2. 编写一个程序,测试异常。该类提供一个输入整数的方法,使用这个方法先输入两个整数,再用第一个整数除以第二个整数,当第二个整数为 0 时,抛出异常,此时程序要捕获异常。

3. 编写一个用线程实现一个数字时钟的应用程序。该线程类要采用休眠的方式,把绝对大部分时间让系统使用。

4. 编写一个使用继承 Thread 类的方法实现多线程的程序。该类有两个属性:一个字符串代表线程名;一个整数代表该线程要休眠的时间。线程执行时,显示线程名和休眠时间。

5. 应用继承类 Thread 的方法实现多线程类,该线程三次休眠若干(随机)毫秒后显示线程名和第几次执行。

第**11**章

图形用户界面设计

图形用户界面(graphical user interface,GUI)是大多数程序不可缺少的部分。通过GUI,用户与程序之间可以方便地进行交互。Java抽象窗口工具集(abstract window toolkit,AWT)提供了很多组件类、窗口布局管理器类和事件处理类供GUI设计使用。

11.1　awt组件概述

早期的JDK版本中提供了Java抽象窗口工具集,其目的是为程序员创建图形用户界面提供支持,AWT组件定义在java.awt包中,包括组件类、组件布局类等。

11.1.1　容器

容器(container)是一种特殊组件,它能容纳其他组件,在可视区域内显示其他组件。由于容器是组件,在容器之中可以放置其他容器,因此可以使用多层容器构成富于变化的界面。

11.1.2　组件

组件(component)是构成图形用户界面的基本成分和核心元素。组件类(Component类)是一个抽象类,是AWT组件类层次结构的根类,实际使用的组件都是Component类的子类。Component类提供对组件操作的通用方法,包括设置组件位置、设置组件大小、设置组件字体、响应鼠标或键盘事件、组件重绘等。

11.2　布　局　管　理

当窗口中组件较多时,为使窗口中的组件既布局合理,又方便用户编程,Java中提供了布局管理器(LayoutManager),用来对窗口中的组件进行相对定位,并根据窗口大小自动改变组件大小,合理布局各组件。

Java提供了多种风格和特点的布局管理器,每一种布局管理指定一种组件的相对位置和大小布局。布局管理器是容器类所具有的特性,每种容器都有一种默认的布局管理器。

在java.awt包中共提供了五个布局管理器类,分别是FlowLayout、BorderLayout、CardLayout、GridLayout和GridBagLayout,每一个布局类都对应一种布局策略,这五个类都是java.lang.Object类的子类。

11.2.1 BorderLayout 类

围界布局 BorderLayout 提供了五个显示组件的区域,用东、南、西、北、中来显示,默认为中。围界布局经常与其他布局管理类嵌套使用,满足对组件显示位置的各种要求。BorderLayout 的常用构造器、方法和静态常量见表 11.1。

表 11.1　BorderLayout 的常用构造器、方法和静态常量

构造器/方法名/静态常量名	解释
BorderLayout( )	创建一个围界布局对象
BorderLayout(int hGap, int VGap)	创建一个指定周边空隙的围界布局对象
setLayout(LayoutManager layoutName)	容器类 Container 的方法,将指定布局管理对象注册到这个容器
add(Component comp, int regionField)	容器 container 的方法,将指定组件和其区域注册到控制板
NORTH	静态常量,指定组件区域为上
SOUTH	静态常量,指定组件区域为下
WEST	静态常量,指定组件区域为左
EAST	静态常量,指定组件区域为右
CENTER	静态常量,指定组件区域为中

【**例 11.1**】　使用 BorderLayout 布局。

```
1    import java. awt. * ;
2    public class BorderLayoutDemo {
3      public static void main(String[ ] args) {
4        Frame f = new Frame("BorderLayout 布局演示");
5        f. setSize(400 ,300);
6        f. setLayout(new BorderLayout( ));
7        f. add(new Button("East"), BorderLayout. EAST);
8        f. add(new Button("West"), BorderLayout. WEST);
9        f. add(new Button("Center")); // 默认放在中部
10       f. add(new Button("North"), BorderLayout. NORTH);
11       f. add(new Button("South"), BorderLayout. SOUTH);
12       f. setVisible(true);//显示窗口 f
13      }
14    }
```

运行结果如图 11.1 所示。

图 11.1　运行结果

11.2.2　FlowLayout 类

流程布局类 FlowLayout 对组件位置提供从左到右的显示。FlowLayout 的常用构造器、方法和静态常量见表 11.2。

表 11.2　FlowLayout 的常用构造器、方法和静态常量

构造器/方法名/静态常量名	解释
FlowLayout( )	创建一个设置组件为预设中心位置的流程布局对象
FlowLayout(int alignment)	创建一个用静态常量指定组件位置的流程布局对象
setLayout(LayoutManager layoutName)	容器类的方法,将指定布局管理对象注册到这个容器
LEFT	静态常量,指定组件位置为左
CENTER	静态常量,指定组件位置为中心,该位置为默认
RIGHT	静态常量,指定组件位置为右

【例 11.2】　使用 FlowLayout 布局。

```
1   import javax. swing. * ;
2   import java. awt. * ;
3   public class FlowLayoutDemo {
4       static final int WIDTH = 300;
5       static final int HEIGHT = 300;
6       public static void main(String[ ] args) {
7           JFrame jf = new JFrame("FlowLayout 演示");
8           jf. setSize( WIDTH,HEIGHT) ;
9           jf. setDefaultCloseOperation( JFrame. EXIT_ON_CLOSE) ;
10          jf. setVisible( true) ;
11          JPanel contentPane = new JPanel( ) ;
12          jf. setContentPane( contentPane) ;
13          JButton b1 = new JButton("One") ;
14          JButton b2 = new JButton("Two") ;
15          JButton b3 = new JButton("Three") ;
16          JButton b4 = new JButton("Four") ;
17          JButton b5 = new JButton("Five") ;
18          //将控件布局管理器设置为 Flowlayout
19          contentPane. setLayout( new FlowLayout( )) ;
20          contentPane. add( b1) ;
21          contentPane. add( b2) ;
22          contentPane. add( b3) ;
23          contentPane. add( b4) ;
24          contentPane. add( b5) ;
25          jf. pack( );//紧凑排列,相当于 setSize( ),即让窗口尽量小,小到刚刚能保住所有的按钮
26      }
27  }
```

运行结果如图 11.2 所示。

图 11.2　运行结果

11.2.3　GridLayout 类

网格布局 GridLayout 是另外一种常用简单组件布局管理类,由 java. awt 包提供。组件在方框布局的显示位置都不会随窗口的大小而改变。GridLayout 类的常用构造器和方法见表 11.3。

表 11.3　GridLayout 类的常用构造器和方法

构造器/方法名	解释
GridLayout( )	创建一个具有一行一列的网格布局对象
GridLayout(int rows, int cols)	创建一个指定行和列网格布局对象
addLayoutComponent(String name, Component comp)	在布局中加入指定名和组件
int getColumns( )	返回列数
int getRows( )	返回行数

【例 11.3】　使用 GridLayout 布局。

```
1   import javax. swing. * ;
2   import java. awt. * ;
3   public class GridLayoutDemo {
4     public static void main(String[ ] args) {
5       JFrame jf = new JFrame("GridLayout 演示");
6       jf. setSize(400, 500);
7       //设置用户在此窗体上发起 "close" 时默认执行的操作
8       jf. setDefaultCloseOperation( WindowConstants. EXIT_ON_CLOSE);
9       //设置窗口相对于指定组件的位置,如果组件当前未显示或 c 为 null,则此窗口将置于屏幕的中央
10      jf. setLocationRelativeTo( null);
11      // 创建3行3列的网格布局
12      GridLayout layout = new GridLayout(3, 3);
13      // 设置水平和竖直间隙
14      layout. setHgap(10);
15      layout. setVgap(10);
16      JPanel panel = new JPanel(layout);
17      JButton btn01 = new JButton("按钮 01");
18      JButton btn02 = new JButton("按钮 02");
19      JButton btn03 = new JButton("按钮 03");
20      JButton btn04 = new JButton("按钮 04");
21      JButton btn05 = new JButton("按钮 05");
22      JButton btn06 = new JButton("按钮 06");
23      JButton btn07 = new JButton("按钮 07");
```

```
24        JButton btn08 = new JButton("按钮08");
25        panel. add(btn01);
26        panel. add(btn02);
27        panel. add(btn03);
28        panel. add(btn04);
29        panel. add(btn05);
30        panel. add(btn06);
31        panel. add(btn07);
32        panel. add(btn08);
33        jf. setContentPane(panel);
34        jf. setVisible(true);
35      }
36    }
```

运行结果如图 11.3 所示。

图 11.3　运行结果

11.3　事　件　处　理

11.3.1　ActionEvent 事件

当用户单击按钮(Button)、选择列表框(List)选项、选择菜单项(MenuItem),或是在文本行(TextField)输入文字并按下 Enter 回车键时,便触发动作事件(ActionEvent),触发事件的组件将 ActionEvent 类的对象传递给事件监听器,事件监听器负责执行 acitonPerformed()方法进行相应的事件处理。

ActionEvent 类继承了 EventObject 类的一个常用方法 getSource(),其功能是返回事件源(对象)名。ActionEvent 类本身还定义了一些成员,如 getActionCommand(),其功能是返回事件源的字符串信息。

【例 11.4】 处理 ActionEvent 事件。

```
1    import java. awt. * ;
2    import java. awt. event. ActionEvent;
3    import java. awt. event. ActionListener;
4    public class GridLayoutDemo {
5      public static void main( String[ ] args) {
6        //创建 frame and Button
7        Frame f = new Frame("ActionEventTest");
8        Button bStart = new Button("Start");
9        Button bStop = new Button("Stop");
10       //给 Button 组件添加 ActionListener,
11       bStart. addActionListener( new ButtonActionEvent());
12       //设置 bStop 按钮的 ActionCommand 为 "Stop Action"
13       bStop. setActionCommand("Stop Action!");
14       bStop. addActionListener( new ButtonActionEvent());
15       //设置 frame 的布局并添加 Button
16       f. setLayout( new BorderLayout());
17       f. add( bStart, BorderLayout. NORTH);
18       f. add( bStop, BorderLayout. SOUTH);
19       //设置 frame 属性
20       f. setLocationByPlatform( true);
21       f. pack();
22       f. setVisible( true);
23     }
24   }
25   //创建 ActionListener 类,用接口的方法
26   class ButtonActionEvent implements ActionListener {
27     //重写 actionPerformed()方法
28     public void actionPerformed( ActionEvent e) {
29       //输出 ActionCommand 的内容
30       System. out. println( e. getActionCommand());
31     }
32   }
```

运行结果如图 11.4 所示。

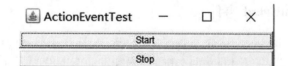

图 11.4 运行结果

点击"Start"按钮,则在控制台中出现"Start"字样;点击"Stop"按钮,则在控制台中出现

"Stop"字样。

11.3.2　ItemEvent 事件

当窗口的选项组件 Checkbox（选择框）和 List（列表框）等被选择时,发生选项事件（ItemEvent）。Java 用 ItemEvent 类处理选项事件。ItemEvent 类事件的监听器必须实现ItemListener接口,实现其中声明的 itemStateChange( )方法:

public void itemStateChanged(ItemEvent e)

程序运行过程中,当用户选择选项组件时,该方法被执行。

【例 11.5】　处理 ItemEvent 事件。

编程实现:窗口中有标题为 green 和 yellow 的两个单选按钮和一个文本行,当选择任一单选按钮时,文本行中显示该单选按钮的标题。

```
1   import java.awt.Checkbox;
2   import java.awt.TextField;
3   import java.awt.event.InputEvent;
4   import java.awt.event.ItemEvent;
5   import java.awt.event.ItemListener;
6   import com.sun.org.apache.bcel.internal.verifier.structurals.Frame;
7   public class ItemEvent extends Frame implements ItemListener{
8     static ItemEvent frm=new ItemEvent();
9     static Checkbox chb1,chb2;
10     static TextField txt1;
11      public static void main(String args[]) {
12   frm.setTitle("ItemEvent Demo");
13   frm.setSize(480,320);
14   frm.setLayout(new FlowLayout());
15   CheckboxGroup grp=new CheckboxGroup();
16   chb1=new Checkbox("green");
17   chb2=new Checkbox("yellow");
18   txt1=new TextField("None is selected");
19   chb1.setCheckboxGroup(grp);
20   chb2.setCheckboxGroup(grp);
21   chb1.addItemListener(frm);
22   chb2.addItemListener(frm);
23   frm.add(chb1);
24   frm.add(chb2);
25   frm.add(txt1);
26   frm.setVisible(true);
27    }
28   @override
29     public void itemStateChanged(ItemEvent e) {
30     if (e.getSource()==chb1)
31       txt1.setText("green is selected");
32   else
```

```
33        if( e. getSource( ) = = chb2)
34            txt1. setText("yellow is selected");
35        }
36    }
```

程序解析:因为选择 ItemEvent 的类对象 frm 作为事件监听器,所以 TextEvent 必须实现 TextListener 接口,实现 TextListener 接口中声明的抽象方法 textValueChanged ( )。在 textValueChanged( ) 中,调用 txt1. getText ( ) 方法获得文本行 txt1 中的文本,调用 txt2. setText(txt1. getText( ))方法将 txt1 中的文本显示到 txt2 中。

由于 frm 要对 txt1 的 TextEvent 事件进行响应,因此通过 txt1. addTextListener(frm)向 txt1 注册 frm。通过调用 txt2. setEditable(false)方法,txt2 中的文本不可编辑(不能通过键盘输入或修改)。

程序运行过程中,当用户在 txt1 中输入文本时,txt1 中显示同样的文本,如图 11.5 所示。

图 11.5　运行结果

11.3.3　TextEvent 事件

当 TextField 或 TextArea 组件中的文本被改变时,触发文本事件(TextEvent),Java 用 TextEvent 类处理该事件。TextEvent 类事件的监听器必须实现 TextListener 接口,实现其中声明的 textValueChange( )方法:

```
public void textValueChanged( TextEvent e)
```

程序运行过程中,当 TextField 或 TextArea 组件中文本改变时,该方法被执行。

【例 11.6】　处理 TextEvent 事件。

编程实现:窗口中有两个文本行,当向上面的文本行输入文本时,下面文本行中同时显示所输入的文本。

```
1    import java. awt. * ;
2    import java. awt. event. * ;
3
4    class TextEvent extends Frame implements TextListener {
5        static TextEvent frm = new TextEvent( );
6
7        static TextField txt1 , txt2;
8
9        public static void main( String args[ ] ) {
```

```
10        frm. setTitle("KeyEvent Demo");
11        frm. setSize(480, 320);
12        frm. setLayout( new FlowLayout());
13        txt1 = new TextField(20);
14        txt2 = new TextField(20);
15        txt1. addTextListener( frm);
16        frm. add( txt1);
17        txt2. setEditable( false);
18        frm. add( txt1);
19        frm. add( txt2);
20        frm. setVisible( true);
21
22      }
23
24      public void textValueChanged( TextEvent e) {
25        txt2. setText( txt1. getText());
26      }
27  }
```

运行程序,出现图 11.6(a)所示的界面。

程序解析:因为选择 TextEvent 的类对象 frm 作为事件监听器,所以 TexEvent 必须实现 TextListener 接口,实现 TextListener 接口中声明的抽象方法 textValueChanged()。在 textValueChanged()中,调用 txt1. getText()方法获得文本行 txt1 中的文本,调用 txt2. setText (txt1. getText())方法将 txt1 中的文本显示到 txt2 中。

由于 frm 要对 txt1 的 TextEvent 事件进行响应,因此通过 txt1. addTextListener(frm)向 txt1 注册 frm.。通过调用 txt2. setEditable(false)方法,txt2 中的文本不可编辑(不能通过键盘输入 或修改)。

程序运行过程中,当用户在 txt1 中输入文本时,txt1 中显示同样的文本,如图 11.6(b) 所示。

(a)初始界面

(b)在文本行输入字符 r 时的界面

图 11.6　运行结果

11.3.4 KeyEvent 事件

当按下键盘中的任意键时,将触发键盘事件(KeyEvent),Java 用 KeyEvent 类处理该事件。KeyEvent 类中常用的成员方法见表 11.4。

表 11.4　KeyEvent 类中常用的成员方法

成员方法	功能
char getChar( )	返回按下的字符
chargetCharCode( )	返回按下字符的代码
char boolean isActionKey( )	判别按下的键是否是 ActionKey,ActionKey 包括方向键、PgUp、PgDn、F1 ~ F12 等键

TextEvent 类事件的监听器必须实现 KeyListener 接口中声明的三个方法,KeyListener 接口的成员方法见表 11.5。

表 11.5　KeyListener 接口的成员方法

成员方法	功能
void keyPressed( )	对应键被按下事件,键被按下时调用该方法
void keyReleased( )	对应键被释放事件,键被释放时调用该方法
void keyTyped( )	对应输入字符事件,输入字符时调用该方法,按下并释放一个字符键时调用该方法,但输入 ActionKey 时不调用该方法

可见,当输入一个字符键时,会触发三个事件,分别调用三个方法进行相应处理。

实现 KeyListener 接口时,需要实现其中声明的三个方法,即使不需要某一事件,也必须用空方法体实现对应的方法,使用起来不方便,所以 Java 中提供了处理 KeyEvent 事件的适配器类 KeyAdapter。在 KeyAdapter 类中,用空方法体实现了 KeyAdapter 类的类对象,在其中只需要覆盖需要处理的事件所对应的方法。

【例 11.7】　处理 TextEvent 事件。

编程实现:窗口中有一个文本行和一个文本区,当按下某字符时,在文本行中显示被按下的字符;当键被按下事件发生时,在文本区显示被按下的字符;当键被释放事件发生时,在文本区显示被释放的字符;当输入字符事件发生时,在文本区显示被输入的字符。程序如下:

```
1   import java.awt. * ;
2   import java.awt.event. * ;
3   public class KeysEvent extends Frame implements KeyListener{
4   static KeysEvent frm = new KeysEvent( );
5   static TextField txf;
6   static TextArea txa;
7   public static void main( String args[ ] ){
8       frm.setTitle("KeyEvent Demo");
9       frm.setSize(480,400);
10      frm.setLayout( new FlowLayout( ));
11      txf = new TextField(20);
```

```
12      txa = new TextArea(6,20);
13      txa. setEditable(false);
14      txf. addKeyListener(frm);
15      frm. add(txf);
16      frm. add(txa);
17      frm. setVisible(true);
18      }
19   public void keyPressed(KeyEvent e){
20      txa. setText("");
21      txa. append(e. getKeyChar()+"is pressed! \\n");
22
23      }
24   public void keyReleased(KeyEvent e){
25      txa. append(e. getKeyChar()+"is released! \\n");
26      }
27   public void keyTyped(KeyEvent e){
28      txa. append(e. getKeyChar()+"is typed! \\n");
29      }
30   }
```

程序解析:因为选择 keysEvent 的类对象 frm 作为事件监听器,所以 KeysEvent 必须实现 KeyListener 接口,实现 KeyListener 接口中声明的三个抽象方法。

11.3.5　MouseEvent 事件

当按下鼠标键、鼠标指针进入或离开某一区域,或移动、拖动鼠标时,触发鼠标事件(MouseEvent)。Java 用 MouseEvent 类处理该事件。MouseEvent 类的成员方法见表 11.6。

表 11.6　MouseEvent 类的成员方法

MouseEvent 类的成员方法	功能说明
int gexX()	返回鼠标事件发生点的 X 坐标
int getY()	返回鼠标事件发生点的 Y 坐标
Point getPoint()	返回鼠标事件发生点的坐标
Point getClickCount()	返回鼠标的点击次数

Java 提供了 MouseListener 和 MouseMotionListener 接口,用来处理 MouseEvent 事件。MouseListener 接口用来处理以下事件:

(1)鼠标指针进入某一区域;

(2)按下鼠标键;

(3)释放鼠标键;

(4)鼠标单击(按下和释放鼠标键的整个过程);

(5)鼠标指针离开某一区域。

处理这五个事件的监听器必须实现 MouseListener 接口,实现 MouseListener 声明的一个方法,MouseListener 接口的成员方法见表 11.7。

表 11.7　MouseListener 接口的成员方法

MouseListener 接口的成员方法	功能说明
void mouseClicked(MouseEvent e)	对应鼠标单击事件
void mouseEntered(MouseEvent e)	对应鼠标进入事件
void mouseExited(MouseEvent e)	对应鼠标离开事件
void mousePressed(MouseEvent e)	对应按下鼠标键事件
void mouseRelease(MouseEvent e)	对应释放鼠标键事件

MouseMotionListener 接口用来处理以下两个事件：

（1）鼠标在某一区域移动；

（2）鼠标在某一区域拖动（按下鼠标键不放移动鼠标）。

处理这两个事件的监听器必须实现 MouseMotionListener 接口，实现 MouseMotionListener 声明的两个方法。MouseMotionListener 接口的成员方法见表 11.8。

表 11.8　MouseMotionListener 接口的成员方法

MouseMotionListener 接口的成员方法	功能说明
moveDragged(mouseEvent e)	对应鼠标拖动事件
moveMoved(mouseEvent e)	对应鼠标移动事件

由于 MouseListener 接口中有五个方法，因此为方便用户编程，Java 也提供了适配器类 MouseAdapter，用空方法体实现 MouseListener 接口中的五个方法。处理鼠标指针进入和离开某一区域、按下鼠标键、释放鼠标键及鼠标单击事件时，其监听器也可以是继承 MouseAdapter 类的类对象，在其中只需覆盖需要处理的事件所对应的方法。

同样，Java 也提供了适配器类 MouseMotionAdapter，用空方法实现 MouseMotionAdapter 接口中的两个方法。处理鼠标移动和拖动事件时，其监听器也可以是继承 MouseMotionAdapter 类的类对象，在其中只需要覆盖需要处理的事件所对应的方法。

【例 11.8】　利用 MouseListener 接口处理 MouseEvent 事件。

编程实现：窗口中有两个文本区，当鼠标指针进入和离开第一个文本区时，在第二个文本区显示相应信息；当在第一个文本区单击鼠标，按下和释放鼠标键时，分别显示其事件及发生的位置。程序如下：

```
1   import java.awt.*;
2   import java.awt.event.*;
3   public class MouEvent extends Frame implements MouseListener{
4   static MouEvent frm=new MouEvent();
5   static TextArea txa1,txa2;
6   public static void main(String args[]){
7       frm.setTitle("MouEvent Demo");
8       frm.setSize(480,600);
9       frm.setLayout(new FlowLayout());
```

```
10      txa1 = new TextArea(5,30);
11      txa2 = new TextArea(8,30);
12      txa2.setEditable(false);
13      txa1.addMouseListener(frm);
14      frm.add(txa1);
15      frm.add(txa2);
16      frm.setVisible(true);
17
18   }
19   public void mouseEntered(MouseEvent e)
20   {
21      txa2.setText("Mouse enters txa1\\n");}
22   public void mouseClicked(MouseEvent e){
23      txa2.append("Mouse is cliscked at["+e.getX()+","+e.getY()+"]\\n");
24   }
25   public void mousePressed(MouseEvent e){
26      txa2.append("Mouse is press at["+e.getX()+","+e.getY()+"]\\n");
27   }
28   public void mouseReleased(MouseEvent e)
29   {
30      txa2.append("Mouse is relesed at ["+e.getX()+","+e.getY()+"]\\n");}
31   public void mouseExited(MouseEvent e){
32      txa2.append("Mouse exits from txa1");
33   }
34   }
```

程序解析:因为选择 MouEvent 的类对象 frm 作为事件监听器,所以 MouEvent 必须实现 MouseListener 接口,实现 MouseListener 接口中声明的五个抽象方法。在 mouseEntered() 方法中,调用 setText("Mouse enters txa1\n")方法在文本区 txa2 中显示 Mouse enters txa1,"\n"表示换行。在 mouseClicked()方法中,分别通过调用 getX() 和 getY()方法获得鼠标单击的位置坐标,调用 append()方法在文本区 txa2 中显示鼠标单击及位置信息。在 mousePressed()方法中,分别通过调用 getX()、getY()和 append()方法在文本区 txa2 中显示鼠标键按下及位置信息。在 mouseReleased()方法中,分别通过调用 getX()、getY()和 append()方法在文本区 txa2 中显示鼠标键释放及位置信息。在 mouseExited()方法中,调用 append("Mouse exits from txa1")方法在文本区 txa2 中显示 Mouse exits from txa1。

通过 new TextArea(5,30)将 txa1 初始化为能容纳5行30列的文本,通过 new TextArea(8,30)将 txa2 初始化为能容纳8行30列的文本。由于 frm 权对文本行 txa1 的 MouseEvent 事件进行响应,因此通过 txa1.addMouseListener(frm)向 txa1 注册 frm。通过调用 txa2.setEditable(false)方法,txa2 中的东西不可编辑。

程序运行过程中,移动鼠标进入 txa1,单击鼠标(按下并释放任一鼠标键),最后移动鼠标离开 txa1 时,txa2 中显示的信息如图 11.7 所示。

图 11.7　运行结果

【例 11.9】　利用 MouseMotionListener 接口处理 MouseEvent 事件。

编程实现：窗口中有一个文本区和两个文本行，当鼠标在文本区内移动时，在第一个文本行显示移动信息；当鼠标在文本区内拖动时，在第二个文本行显示拖动信息。程序如下：

```
1   import java. awt. * ;
2   import java. awt. event. * ;
3   public class MouEvent2 extends Frame implements MouseMotionListener{
4   static MouEvent2 frm = new MouEvent2( ) ;
5   static TextArea txa;
6   static TextField txt1 ,txt2;
7   public static void main( String args[ ] ) {
8     frm. setTitle("MouEvent 2") ;
9     frm. setSize(480 ,400) ;
10    frm. setLayout( new FlowLayout( ) ) ;
11    txa = new TextArea(5 ,30) ;
12    txt1 = new TextField(30) ;
13    txt2 = new TextField(30) ;
14    txa. setEditable( false ) ;
15    txa. addMouseMotionListener( frm) ;
16    frm. add( txa) ;
17    frm. add( txt1) ;
18    frm. add( txt2) ;
19    frm. setVisible( true ) ;
20  }
21  public void mouseMoved( MouseEvent e)
22  {
23    txt1. setText("Mouse is moved int txa") ;}
24  public void mouseDragged( MouseEvent e)
25  {
26    txt2. setText("Mouse is dragged in txa") ;
27  }
```

程序解析:因为选择 MouEvent2 的类对象 frm 作为事件监听器,所以 MouEvent2 必须实现 MouseMotionListener 接口,实现 MouseMotionListener 接口中声明的两个抽象方法。在 mouseMoved( )方法中,调用 settext("Mouse is moved in txa")方法在文本行 txt1 中显示 Mouse is moved in txa。在 mouseDragged( )方法中,调用 setText("Mouse is dragged in txa")方法在文本行 txt2 中显示 Mouse is dragged in txa。

通过 new TextArea(5,30)将 txa 初始化为能容纳 5 行 30 列的文本,通过 new TextField(30) 分别将 txt1 和 txt2 初始化为能容纳 30 列的文本。由于 frm 要对文本区 txa 的 MouseEvent 事件 进行响应,因此通过 txa. addmouseMotionListener(frm)向 txa 注册 frm。

程序运行过程中,在文本区 txa 内移动鼠标,txt1 中显示 Mouse is moved in txa;在文本区 txa 内拖动鼠标,txt2 中显示 Mouse is dragged in txa,如图 11.8 所示。

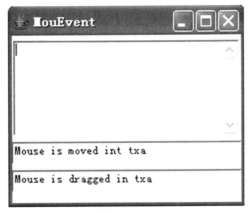

图 11.8 运行结果

11.3.6 WindowEvent 事件

当创建窗口、将窗口缩小成图标、将图标变成窗口,或关闭窗口时,都触发窗口事件 (WindowEvent)。Java 用 WindowEvent 类处理该类事件,并提供了 WindowListener 接口,用来 监听该类事件。WindowListener 接口的成员方法见表 11.9。

表 11.9 WindowListener 接口的成员方法

WindowListener 接口的成员方法	功能说明
windowActivated(WindowEvent, e)	对应窗口由"非活动"状态转变为"活动"状态事件
windowClosed(WindowEvent, e)	对应窗口已关闭事件
windowClosing(WindowEvent, e)	对应窗口关闭(按下窗口关闭按钮)事件
windowDeactivated(WindowEvent, e)	对应窗口由"活动"状态转变为"非活动"状态事件
windowIconified(WindowEvent, e)	对应窗口由一般状态转变为最小化状态事件
windowDeiconified(WindowEvent, e)	对应窗口由最小化状态转变为一般状态事件
windowOpened(WindowEvent, e)	对应容器打开事件

由于 WindowListener 接口中有七个方法,因此为方便用户编程,Java 也提供了适配器类 WindowAdapter,用空方法实现 WindowListener 接口中的七个方法。处理窗口事件时,其监听

器也可以是继承 WindowAdapter 的类对象,在其中只需要覆盖需要处理的事件所对应的方法。

【例 11.10】 处理 WindowEvent 事件。

编程实现:当窗口打开、关闭、缩小为图标和由图标转换成一般状态时,在屏幕上显示相应信息。

```
1    import java. awt. * ;
2    import java. awt. event. * ;
3
4    public class WinEvent extends Frame implements WindowListener {
5        static WinEvent frm = new WinEvent();
6        public static void main( String args[ ]) {
7            frm. setTitle("MouEvent Win");
8            frm. setSize(480, 400);
9            frm. addWindowListener( frm);
10           frm. setVisible( true);
11       }
12       public void windowClosing( WindowEvent e) {
13           System. out. println("windowClosing( ) method");
14           System. exit(0);
15       }
16       public void windowClosed( WindowEvent e) {
17       }
18       public void windowActivated( WindowEvent e) {
19       }
20       public void windowDeactivated( WindowEvent e) {
21       }
22       public void windowIconified( WindowEvent e) {
23           System. out. println("windowIconified( ) method");
24       }
25       public void windowDeiconified( WindowEvent e) {
26           System. out. println("windowDeiconified( ) method");
27       }
28       public void windowOpened( WindowEvent e) {
29           System. out. println("windowOpened( ) method");
30       }
31   }
```

程序解析:因为选择 WinEvent 的类对象 frm 作为事件监听器,所以 WindowEvent 必须实现 WindowListener 接口,实现 WindowListener 接口中声明的七个抽象方法。

windowClosing( )方法除在屏幕上显示 windowClosing( ) method 信息外,还调用 System. exit(0) 方法结束程序运行;windowIconified( )方法仅在屏幕上显示 windowIconified( ) method 信息; windowDeiconified( )方法仅在屏幕上显示 windowDeiconified( ) method 信息;其他方法不执行任何功能。

程序运行过程中,单击最小化按钮使窗口缩小成图标,再单击缩小成图标的窗口,使其恢复到一般状态,最后单击关闭按钮将窗口关闭。

11.4　绘　　图

Java 提供了绘图类 Graphics，用来在组件上绘图。通过调用 Graphics 的方法，可以绘制直线、圆、圆弧、任意曲线等图形。

与绘制图形有关的类的层次结构如下：

|－java. awt. Graphics

|－java. awt. Graphics2D

|－java. awt. GraphicsConfigTemplate

|－java. awt. GraphicsConfiguration

|－java. awt. GraphicsDevice

|－java. awt. GraphicsEnvironment

1. Graphics 类

Graphics 类是所有图形类的抽象基类，它允许应用程序在组件（已经在各种设备上实现）上进行图形图像的绘制。Graphics 对象封装了 Java 支持的基本绘制操作所需的状态信息，包括组件对象、绘制和剪贴坐标的转换原点、当前剪贴区、当前颜色、当前字体、当前的逻辑像素操作方法（XOR 或 Paint）等。

Graphics2D 类是从早期版本（JDK 1.0）中定义设备环境的 Graphics 类派生而来的，它提供了对几何形状、坐标转换、颜色管理和文本布局更为复杂的控制。它是用于在 Java(tm) 平台上绘制二维图形、文本和图像的基础类。

GraphicsDevice 类定义了屏幕和打印机这类可用于绘制图形的设备。

GraphicsEnvironment 类定义了所有可使用的图形设备和字体设备。

GraphicsConfiguration 类定义了屏幕或打印机这类设备的特征。在图形绘制过程中，每个 Graphics2D 对象都与一个定义了绘制位置的目标相关联。GraphicsConfiguration 对象定义绘制目标的特征（如像素格式和分辨率等）。在 Graphics2D 对象的整个生命周期中都使用相同的绘制标准。

Griphics 类和 Graphics2D 类都是抽象类，无法直接创建这两个类的对象，表示图形环境的对象完全取决于与之相关的组件，因此获得图形环境总是与特定的组件相关。

创建 Graphics2D 对象时，GraphicsConfiguration 将为 Graphics2D 的目标（Component 或 Image）指定默认转换，所有 Graphics2D 方法都采用用户空间坐标。

一般来说，图形的绘制过程分为四个阶段：确定绘制内容、在指定的区域绘制、确定绘制的颜色、将颜色应用于绘图面。有三种绘制操作：几何图形、文本和图像。

绘制过程中，Graphics2D 对象的六个重要属性如下。

（1）Paint。颜料属性决定线条绘制的颜色。它也定义填充图形的颜色和模式，系统默认的颜料属性是组件的颜色。

（2）Font。字体属性定义了绘制文本时所使用的字体，系统默认的字体是组件的字体设置。

（3）Stroke。画笔属性确定线型，如实线、虚线或点划线等。该属性也决定线段端点的形状。系统默认的画笔是方形画笔，绘制线宽为 1 的实线，线的末端为方形，斜角线段接口为 45°斜面。

（4）Transform。转换属性定义渲染过程中应用的转换方法。可以使绘制的图形平移、旋转和缩放。

（5）Composite。合成属性决定如何在组件上绘制叠放图形。

（6）Clip。剪切属性定义了组件上的一个区域边界。图形绘制只能在该区域内进行。

一般情况下，使用 Griphics2D 对象的方法进行图形的绘制工作，Griphics2D 对象的常用方法如下。

（1）abstract void clip(Shape s)。将当前 Clip 与指定 Shape 的内部区域相交，并将 Clip 设置为所得的交集。

（2）abstract void draw(Shape s)。使用当前 Graphics2D 上下文的设置勾画 Shape 的轮廓。

（3）abstract void drawImage(BufferedImage img, BufferedImageOp op, int x, int y)。使用 BufferedImageOp 过滤的 BufferedImage 应用的呈现属性，包括 Clip、Transform 和 Composite 属性。

（4）abstract boolean drawImage(Image img, AffineTransform xform, ImageObserver obs)。呈现一个图像，在绘制前进行从图像空间到用户空间的转换。

（5）abstract void drawString(String s, float x, float y)。使用 Graphics2D 上下文中的当前文本属性状态呈现指定的 String 的文本。

（6）abstract void drawString(String str, int x, int y)。使用 Graphics2D 上下文中的当前文本属性状态呈现指定的 String 的文本。

（7）abstract void fill(Shape s)。使用 Graphics2D 上下文的设置，填充 Shape 的内部区域。

（8）abstract Color getBackground()。返回用于清除区域的背景色。

（9）abstract Composite getComposite()。返回 Graphics2D 上下文中的当前 Composite。

（10）abstract Paint getPaint()。返回 Graphics2D 上下文中的当前 Paint。

（11）abstract Stroke getStroke()。返回 Graphics2D 上下文中的当前 Stroke。

（12）abstract boolean hit(Rectangle rect, Shape s, boolean onStroke)。检查指定的 Shape 是否与设备空间中的指定 Rectangle 相交。

（13）abstract void rotate(double theta)。将当前的 Graphics2D Transform 与旋转转换连接。

（14）abstract void rotate(double theta, double x, double y)。将当前的 Graphics2D Transform 与平移后的旋转转换连接。

（15）abstract void scale(double sx, double sy)。将当前 Graphics2D Transform 与可缩放转换连接。

（16）abstract void setBackground(Color color)。设置 Graphics2D 上下文的背景色。

（17）abstract void setComposite(Composite comp)。为 Graphics2D 上下文设置 Composite Composite 用于所有绘制方法中，如 drawImage、drawString、draw 和 fill，它指定新的像素如何在呈现过程中与图形设备上的现有像素组合。

（18）abstract void setPaint(Paint paint)。为 Graphics2D 上下文设置 Paint 属性。

（19）abstract void setStroke(Stroke s)。为 Graphics2D 上下文设置 Stroke 属性。

（20）abstract void setTransform(AffineTransform Tx)。重写 Graphics2D 上下文中的 Transform。

（21）abstract void shear(double shx, double shy)。将当前的 Graphics2D Transform 与剪裁转换连接。

（22）abstract void translate（double tx，double ty）。将当前的 Graphics2D Transform 与平移转换连接。

（23）abstract void translate（int x，int y）。将 Graphics2D 上下文的原点平移到当前坐标系统中的点（x，y）。

在 java. awt. geom 包中定义了几何图形类，包括点、直线、矩形、圆、椭圆、多边形等。该包中各类的层次结构如下：

```
1    |- java. lang. Object
2      |- java. awt. geom. AffineTransform
3      |- java. awt. geom. Area
4      |- java. awt. geom. CubicCurve2D
5        |- java. awt. geom. CubicCurve2D. Double
6        |- java. awt. geom. CubicCurve2D. Float
7      |- java. awt. geom. Dimension2D
8      |- java. awt. geom. FlatteningPathIterator
9      |- java. awt. geom. Line2D
10       |- java. awt. geom. Line2D. Double
11       |- java. awt. geom. Line2D. Float
12     |- java. awt. geom. Path2D
13       |- java. awt. geom. Path2D. Double
14       |- java. awt. geom. Path2D. Float
15         |-java. awt. geom. GeneralPath
16     |- java. awt. geom. Point2D
17       |- java. awt. geom. Point2D. Double
18       |- java. awt. geom. Point2D. Float
19     |- java. awt. geom. QuadCurve2D
20       |- java. awt. geom. QuadCurve2D. Double
21         |- java. awt. geom. QuadCurve2D. Float
22     |- java. awt. geom. RectangularShape
23       |- java. awt. geom. Arc2D
24         |- java. awt. geom. Arc2D. Double
25         |- java. awt. geom. Arc2D. Float
26       |- java. awt. geom. Ellipse2D
27         |- java. awt. geom. Ellipse2D. Double
28         |- java. awt. geom. Ellipse2D. Float
29       |- java. awt. geom. Rectangle2D
30         |- java. awt. geom. Rectangle2D. Double
31         |- java. awt. geom. Rectangle2D. Float
32       |- java. awt. geom. RoundRectangle2D
33         |- java. awt. geom. RoundRectangle2D. Double
34     |- java. awt. geom. RoundRectangle2D. Float
```

Graphics 类提供了很多绘图方法，绘图所使用的坐标系与屏幕、窗口相同。水平方向是 X 轴，向右为正；垂直方向是 Y 轴，向下为正。坐标原点（0,0）位于屏幕左上角。任一点（x，y）的 x 坐标表示该点距坐标原点在水平方向的像素，y 坐标表示距坐标原点在垂直方向的像素。

Graphics 类的成员方法见表 11.10。

表 11.10　Graphics **类的成员方法**

Graphics 类的成员方法	功能说明
void drawLine(int x1,int y1,int x2,int y2)	在点(x1,y1)与点(x2,y2)之间绘制一条直线
void drawOval(int x,int y,int w,int h)	在左上角位于点(x1,y1)宽度和长度分别为 w 和 h 的矩形内绘制一个内切椭圆
void drawRect(int x,int y,int w,int h)	绘制左上角位于(x,y)、宽度和长度分别为 w 和 h 的一个矩形
abstract void drawString(String str,int x,int y)	从点(x,y)处开始输出字符串
void fillRect(int x,int y,int w,int h)	绘制左上角位于点(x,y),宽度和长度分别为 w 和 h 的一个矩形,并用前景色填充
abstract Color getColor( )	返回绘图的颜色
abstract Font getFont( )	返回绘图的字体
abstract void setColor(Color c)	设置绘图的颜色为 c
abstract void setFont(Font font)	设置绘图的字体为 font

2. 在组件上绘图

在 java. awt. Component 类中声明了绘图方法 paint( ),其声明如下:

public void paint(Graphics g)

在 paint( )方法中,通过 Graphics 对象 g 调用绘图方法,在组件上绘制图形。paint( )方法在执行方式上与普通方法不同,它不是由用户编写代码调用执行,而是由系统自动执行。程序运行过程中,当创建一个组件时,系统自动执行该组件的 paint( )方法,绘制相应图形。因此,一个类如果需要在组件上绘图,则该类必须声明为继承某个 Java 组件类,并且覆盖 paint( )方法,否则不能自动执行 paint( )方法。

虽然在任何组件上都可以绘制图形,但由于很多组件上都有标题等信息,因此通常只在窗口或面板上绘制图形。

【例 11. 11】　绘图举例。

编程实现:在窗口中绘制一条直线和一个矩形,并在矩形内显示字符串"Painting"。

```
1   import java. awt. * ;
2   public class Painting extends Frame {
3       public Painting( ) {
4           super("Painting");
5           setSize(200, 150);
6           setVisible( true);
7       }
8       public static void main( String args[ ]) {
9           Painting app = new Painting( );
10      }
11      public void paint( Graphics g) {
12          g. setColor( Color. red);
13          g. drawLine(50, 50, 150, 50);
14          g. drawRect(50, 70, 100, 50);
```

```
15        Font fnt＝new Font("dialog", Font. ITALIC + Font. BOLD, 15）;
16        g. setFont(fnt）;
17        g. drawString("Paint", 70, 100）;
18      }
19  }
```

通过 super("Painting")调用父类的构造方法,使窗口具有标题"Painting"。由于 Painting 类继承了 Frame 类,因此当在 main( )方法中通过 new Painting( )实例化 Painting 对象 App 时,系统会自动执行 paint( )方法。

在 paint( )方法中,通过 setColor(Color. black)将前景设置为黑色,将采用黑色绘制图形和输出字符。通过 drawLine(50,50,150,150)在点(50,50)

与点(150,150)之间绘制一条直线(黑色)。通过 drawRect(50,70,100,50)绘制一个左上角位于(50,70),长度和宽度分别为 100 和 50 的矩形。通过 new Font("dialog",Font. ITALIC+Font. BOLD,15)实例化 Font 对象 fnt,再通过 setFont(fnt)设置文字显示的字形为 dialog,斜体和粗体修饰,字号为 15 磅。通过 drawstring("Painting", 70,100)从点(70,100)开始,采用刚设置的字体显示字符串"Painting"。

程序运行时,绘图窗口如图 11.9 所示。

图 11.9　绘图窗口

本 章 小 结

本章主要对 JDK 版本中提供的 Java 抽象窗口工具集(AWT)从容器、布局、组件、事件处理和绘图这几个方面进行讲解,详细地说明了其中应用的方法与函数的使用方法,并且通过丰富的例子帮助学生更好地理解使用的方法。

习　　题

一、简答题

1. 简述 AWT 提供的基于事件监听模型的事件处理机制。

2. 列出几个你所熟悉的 AWT 事件类,并举例说明什么时候会触发这些事件。

3. AWT 规定的 MouseEvent 类对应哪些监听器接口? 这些接口中都定义了哪些抽象方法?

4. 简述 AWT 为何要给事件提供相应的适配器(即 Adapter 类)。

5. 简述事件处理机制。

二、程序设计

1. 设计程序实现:一个窗口包含文本行和标签,在文本行中输入一段文字并按回车键后,这段文字将显示在标签上。

2. 编程实现:有一标题为"计算"的窗口,窗口的布局为 FlowLayout;有四个按钮,分别为"加""差""积"和"商";窗口中还有三个文本行,单击任一按钮,将两个文本行的数字进行相应的运算,在第三个文本行中显示结果。

3. 编写应用程序,有一个标题为"改变颜色"的窗口,窗口布局为 null,在窗口中有三个按钮和一个文本行,三个按钮的颜色分别是"红""绿""蓝",单击任一按钮,文本行的背景色更改为相应的颜色。

4.编写一个简单的屏幕变色程序。当用户单击"变色"按钮时,窗口颜色就自动地变成一种颜色。

5.编写一个温度转换程序。用户在文本行中输入华氏温度,并按回车键,自动在两个文本中分别显示对应的摄氏温度和开氏温度。要求给文本行和标签添加相应的提示信息。

具体的计算公式如下:

$$摄氏温度=5(华氏温度-32)/9$$
$$开氏温度=摄氏温度+273$$

6.创建一个有文本框和三个按钮的框架窗口程序,同时要求按下不同按钮时,文本框中能显示不同的文字。

第12章

Swing 组 件

早期的 JDK 版本提供了 Java 抽象窗口工具集,其目的是为程序员创建图形用户界面提供支持,但是 AWT 功能有限,因此在后来的 JDK 版本中又提供了功能更强的 Swing 类库。

12.1 Swing 组件概述

Swing 包含了大部分与 AWT 对应的组件,在 java.awt 包中分别用 Label 和 Button 表示,而在 java.swing 包中则用 JLabel 和 JButton 表示,多数 Swing 组件以字母"J"开头。Swing 组件的用法与 AWT 组件基本相同,大多数 AWT 组件只要在其类名前加 J 即可转换成 Swing 组件。java.swing 中类的继承关系如图 12.1 所示。

图 12.1 java.swing 中类的继承关系

Swing 组件与 AWT 组件最大的不同是,Swing 组件在实现时不包含任何本地代码,因此 Swing 组件可以不受硬件平台的限制,而具有更多的功能。不包含本地代码的 Swing 组件称为 "轻量级"组件,而包含本地代码的 AWT 组件称为"重量级"组件。在 Java 2 平台上推荐使用 Swing 组件。

Swing 组件比 AWT 组件拥有更多的功能。例如,Swing 中的按钮和标签不仅可以显示文本信息,还可以显示图标,或同时显示文本和图标;大多数 Swing 组件都可以添加和修改边框; Swing 组件的形状是任意的,而不仅局限于长方形。

Sun 已经不再扩充 AWT,而致力于发展 Swing 组件。但 AWT 并不会因此而消失,因为 Swing 是基于 AWT 而发展的,所有 Swing 组件均是以 AWT 的 Container 类为基础开发的,所以 Swing 的关键技术还是 AWT,要了解 Swing 技术,还需先了解 AWT 技术。在将 AWT 技术搞清楚之后,很容易开发基于 Swing 的图形界面程序。

Swing 库是抽象窗口工具 AWT 库的扩展,提供了比 AWT 更多的特性和工具,用于建立更复杂的图形用户界面。Java 建议用 Swing 组件代替 AWT 组件。

12.2　窗　　口

基于 Swing 组件的图形用户界面,采用 JFrame 框架作为容器。JFrame 类是从 Frame 类派生的,其构造方法和成员方法见表 12.1 和表 12.2。

表 12.1　JFrame 的构造方法

JFrame 类的构造方法	主要功能
JFrame( )	创建没有标题的窗口
JFrame(String title)	创建以 title 为标题的窗口

表 12.2　JFrame 的成员方法

JFrame 类的成员方法	主要功能
Container getContentPane( )	返回窗口的 ContentPane 组件
int getDefaultCloseOperation( )	当用户关闭窗口时的默认处理方法
int setDefaultCloseOperation( )	设置用户关闭窗口时所执行的操作
void update(Graphics g)	调用 paint( )方法重给窗口
void remove(Component component)	将窗口中的 component 组件删除
JMenuBar getMenuBar( )	返回窗口中的菜单栏组件
void setLayout(LayoutManager manager)	设置窗口的布局

每个 JFrame 窗口都有一个内容窗格(content panel),窗口除菜单外的所有组件都放在其内容窗格中。要将组件添加到其内容窗格中,首先用 JFrame 类的 getContentPane( )方法获得其默认的内容窗格,getContentpane( )方法的返回类型是 java. awt. Container,然后使用 add( )方法将组件添加到其内容窗格中,这与在 Frame 窗口中直接使用 add( )方法添加组件明显不同。

12.3 标 签

Swing 中的标签组件 JLabel 与 AWT 中的标签组件 Label 相似,可以显示文本。但 JLabel 组件还可以显示图标,当鼠标的指针移动到标签上时,还会显示一段提示信息。JLabel 类的构造方法和成员方法见表 12.3 和表 12.4。

表 12.3 JLabel 的构造方法

JLabel 类的构造方法	功能说明
JLabel( )	创建一个空标签
JLabel(Icon icon)	创建一个图标为 icon 的标签
JLabel(Icon icon,int alignment)	创建一个图标为 icon 的标签并指定它的水平对齐方式为 alignment
JLabel(String str)	创建一个标题为 str 的标签
JLabel(String str,int alignment)	创建一个标题为 str 的标签并指定标签的水平对齐方式为 alignment
JLabel(String str,Icon icon,int alignment)	创建一个图标为 icon、标题为 str 的标签并指定它的水平对齐方式

表 12.4 JLabel 的成员方法

JLabel 类的成员方法	返回标签的图标
Icon getIcon( )	返回标签的图标
void setIcon(Icon icon)	设置标签的图标为 icon
String getText( )	返回标签的标题
void setText(String str)	设置标签的标题为 str
void setHorizontalAlignment(int alignment)	设置标签的水平对齐方式为 alignment
void setVerticalAlignment(int alignment)	设置标签的垂直对齐方式为 alignment
void setHorizontalTextPosition(int ps)	设置标签标题的水平位置为 ps
void setVerticalTextPosition(int ps)	设置标签标题的垂直位置为 ps

【例 12.1】 标签练习。

```
1    import java.awt. * ;
2    import javax. swing. * ;
3    import java. awt. * ;
4    import java. awt. event. WindowAdapter;
5    import java. awt. event. WindowEvent;
6    public class SwingJLabel {
7        private JFrame mainFrame;
8        private JLabel headerLabel;
```

```
9      private JLabel statusLabel;
10      private JPanel controlPanel;
11
12      public SwingJLabel() {
13          prepareGUI();
14      }
15      public static void main(String[] args) {
16          SwingJLabel swingControlDemo = new SwingJLabel();
17          swingControlDemo.showLabelDemo();
18      }
19      private void prepareGUI() {
20          mainFrame = new JFrame("Java Swing JLable 示例");
21          mainFrame.setSize(400,400);
22          mainFrame.setLayout(new GridLayout(3,1));
23
24          mainFrame.addWindowListener(new WindowAdapter() {
25            public void windowClosing(WindowEvent windowEvent) {
26                System.exit(0);
27            }
28          });
29          headerLabel = new JLabel("", JLabel.CENTER);
30          statusLabel = new JLabel("",JLabel.CENTER);
31          statusLabel.setSize(350,100);
32          controlPanel = new JPanel();
33          controlPanel.setLayout(new FlowLayout());
34
35          mainFrame.add(headerLabel);
36          mainFrame.add(controlPanel);
37          mainFrame.add(statusLabel);
38          mainFrame.setVisible(true);
39      }
40      private void showLabelDemo() {
41          headerLabel.setText("Control in action: JLabel");
42          JLabel label = new JLabel("", JLabel.CENTER);
43          label.setText(
44              "这是一个简单的 Swing JLable 示例(by yiibai.com)");
45          label.setOpaque(true);
46          label.setBackground(Color.GRAY);
47          label.setForeground(Color.WHITE);
48          controlPanel.add(label);
49          mainFrame.setVisible(true);
50      }
51  }
```

运行结果如图 12.2 所示。

图 12.2 运行结果

12.4 按 钮

在 Swing 中,所有按钮都是由 AbstractButton 类派生的。Swing 中按钮的功能比 AWT 中的按钮功能更加强大,包括给按钮添加图像、使用快捷键和设置按钮的对齐方式,还可以将多个图像分配给一个按钮以处理鼠标在按钮上的停留等。JButton 类的构造方法见表 12.5。

表 12.5 JButton 类的构造方法

JButton 类的构造方法	功能说明
JButton( )	创建一个没有标题和图标的按钮
JButton(Icon icon)	创建一个图标为 icon 的按钮
JButton(String str)	创建一个标题为 str 的按钮
JButton(String str,Icon icon)	创建一个标题为 str、图标为 icon 的按钮

12.5 单选按钮和复选框

在 Swing 中,单选按钮 JRadionButton 用来显示一组互斥的选项。在同一组单选按钮中,任何时候最多只能有一个按钮被选中。一旦选中一个单选按钮,以前选中的按钮就自动变为未选中状态。

要让多个单选按钮位于同一组,必须使用按钮组类 ButtonGroup。ButtonGroup 是 javax. swing包中的类,但不是 JComponent 的子类。调用 ButtonGroup 类的 add( )方法可以将一个按钮添加到一个 ButtonGroup 对象中。

JRadioButton 类的构造方法见表 12.6。

表 12.6　JRadioButton 类的构造方法

JRadioButton 类构造方法	功能说明
JRadioButton( )	创建一个单选按钮
JRadioButton(Icon icon)	创建一个图标为 icon 的单选按钮
JRadioButton(Icon icon,boolean sele)	创建一个图标为 icon 的单选按钮,且初始状态为 sele
JRadioButton(String str)	创建一个标题为 str 的单选按钮
JRadioButton(String str,Icon icon)	创建一个标题为 str 的单选按钮,且初始状态为 sele
JRadioButton(String str,Icon icon)	创建一个标题为 str、图标为 icon 的单选按钮
JRadioButton (String str, Icon icon, boolean sele)	创建一个标题为 str、图标为 icon 的单选按钮,且初始状态为 sele

【例 12.2】　单选按钮。

```
1    import javax. swing. * ;
2    public class RadioButtonExample {
3      JFrame f;
4      RadioButtonExample( ) {
5        f=new JFrame( );
6        JRadioButton r1 = new JRadioButton("A) Male");
7        JRadioButton r2 = new JRadioButton("B) Female");
8        r1. setBounds(75,50,100,30);
9        r2. setBounds(75,100,100,30);
10       ButtonGroup bg =new ButtonGroup( );
11       bg. add(r1);
12       bg. add(r2);
13       f. add(r1);
14       f. add(r2);
15       f. setSize(300,300);
16       f. setLayout(null);
17       f. setVisible(true);
18     }
19     public static void main(String[ ] args) {
20       new RadioButtonExample( );
21     }
22   }
```

运行结果如图 12.3 所示。

运行程序,会出现两个单选框,选择其中一个,另一个自动取消选中,即实现两个单选框完成组内单选功能。

要创建 Swing 组件,就需要导入 javax. swing 包中的类;要创建 JFrame 窗口,则 JCheck 类需要继承 JFrame 类。

通过 super("JCheckBox")调用父类的构造方法,使窗口具有标题"JCheckBox"。调用 JFrame 类的 getContentPane( )方法获得窗口的内容窗格,将其赋予 Container 类对象 c,通过 c 可以向窗口中添加组件。通过 new JCheckBox("Plain",true)实例化 pla 复选框,使其具有标题"Plain",并处于选中状态;通过 new JCheckBox("Bold",false)实例化 bol 复选框,使其具有标题

"Bold",并处于未选中状态;通过 new JLabel("Plain is selected")实例化 lblp 标签,使其具有标题"Plain is selected";通过 new JLabel("Bold is selected")实例化 lblb 标签,使其具有标题"Bold is selected"。调用 add()方法,将 pla、bol、lblp 和 lblb 添加到窗口中。

图 12.3 运行结果

选择内部类 Handler1 的对象对 pla 和 bol 的 ItemEvent 事件进行监听,所以 Handler1 必须实现 ItemListener 接口,实现 ItemListener 接口中声明的抽象方法 itemStateChanged()。在 itemStateChanged()中,通过参数获得 ItemEvent 对象 e,调用 getSource()方法得到触发该事件的事件源。如果事件源是 pla,再调用 getStateChange()方法判断 pla 是否被选中,如果被选中,则 getStateChanged()的返回值是 ItemEvent. SELECTED,通过 setText("Plain is selected"),lblp 的标题变为"Plain is selected",否则使 lblp 的标题变为"Plain is not selected"。如果事件源是 bol,再调用 getStateChange()方法判断 bol 是否被选中,如果被选中,则 getStateChange()的返回值是 ItemEvent. SELECTED,通过 setText("Bold is not selected"),lblb 的标题变为"Bold is selected"。

在 main()方法中,通过 new JCheck()实例化 JCheck 对象 App,使程序运行。由于要选择内部类 Handler2 的对象对 WindowEvent 事件进行监听,因此 Handler2 需要继承 windowAdapter 类,覆盖其中的 windowClosing()方法。

程序运行时,显示窗口如图 12.4(a)所示。如果选中"Bold"单选按钮,itemStateChanged()方法,lblb 显示"Bold is selected",则窗口显示如图 12.4(b)所示。如果再单击,使"Plain"和"Bold"取消选中,则窗口显示如图 12.4 所示。

(a)初始界面

(b)选中 Bold 后的界面

图 12.4 运行结果

12.6 文本编辑组件

Swing 文本编辑组件有文本行、密码行和文本区。

文本行 JTextField 是一个单行文本编辑框,用于输入一行文字,其用法与 TextField 相同。文本行由 javax. swing 包中的 JTextField 类来创建。JTextField 类的构造方法和成员方法见表 12.7和表 12.8。

表 12.7　JTextField **类的构造方法**

JTextField 类的构造方法	功能说明
JTextField( )	创建一个没有文本的 JTextField 对象
JTextField(int n)	创建一个列宽为 n 的 JTextField 对象
JTextField(String str)	创建一个文本为 str 的 JTextField 对象
JTextField(String str ,int n)	创建一个列宽 n、文本为 str 的 JTextField 对象

表 12.8　JTextField **类的成员方法**

JTextField 类的成员方法	功能说明
void addActionListener(ActionListener e)	给 JTextField 对象注册监听器
int getColumns( )	返回 JTextField 对象的列数
void setColumns(int n)	设置 JTextField 对象的列数为 n
void setFont(Font font)	设置 JTextField 对象的字体为 font
void setHorizontalAlignment(int align)	设置 JTextField 对象中文本的水平对齐方式为 align

密码行 JPasswordField 是 JTextField 的子类,类用于编辑作为密码的一行文本。在其中输入字符时,不显示原字符,而显示"＊"。

文本区 JTextArea 是一个多行文本编辑框,其基本操作与 JTextField 类似,但增加了滚动条功能,JTextArea 类的构造方法和成员方法见表 12.9 和表 12.10。

表 12.9　JTextArea **类的构造方法**

JTextArea 类的构造方法	功能说明
JTextArea( )	创建一个没有文本的 JTextArea 对象
JTextArea(int m,int n)	创建一个有 m 行 n 列的 JTextArea 对象
JTextArea(String str)	创建一个文本为 str 的 JTextArea 对象
JTextArea(String str,int m,int n)	创建一个 m 行 n 列,文本为 str 的 JTextArea 对象

当用户修改文本行 JTextField 和文本区 JTextArea 中的文本时,将触发 TextEvent 事件。JTextField 和 JTextArea 对象需要调用 addTextListener( )方法注册 TextEvent 事件监听器。TextEvent 监听器所属类应该实现 TextListener 接口,实现其中声明的抽象方法 textValueChanged( )。

在 JTextField 组件中,由于只允许输入一行文本,因此当用户按回车键时,将触发 ActionEvent 事件。在 JTextArea 组件中完成输入后,要对其中的文本进行处理。可以添加按钮,通过按钮的 ActionEvent 事件进行相应处理。

表 12.10 JTextArea 类的成员方法

JTextArea 类的成员方法	功能说明
void setFont(Font font)	设置 JTextArea 对象中文本的字体为 font
void insert(String str,int position)	在 JTextArea 对象中文本的 position 位置插入文本 str
void append(String str)	在 JTextArea 对象文本的末尾添加文本 str
void repklaceRange (String str, int start, int end)	将 JTextArea 对象文本中 start ~ end 的文本用 str 替换
int getLineCount( )	返回 JTextArea 对象的文本行数
int getRow( )	返回 JTextArea 对象的行数
void setRows(int rows)	设置 JTextArea 对象的行数为 rows
int getColumns( )	返回 JTextArea 对象的列数
void setColumns(int columns)	设置 JTextArea 对象列数为 columns

12.7 列表框和组合框

当供选择的选项较少时,通常使用单选按钮和复选框。但当选项很多时,可以使用列表框 JList 或组合框 JComboBox。

列表框 JList 能容纳并显示一组选项,从中可以选择一项或多项。JList 类的构造方法和成员方法见表 12.11 和表 12.12。

表 12.11 JList 类的构造方法

JList 类的构造方法	功能说明
JList( )	创建一个没有选项的 JList 对象
JList(Vector vect)	创建一个 JList 对象,其中的选项由向量表 vect 决定
JList(Object items[ ])	创建一个 JList 对象,其中的选项由对象数组 items 决定

表 12.12 JList 类的成员方法

JList 类的成员方法	功能说明
void addListSelectionListener(ListSelectionListener e)	向 JList 对象注册 ListSelectionEvent 事件监听器
int getSelectiedIndex(int i)	返回 JList 对象中第 i 个被选中的选项序号,没有选中项时,返回−1
int getSelectedIndices(int[ ] I)	获得 JList 对象中选取的多个选项的序号
void setVisibleRowCount(int num)	设置 JList 对象中可见的行数为 num
int getVisibleRowCount( )	返回 JList 对象中可见的行数

组合框 JComboBox 由一个文本行和一个列表框组成。组合框通常的显示形式是右边带有下拉箭头的文本行,列表框是隐藏的,单击右边的下拉箭头才可以显示列表框。既可以在组合框的文本行中直接输入数据,也可以从其列表框中选择数据项,被选择的数据项显示在文本

行中。

JComboBox 类的构造方法和成员方法见表 12.13 和表 12.14。

表 12.13　JComboBox 类的构造方法

JComboBox 类的成员方法	功能说明
JComboBox( )	创建一个没有选项的 JComboBox 对象
JComboBox(Vector vect)	创建一个 JComboBox 对象,其中的选项由向量表 vedt 决定
JComboBox(Object items[ ])	创建一个 JComboBox 对象,其中的选项由对象数组 items 决定

表 12.14　JComboBox 类的成员方法

JComboBox 类的成员方法	功能说明
void addActionListener(ActionListener e)	向 JComboBox 对象注册 ActionEvent 事件监听器
void addItemListener(ItemListener a)	向 JComboBox 对象注册 ItemEvent 事件监听器
void addItem(Object object)	为 ComboBox 对象添加选项 object
Object getItemAt(int index)	返回 ComboBox 对象中下标为 index 的选项
int getItemCount( )	返回 ComboBox 对象中的选项数
Object getSelectedItem( )	返回 ComboBox 对象中当前选中的选项
int getSelectedIndex( )	返回 ComboBox 对象中当前选中选项的下标

当选择组合框中某个选项时,触发 ItemEvent 事件。响应 ItemEvent 事件的监听器必须实现 ItemListener 接口,实现其中声明的 itemStateChanged( )方法:

```
public void itemStateChanged( ItemEvent e)
```

【例 12.3】　Swing 组合框举例。

```
1   import javax. swing. * ;
2   import java. awt. * ;
3   import java. awt. event. ActionEvent;
4   import java. awt. event. ActionListener;
5   import java. awt. event. WindowAdapter;
6   import java. awt. event. WindowEvent;
7   public class JComboBoxExample {
8       private JFrame mainFrame;
9       private JLabel headerLabel;
10      private JLabel statusLabel;
11      private JPanel controlPanel;
12
13      public JComboBoxExample( ){
14          prepareGUI( );
15      }
16      public static void main(String[ ] args){
17          JComboBoxExample swingControlDemo
18                      = newJComboBoxExample( );
```

```
19          swingControlDemo. showComboboxDemo( ) ;
20     }
21     private void prepareGUI( ) {
22          mainFrame = new JFrame("Java Swing JCombox 示例");
23          mainFrame. setSize(400 ,400) ;
24          mainFrame. setLayout( new GridLayout(3 , 1) ) ;
25
26          mainFrame. addWindowListener( new WindowAdapter( ) {
27             public void windowClosing( WindowEvent windowEvent) {
28                System. exit(0) ;
29             }
30          } ) ;
31          headerLabel = new JLabel("", JLabel. CENTER) ;
32          statusLabel = new JLabel("",JLabel. CENTER) ;
33          statusLabel. setSize(350 ,100) ;
34
35          controlPanel = new JPanel( ) ;
36          controlPanel. setLayout( new FlowLayout( ) ) ;
37
38          mainFrame. add( headerLabel) ;
39          mainFrame. add( controlPanel) ;
40          mainFrame. add( statusLabel) ;
41          mainFrame. setVisible( true) ;
42     }
43     private void showComboboxDemo( ) {
44          headerLabel. setText("Control in action: JComboBox") ;
45          final DefaultComboBoxModel fruitsName =
46                new DefaultComboBoxModel( ) ;
47          fruitsName. addElement("Java") ;
48          fruitsName. addElement("Python") ;
49          fruitsName. addElement("MySQL") ;
50          fruitsName. addElement("Perl") ;
51          final JComboBox fruitCombo =
52                new JComboBox( fruitsName) ;
53          fruitCombo. setSelectedIndex(0) ;
54          JScrollPane fruitListScrollPane =
55                new JScrollPane( fruitCombo) ;
56          JButton showButton = new JButton("Show") ;
57          showButton. addActionListener( new ActionListener( ) {
58             public void actionPerformed( ActionEvent e) {
59                String data = "";
60                if ( fruitCombo. getSelectedIndex( ) ! = -1) {
61                   data = "Language Selected: "
62                         + fruitCombo. getItemAt
```

```
63              (fruitCombo. getSelectedIndex());
64          }
65          statusLabel. setText(data);
66      }
67  });
68  controlPanel. add(fruitListScrollPane);
69  controlPanel. add(showButton);
70  mainFrame. setVisible(true);
71  }
72
73  }
74
```

运行结果如图 12.5 所示。

图 12.5　运行结果

运行程序,会出现两个下拉选框。先选择第一个框,如果第一个框选择的是 Java,然后点击第二个 Show 按钮,会在下方出现"Language Selected:Java";如果第一个框选择的是 Python,然后点击第二个 Show 按钮,会在下方出现"Language Selected:Python"。Mysql 和 Perl 也是同样的效果。

12.8　菜　　单

菜单中的选项是对窗口的一系列操作命令,几乎所有的大型程序均设有菜单。在 Java 中,一个完整的菜单由三种菜单类创建:菜单栏类 JMenuBar、菜单类 JMenu 和菜单项类型 JMenuItem。

菜单栏(JMenuBar)是窗口中用于容纳菜单(JMenu)的容器。JMenuBar 提供的 add()方法用来添加菜单,一个菜单栏通常可以添加多个菜单。菜单栏不支持事件监听器,在菜单栏区域所产生的所有事件都会被菜单栏自动处理。

JFrame 类提供的 setMenuBar()方法用来将菜单栏旋转于框架窗口上方,其声明如下:
public void setJMenuBar(JMenuBar menubar)

JMenuBar 类的方法见表 12.15。

表 12.15　JMenuBar 类的方法

JMenuBar 类的方法	功能说明
JMenuBar( )	创建菜单栏对象
JMenu add(Menu c)	将菜单 c 添加到菜单栏中

菜单(JMenu)是一组菜单项(JMenuItem)的容器或另一个菜单的容器,每个菜单有一个标题。JMenu 类提供的 add( )方法用来添加菜单项或另一个菜单。如果一个菜单中加入了另一个菜单,则构成二级子菜单。JMenu 类的构造方法和成员方法见表 12.16 和表 12.17。

表 12.16　JMenu 类的构造方法

JMenu 类的构造方法	功能说明
JMenu( )	创建没有标题的菜单
JMenu(String str)	创建标题为 str 的菜单

表 12.17　JMenu 类的成员方法

JMenu 类的成员方法	功能说明
JMenuItem add(JMenuItem menuitem)	将菜单项 menuitem 添加到菜单中
void addSeparator( )	在菜单中添加一条分隔线

菜单项(JMenuItem)是组成菜单的最小单位,在菜单项上可以注册 ActionEvent 事件监听器。当单击菜单项时,执行 actionPerformed( )方法。

JMenuItem 类的构造方法见表 12.18。

表 12.18　JMenuItem 类的构造方法

JMenuItem 类	功能说明
JMenuItem( )	创建一个菜单项
JMenuItem(String str)	创建标题为 str 的菜单项
JMenuItem(Icon icon)	创建图标为 icon 的菜单项
JMenuItem(String str,Icon icon)	创建标题为 str、图标为 icon 的菜单项

【例 12.4】　Swing 菜单举例。

```
1   import javax. swing. * ;
2   import java. awt. * ;
3   import java. awt. event. * ;
4   public class JMenuDemo {
5       private JFrame mainFrame;
6       private JLabel headerLabel;
7       private JLabel statusLabel;
8       private JPanel controlPanel;
9
10      public JMenuDemo( ){
11          prepareGUI( );
```

```
12      }
13      public static void main(String[ ] args){
14        JMenuDemo  swingMenuDemo = new JMenuDemo( );
15        swingMenuDemo. showMenuDemo( );
16      }
17      private void prepareGUI( ){
18        mainFrame = new JFrame("Java SWING Examples");
19        mainFrame. setSize(400,400);
20        mainFrame. setLayout(new GridLayout(3, 1));
21      headerLabel = new JLabel("",JLabel. CENTER );
22      statusLabel = new JLabel("",JLabel. CENTER);
23      statusLabel. setSize(350,100);
24      mainFrame. addWindowListener(new WindowAdapter( ) {
25        public void windowClosing(
26            WindowEvent windowEvent){
27          System. exit(0);
28        }
29      });
30      controlPanel = new JPanel( );
31      controlPanel. setLayout(new FlowLayout( ));
32      mainFrame. add(headerLabel);
33      mainFrame. add(controlPanel);
34      mainFrame. add(statusLabel);
35      mainFrame. setVisible(true);
36    }
37    private void showMenuDemo( ){
38    //create a menu bar
39    final JMenuBar menuBar = new JMenuBar( );
40
41    //create menus
42    JMenu fileMenu = new JMenu("文件");
43    JMenu editMenu = new JMenu("编辑");
44    final JMenu aboutMenu = new JMenu("关于");
45    final JMenu linkMenu = new JMenu("链接");
46    //create menu items
47    JMenuItem newMenuItem = new JMenuItem("新建");
48    newMenuItem. setMnemonic(KeyEvent. VK_N);
49    newMenuItem. setActionCommand("New");
50    JMenuItem openMenuItem = new JMenuItem("打开");
51    openMenuItem. setActionCommand("Open");
52    JMenuItem saveMenuItem = new JMenuItem("保存");
53    saveMenuItem. setActionCommand("Save");
54    JMenuItem exitMenuItem = new JMenuItem("退出");
55    exitMenuItem. setActionCommand("Exit");
```

```
56    JMenuItem cutMenuItem = new JMenuItem("剪切");
57    cutMenuItem. setActionCommand("Cut");
58    JMenuItem copyMenuItem = new JMenuItem("复制");
59    copyMenuItem. setActionCommand("Copy");
60    JMenuItem pasteMenuItem = new JMenuItem("粘贴");
61    pasteMenuItem. setActionCommand("Paste");
62    MenuItemListener menuItemListener =
63          new MenuItemListener( );
64    newMenuItem. addActionListener( menuItemListener);
65    openMenuItem. addActionListener( menuItemListener);
66    saveMenuItem. addActionListener( menuItemListener);
67    exitMenuItem. addActionListener( menuItemListener);
68    cutMenuItem. addActionListener( menuItemListener);
69    copyMenuItem. addActionListener( menuItemListener);
70    pasteMenuItem. addActionListener( menuItemListener);
71    final JCheckBoxMenuItem showWindowMenu =
72          new JCheckBoxMenuItem(
73            "显示关于", true);
74    showWindowMenu. addItemListener( new ItemListener( ) {
75      public void itemStateChanged(ItemEvent e) {
76        if( showWindowMenu. getState( )){
77          menuBar. add( aboutMenu);
78        } else {
79          menuBar. remove( aboutMenu);
80        }
81      }
82    });
83    final JRadioButtonMenuItem showLinksMenu =
84          new JRadioButtonMenuItem(
85            "显示链接", true);
86    showLinksMenu. addItemListener( new ItemListener( ) {
87      public void itemStateChanged(ItemEvent e) {
88        if( menuBar. getMenu(3) ! = null){
89          menuBar. remove( linkMenu);
90          mainFrame. repaint( );
91        } else {
92          menuBar. add( linkMenu);
93          mainFrame. repaint( );
94        }
95      }
96    });
97    //add menu items to menus
98    fileMenu. add( newMenuItem);
99    fileMenu. add( openMenuItem);
```

```
100         fileMenu. add( saveMenuItem) ;
101         fileMenu. addSeparator( ) ;
102         fileMenu. add( showWindowMenu) ;
103         fileMenu. addSeparator( ) ;
104         fileMenu. add( showLinksMenu) ;
105         fileMenu. addSeparator( ) ;
106         fileMenu. add( exitMenuItem) ;
107         editMenu. add( cutMenuItem) ;
108         editMenu. add( copyMenuItem) ;
109         editMenu. add( pasteMenuItem) ;
110         //add menu to menubar
111         menuBar. add( fileMenu) ;
112         menuBar. add( editMenu) ;
113         menuBar. add( aboutMenu) ;
114         menuBar. add( linkMenu) ;
115         //add menubar to the frame
116         mainFrame. setJMenuBar( menuBar) ;
117         mainFrame. setVisible( true) ;
118       }
119       class MenuItemListener implements ActionListener {
120         public void actionPerformed( ActionEvent e) {
121           statusLabel. setText( e. getActionCommand( ) + " JMenuItem clicked. ") ;
122         }
123       }
124    }
```

运行结果如图 12.6 所示。

图 12.6   运行结果

运行程序,会出现一个菜单框,先点击文件,会出现图 12.6(a)的情况,若选择新建,则会在下方提示"New JMenuItem clicked.",点击打开出现"Open JMenuItem clicked",点击保存出现"Save JMenuItem clicked",点击退出出现"Exit JMenuItem clicked",复选框和单选框可以实

现选中和取消选中功能。然后点击编辑,会出现图 12.6(b)的情况,若选择剪切,则会在下方
提示"Cut JMenuItem clicked.",点击复制出现"Copy JMenuItem clicked",点击粘贴出现"Paste
JMenuItem clicked"。"关于"和"链接"两个按钮未做关联,所以点击后没有反应。

【例 12.5】　编写程序,完成图 12.7 所示界面的设计和显示。

图 12.7　例 12.5 图示

```
1   //GUIDemo. java
2   public class GUIDemo {
3
4     public static void main(String[ ] args) {
5       MyFrame frm＝new MyFrame("注册界面");
6     }
7   }
8   //MyFrame. java
9   import javax. swing. * ;
10  import java. awt. * ;
11  public class MyFrame extends JFrame {
12    private JComboBox cmbMonth;
13    private JLabel labID,labPW,labPW2,labResume,labSex,labCardType,labCardID,labAgree;
14    private JTextField txfID,txfCard;
15    private JPasswordField pwf1,pwf2;
16    private JTextArea txaResume;
17    private JRadioButton rdbMale,rdbFemale;
18    private ButtonGroup grp;
19    private JComboBox cmbCard;
20    private JCheckBox chkAgree;
21    MyFrame(String s){
22      super(s);
```

```
23        setSize(320,400);
24        setLocationRelativeTo(null);
25        JPanel contentPane = new JPanel( );
26        setContentPane(contentPane);
27        labID = new JLabel("用 户 名:");
28        txfID = new JTextField(20);
29        labPW = new JLabel("密    码:");
30        pwf1 = new JPasswordField(20);
31        pwf1.setEchoChar('*');
32        labPW2 = new JLabel("确认密码:");
33        pwf2 = new JPasswordField(20);
34        pwf2.setEchoChar('*');
35        labResume = new JLabel("个人简介:");
36        txaResume = new JTextArea(10,20);
37        labSex = new JLabel("性    别:");
38        rdbMale = new JRadioButton("男");
39        rdbFemale = new JRadioButton("女");
40        grp = new ButtonGroup( );
41        grp.add(rdbMale);
42        grp.add(rdbFemale);
43        labCardType = new JLabel("证件类型:");
44        String cardType[ ] = {"身份证","护照","学生证","驾驶证","军官证","其他"};
45        cmbCard = new JComboBox(cardType);
46        labCardID = new JLabel("证件号码:");
47        txfCard = new JTextField(20);
48        labAgree = new JLabel("同意服务条款:");
49        chkAgree = new JCheckBox("我已经看过并同意使用协议");
50        contentPane.add(labID);
51        contentPane.add(txfID);
52        contentPane.add(labPW);
53        contentPane.add(pwf1);
54        contentPane.add(labPW2);
55        contentPane.add(pwf2);
56        contentPane.add(labResume);
57        contentPane.add(txaResume);
58        contentPane.add(labSex);
59        contentPane.add(rdbMale);
60        contentPane.add(rdbFemale);
61        contentPane.add(labCardType);
62        contentPane.add(cmbCard);
63        contentPane.add(labCardID);
64        contentPane.add(txfCard);
65        contentPane.add(labAgree);
66        contentPane.add(chkAgree);
```

```
67
68        setDefaultCloseOperation(JFrame.EXIT_ON_CLOSE);
69        setVisible(true);
70     }
71   }
```

【例12.6】 设计计算器界面。

```
1    import javax.swing.*;
2    import javax.swing.border.EmptyBorder;
3    import java.awt.*;
4    public class CalculatorDemo extends JFrame {
5      private JPanel contentPane;//内容面板
6      private JTextField textField;//文本框
7      public CalculatorDemo(){
8        setTitle("计算器");//设置窗体的标题
9        //设置窗体退出时操作
10       setDefaultCloseOperation(JFrame.EXIT_ON_CLOSE);
11       //设置窗体位置和大小
12       setBounds(100,100,250,200);
13       contentPane=new JPanel();//创建内容面板
14       //设置面板的边框
15       contentPane.setBorder(new EmptyBorder(5,5,5,5));
16       //设置内容面板为边界布局
17       contentPane.setLayout(new BorderLayout(0,0));
18       setContentPane(contentPane);//应用内容面板
19       //新建面板用于保存文本框
20       //将面板放置在边界布局的北部
21       JPanel panel1=newJPanel();
22       contentPane.add(panel1,BorderLayout.NORTH);
23       textField=new JTextField();//新建文本框
24       textField.setHorizontalAlignment(SwingConstants.RIGHT);
25       //文本框中的文本使用右对齐
26       panel1.add(textField);//将文本框增加到面板中
27       textField.setColumns(18);//设置文本框的列数是18
28       JPanel panel2=new JPanel();//新建面板用于保存按钮
29       contentPane.add(panel2,BorderLayout.CENTER);//将面板放置在边界布局的中央
30       panel2.setLayout(new GridLayout(4,4,5,5));//面板使用网格4×4布局
31       JButton button01=new JButton("7");//新建按钮
32       panel2.add(button01);//应用按钮
33
34       JButton button02=new JButton("8");//新建按钮
35       panel2.add(button02);//应用按钮
36       JButton button03=new JButton("9");//新建按钮
37       panel2.add(button03);//应用按钮
38       JButton button04=new JButton("+");//新建按钮
```

```
39      panel2. add( button04) ; //应用按钮
40      JButton button05 = new JButton("4"); //新建按钮
41      panel2. add( button05) ; //应用按钮
42      JButton button06 = new JButton("5"); //新建按钮
43      panel2. add( button06) ; //应用按钮
44      JButton button07 = new JButton("6"); //新建按钮
45      panel2. add( button07) ; //应用按钮
46      JButton button08 = new JButton("-"); //新建按钮
47      panel2. add( button08) ; //应用按钮
48      JButton button09 = new JButton("3"); //新建按钮
49      panel2. add( button09) ; //应用按钮
50      JButton button10 = new JButton("2"); //新建按钮
51      panel2. add( button10) ; //应用按钮
52      JButton button11 = new JButton("1"); //新建按钮
53      panel2. add( button11) ; //应用按钮
54      JButton button12 = new JButton(" * "); //新建按钮
55      panel2. add( button12) ; //应用按钮
56      JButton button13 = new JButton("0"); //新建按钮
57      panel2. add( button13) ; //应用按钮
58      JButton button14 = new JButton("."); //新建按钮
59      panel2. add( button14) ; //应用按钮
60      JButton button15 = new JButton("="); //新建按钮
61      panel2. add( button15) ; //应用按钮
62      JButton button16 = new JButton("/"); //新建按钮
63      panel2. add( button16) ; //应用按钮
64      }
65    public static void main(String[ ] args) {
66      CalculatorDemo frame = new CalculatorDemo( );
67      frame. setVisible(true);
68      }
69  }
70
```

运行结果如图 12.8 所示。

图 12.8　运行结果

本 章 小 结

本章主要对 swing 类进行了讲解,从 Swing 类的窗口、标签、按钮、文本、选择按钮、列表和组合框和菜单等多个方面分析了使用的方法并通过例子来具体使用这些类,方便学生学习与使用。

习　　题

1. 简述 AWT 组件和 Swing 组件的异同。

2. 编制程序实现:在 JTextField 中输入文本,单击按钮后,将所输文本添加到 JTextArea 中。

3. 编写应用程序实现:窗口取默认布局——BorderLayout 布局,添加 JComboBox 组件,该组件有六个选项,分别表示六种商品名称。在中心添加一个文本区,当选择 JComboBox 组件中的某个选项后,文本区显示该商品的价格和产地信息。

4. 编写"猜数游戏"程序。系统自动生成一个 1～200 的随机整数,并在屏幕显示:"有一个数,在 1～200。猜猜看,这个数是多少?"

5. 编写一个简单的个人简历程序。可以通过文本行输入姓名,通过单选按钮选择性别,通过组合框选择籍贯,通过列表框选择文化程度,请自行安排版面,使其美观。

6. 创建一个带有多级菜单系统的框架窗口程序,要求每单击一个菜单项,就弹出一个相对应的窗口。

7. 请分别用 AWT 和 Swing 组件来设计实现计算器程序,要求能完成简单四则运算。

第13章

Applet 程序

Applet 是一种在 Web 页中运行的小应用程序,它可以直接嵌入到具有解释 Java 能力的浏览器中。当使用浏览器对一个包含 Applet 的 Web 页面进行浏览时,浏览器将从 Web 服务器下载 Applet,并在本地执行。Applet 广泛用于创建动态、交互式的 Web 应用程序。

13.1 Applet 简 介

简单地说,Applet 就是在 Web 浏览器中执行的 Java 程序。它能像图像文件、声音文件和视频片段那样通过网络动态下载。Applet 与其他文件的重要差别是,它是一个智能的程序,能对用户的输入做出反应,并且能动态变化,而不是一遍又一遍地播放同一动画或声音。

与大多数程序不同的是,Applet 的执行不是从 main() 开始的。Applet 的执行用一种完全不同的机制启动和控制,对于 Applet 窗口的输出并不是由函数 System. out. println() 完成的,而是由各种不同的 AWT 方法来实现的,如 drawString()。这个方法可以向窗口的某个由X、Y坐标决定的特定位置输出一个字符串。

随着网络应用的发展,Applet 所能完成的工作会越来越多,但是始终不能忘记安全性的保证。由于 Java 语言的安全机制,因此用户载入的 Applet 程序会产生安全的多媒体信息。如果小应用程序没有安全性保证,是不可能在网络上有如此广泛的应用的。

归纳起来,Applet 程序能够实现的应用主要如下:

(1)基本的绘画功能;

(2)动态页面效果;

(3)动画和声音的播放;

(4)交互功能的实现;

(5)窗口开发环境;

(6)网络交流能力的实现。

【例 13.1】 编写一个简单的 JavaApplet 小程序。

```
1    import java. awt. * ;
2    public class HelloWorld extends Applet{
3        public static void main(String[ ] args) {
4            g. drawString("Hello, world!", 50, 60);
5            g. drawArc(70, 80, 20, 20, 0, 360);
6        }
```

7　}

8　HelloWorld. html

9　<! DOCTYPE html>

10　<html>

11　<applet code =″HelloWorld. class″ height =″80″ width =″200″>

12　</applet>

13　</html>

运行结果如图 13.1 所示。

图 13.1　运行结果

在程序中,首先 import 语句引入 java. applet 和 java. awt 包,使得该程序可以使用这些包中所定义的类,然后声明一个公共类 HelloWorld,用 extends 关键字指明该类继承于 Applet 类。在类中,重写父类 Applet 的 paint 方法,其中参数 g 为 Graphics 类的对象,Graphics 类的作用是在画布上绘制图形。由于 Applet 程序的执行结果要在浏览器中显示,因此这里使用 Graphics 类的对象的相关方法将程序的执行结果绘制在浏览器的页面中。在 paint 方法中,调用 g 的方法 drawString( ),在坐标(50,60)处输入字符串"Hello, world!",其坐标是用像素点来表示的。

此段程序的功能是在指定位置利用 drawString( )方法输出字符串。编译成功后,将生成一个 HelloWorld. class 的文件。接下来就是将这个. class 文件放入到含有<applet>和</applet>这样一对标记的 HTML 文件代码中。当支持 Java 的网络浏览器遇到这对标记时,就将下载相应的小应用程序代码并在本地计算机上执行该 Applet。

Applet 定义了一些参数:code 指明 Applet 字节码的文件名(后缀为". class"),以像素为单位的 Applet 的初始宽度 width 和高度 height。

然后,将生成的 HelloWorld. class 和 HelloWorld. html 文件放在同一个文件夹中。

13.1.1　Applet 类

Applet 是一个 Java 类,所有的小应用程序都是 Applet 类的子类,因此所有的小应用程序都必须引用 java. applet 类库,java. applet. Applet 类实际上是 java. awt. Panel 的子类。

需要注意的是,Applet 并不是由基于控制台的 Java 运行环境的解释器执行的,而是由 Web 浏览器或小应用程序阅读器执行的。Applet 小应用程序可以不重载那些它不想使用的方法,只有比较简单的 Applet 小应用程序才不需要定义全部的方法。

Applet 类是 Applet 包中含有的唯一的类,它提供了 Applet 与其所执行环境间的标准接口,也提供了使 Applet 能在浏览器上执行的程序结构。

这种结构是由 init( )、start( )、stop( )、destroy( )这四个方法构成的,另一个方法 paint( )是由 AWT 组件类定义的,这五个方法组成了程序的基本框架。

Applet 和 AWT 类的层次继承图如图 13.2 所示。

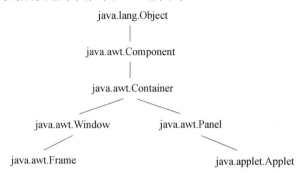

图 13.2　Applet 和 AWT 类的层次继承图

这种层次关系显示,一个 Applet 可直接用作一个 AWT 布局的起始点。因为 Applet 为一Panel,所以它有一个缺省的流(flow)布局管理器。Component 类、Container 类和 Panel 类的方法被 Applet 类继承了下来。

```
import java. applet. * ;
import java. awt. * ;
  public class HelloWorld extends Applet {
      public void init( ) {
      }
```

在整个 Applet 生命周期中,当第一次浏览含有 Applet 的 Web 页时,浏览器将进行以下操作:

①下载该 Applet;

②创建对象,即产生一个该 Applet 主类的实例;

③调用 init( )对 Applet 自身进行初始化。

在 init( )方法中可设置程序初始状态,如配置用户接口组件、载入图形图像或字体、建立新线程、获取 HTML 中<param>设定的参数等。

```
  {
    Public void start( )
  }
```

启动执行 Applet 的方法,或者当用户打开别的网页后又回到 Applet 所在的网页时被调用。

在整个 Applet 生命周期中,启动可发生多次,在下列情况下,浏览器会调用 start( )方法:

①Applet 第一次载入时;

②打开该 Web 页后;

③Reload 该页面时;

④在浏览含有 Applet 的 Web 页时用浏览器右上角缩放按钮缩放浏览窗口大小时。

在 start( )方法中可启动一个线程来控制 Applet,给引入类对象发送消息,或以某种方式通知 Java 小应用程序开始运行。

```
  {
    public void stop( )
  }
```

在整个 Applet 生命周期中,停止可发生多次。在以下四种情况下,浏览器会调用 stop( )方法:

①离开 Applet 所在 Web 页时(用 back,forward);

②Reload 该页面时;

③在浏览含有 Applet 的 Web 页时用浏览器右上角缩放按钮缩放浏览窗口大小时;

④关闭该 Web 页(彻底结束对该页面的访问)、结束浏览器运行(从含有该小应用程序的 Web 页退出)时。

当挂起小应用程序时,可释放系统处理资源。否则,当浏览者离开一个页面时,小应用程序还将继续运行。

```
{
    public void destroy( )
}
```

在整个 Applet 生命周期中,在彻底结束对该 Web 页的访问和结束浏览器运行时,(close,exit)只调用一次,在该方法中可编写释放系统资源的代码,但除非用了特殊的资源,如创建的线程,否则不需要重写 destroy( )方法,因为 Java 运行时系统本身会自动进行"垃圾"处理和内存管理。

```
{
    public void paint(Graphics g)
}
```

在下列情况下,浏览器可多次调用 paint( )方法:

①Web 页中含有 Applet 的部分被滚入窗口时;

②Applet 显示区域所在浏览窗口大小发生变化,窗口被移动、缩放或 Reload 等需要重绘窗口时。

与前几个方法不同的是,paint( )中带有一个参数 Graphics g,它表明 paint( )需要引用一个 Graphics 类的对象实体。在 Applet 中,编程者无须担心,浏览器会自动创建 Graphics 对象并将其传送给 paint( )方法,但编写程序时应在小应用程序中引入 Graphics 类。

由 Applet 定义的方法见表 13.1。Applet 类为小应用程序的执行如启动、中止等提供了所有必需的支持。Applet 类还提供了装载和显示图像的方法,以及装载和播放语音片段的方法。

表 13.1　由 Applet 定义的方法

方法	描述
Void destroy( )	在一个小应用程序结束之前被浏览器调用。小应用程序在被删除之前如果需要完成任何清除工作,则会重载此方法
AccessibleContext getAccessibleContext( )	为调用对象返回可访问的上下文
AppletContext getAppletContext( )	返回与此小应用程序相关的上下文关系
String getAppletInfo( )	返回一个描述此小应用程序的字符串
AudioClip getAudioClip(URL url)	返回一个 AudioClip 对象,它封装了在由 url 指定的地方找到的音频片段

续表 13.1

方法	描述
AudioClip getAudioClip(URL url, String clipName)	返回一个 AudioClip 对象,它封装了在由 url 指定的地方找到的名为 clipName 的音频片段
URL getCodeBase( )	返回与调用小应用程序相关的 URL
URL getDocumentBase( )	返回调用此小应用程序的 HTML 文档的 URL
Image getImage(URL url)	返回一个 Image 对象,它封装了在由 url 指定的位置找到的图像
Image getImage(URL url,String imageName) Locale getLocale( ) String getParameter(String paramName)	返回一个 Image 对象,它封装了在由 url 所指定的位置找到的名为 imageName 的图像 返回一个 Locale 对象,它被许多对位置敏感的类和方法使用 返回与 paramName 相关的参数。如果所指定的参数未能找到,则返回 null
String[ ][ ]getParameterInfo( ) void init( ) boolean isActive( ) static final AudioClip new AudioClip(URL url) void play(URL url) void play(URL url, String clipName) void resize(Dimension dim)	返回一个描述由此小应用程序所识别的参数的 Srting 表。表中的每一条必须包含三个字符串,分别包含了参数名、类型或范围描述及用途说明 在小应用程序开始执行时被调用,它是任何小应用程序调用的第一个方法 如果小应用程序已经启动,则返回 true;如果小应用程序被中止则返回 false 返回一个 AudioClip 对象,它封装了在 url 所指定的位置找到音频片段。此方法类似于 getAudioClip( ),是静态的,且可无须 Applet 对象就被执行(在 Java 2 中被加入) 如果在 url 指定的位置能找到一个音频片段,则此片段被播放 如果在 url 设定的位置能找到一个音频片段且名为 clipName,则此片段被播放 根据 dim 指定的尺寸调整小应用程序的大小。Dimension 是一个存储在 java. awt 中的类。它包含了两个整数域:width 和 height
void resize(int width, int height) final void setStub(AppletStub stubObj)	根据 width 和 height 设定的尺寸调整小应用程序的大小 使 stubObj 成为小应用程序的存根。此方法由实时运行系统使用并且通常不被小应用程序调用。一个存根是提供小应用程序与浏览器之间的链接的小段代码

续表 13.1

方法	描述
void showStatus(String str)	在浏览器或小应用程序阅读器的状态窗口显示 str。如果浏览器不支持状态窗口,则无任何动作发生
void start( )	当小应用程序开始(或重新)执行时,被浏览器调用。它在小应用程序刚开始时在 init 之后被自动调用
void stop( )	被浏览器调用以将小应用程序挂起。一旦被停止,则当浏览器调用 start( )时,小应用程序被启动

13.1.2　Applet 程序的运行过程

在一个 Applet 的生命周期中,共有四种状态和四个方法:init( )、start( )、stop( )和 destroy( )。

Applet 生命周期和主要方法如图 13.3 所示。

图 13.3　Applet 生命周期和主要方法

当一个小应用程序开始执行时,AWT 就以下列顺序调用以下方法:

init( ),start( ),paint( )

当一个小应用程序中止时,下面的方法就以下列顺序被调用:

stop( ),destroy( )

下面仔细看一下这些方法。

1. init( )

init( )方法是被调用的第一个方法,这是初始化变量的地方。这个方法在小应用程序运行期间仅被调用一次。init( )方法被需要完成初始化的代码覆盖。一般来说,如果编写的不是 Applet 程序,则 init( )方法包含的代码应该属于一个构造方法。Applet 没有构造方法是因为直到它的 init( )方法调用之前,都不能保证有一个完整的环境。

2. start( )

start( )方法在 init( )之后被调用,也在小应用程序被中止后重新启动时被调用。init( )方法仅在小应用程序第一次被装载时调用一次,而 start( )却在每一次小应用程序的 HTML 文档被显示在屏幕上时被调用。start( )方法也可以被覆盖,每一个在初始化之后还要完成某些任务(除直接影响用户动作外)的 Applet 必须覆盖 start( )方法,以便用户在每次访问 Applet 所在的 Web 页面时引发一段程序来完成这些任务,如启动一个动画。start( )方法也可以启动一个或多个执行任务的线程。

3. paint( )

在每一次小应用程序的输出必须重画窗口时,paint( )方法都被调用。这种情况的产生有多个原因。例如,小应用程序正在运行的窗口可以被另一个窗口覆盖,然后再恢复;或小应用程序的窗口可能被缩小再复原。paint( )方法也在小应用程序开始执行时被调用。无论是什么原因,只要是小应用程序就必须重画窗口,paint( )就被调用。paint( )方法有一个 Graphics 类型的参数,这个参数包含了图像上下文,描述了小应用程序所运行的环境。在需要对小应用程序进行输出时,这个上下文将被用到。

4. stop( )

当 Web 浏览器离开包含小应用程序的 HTML 文件时,stop( )方法就被调用,这与 start( )方法相对应。stop( )方法也可以被覆盖,使得用户每次离开 Applet 所在的 Web 页面时引发一个动作。大部分覆盖 start( )方法的 Applet 也将覆盖 stop( )方法。当用户不浏览某个 Applet 页面时,stop( )方法将暂停 Applet 的执行,使它不再占用系统的资源。例如,一个显示动画的 Applet,在用户不观看它时,就应该关闭这个动画。

5. destroy( )

当环境决定了一个小应用程序需要完全从内存中移去时,destroy( )方法就被调用。这时,应该释放任何小应用程序可能用到的资源。stop( )方法总是在 destroy( )之前被调用,对于需要释放附加资源的 Applet 来说,destroy( )方法是非常有用的。

【例 13.2】 练习 Applet 小程序中的 init 方法、start 方法、stop 方法和 destroy 方法。

```
1   import java.awt. * ;
2   import java.applet. * ;
3   public class Example02 extends Applet{
4      String status = "";
5      public void init( ){
6         status += "Applet init( )…";
7      }
8
9      public void start( ){
10        status += "Applet start( )…";
11     }
12
13     public void stop( ){
14     status += "Applet stop( )…";
15     }
16
17     public void paint( Graphics g){
18        g.drawString( status, 20, 40);
19     }
20
21     public void destroy( ){
22        status += "Applet destroy( )…";
23     }
24
25  }
26  Example02.html
27  <html>
28     <applet code ="Example02.class" height ="45" width ="300">
```

```
29    </applet>
30    </html>
```

运行结果如图 13.4 所示。

图 13.4　运行结果

此程序说明了 Applet 程序的运行是按照其生命周期顺序进行的。

13.1.3　Applet 程序的建立和运行

Applet 的运行过程可以用图 13.5 表示,首先将编译好的字节码文件和编写好的 HTML 文件(其中包含字节码文件名)保存在 Web 服务器的合适路径下,当 WWW 浏览器下载此 HTML 文件并显示时,它会自动下载 HTML 中指定的 Java Applet 字节码,然后调用内置在浏览器中的 Java 解释器来解释执行下载到本机的字节码程序。

图 13.5　Java Applet 执行过程

简单地说,Applet 是按照下面的过程执行的:

(1)浏览器载入要访问的 HTML 文件的 URL 地址;

(2)浏览器载入 HTML 文件;

(3)浏览器载入 Applet 的类字节代码;

(4)启动 Java 虚拟机执行 Applet。

13.2　Applet 程序举例

【例 13.3】　显示 WELCOME,从右侧滚动到左侧,背景为深蓝色,字体为深红色。

```
1    import java.applet.Applet;
2    import java.awt.*;
3
```

```
4    public class Example03 extends Applet implements Runnable {
5
6        private Image img;
7        private Image offI;
8        private Graphics offG;
9        private Thread thread;
10       private MediaTracker imageTracker;
11       private int height,width;
12       private String text;
13       private int FontSize;
14       private Font font;
15       private int textcolor,backcolor,shadowcolor;
16       public void init( ) {
17           width = this.getSize( ).width;
18           height = this.getSize( ).height;
19           String s = new String (getParameter("Text"));
20           text = new String(("Hello"));
21           if (s ! = null) {
22               text = s;
23           }
24           FontSize = 30;
25           s = new String(getParameter("FontSize"));
26           if (s ! = null)
27               FontSize = Integer.parseInt(s);
28           s = getParameter("Fore");
29           textcolor = (s == null) ? 0x000000 : Integer.parseInt(s,16);
30           s = getParameter("Back");
31           backcolor = (s == null) ? 0x000000 : Integer.parseInt(s,16);
32           s = getParameter("Shadow");
33           shadowcolor = (s == null) ? 0x000000 : Integer.parseInt(s,16);
34           this.setBackground(new Color(backcolor));
35           img = createImage(width,height);
36           Graphics temp = img.getGraphics( );
37           temp.setColor(new Color(backcolor));
38           temp.fillRect(0,0,width,height);
39           temp.setColor(new Color(shadowcolor));
40           font = new Font("TimesRoman",Font.BOLD,FontSize);
41           temp.setFont(font);
42           temp.drawString(text,10,height * 3 / 4);
43           temp.setColor(new Color(textcolor));
44           temp.drawString(text,10-3,height * 3/4-3);
45           imageTracker = new MediaTracker(this);
46           imageTracker.addImage(img,0);
47
```

```
48      try{
49          imageTracker. waitForID(0);
50      } catch (InterruptedException e){}
51      offI = createImage(width,height);
52      offG = offI. getGraphics();
53    }
54    public void start(){
55      if (thread == null){
56        thread = new Thread(this);
57        thread. start();
58      }
59    }
60    public void run(){
61      int x = width;
62      while (thread ! = null){
63        try{
64          offG. drawImage(img,x,0,this);
65          repaint();
66          thread. sleep(50);
67        } catch (InterruptedException e){}
68        x -= 3;
69        if (x <-width){
70          x = width;
71        }
72      }
73    }
74    public void update(Graphics g){
75      paint(g);
76    }
77    public void paint(Graphics g){
78      g. drawImage(offI,0,0,this);
79    }
80  }
81  Example03. html
82  <html>
83  <applet code="Example03. class" height="50" width="300" VIEWASTEXT>
84    <param name="Text" value="WELCOME">
85    <param name="FontSize" value="40">
86    <param name="Back" value="0000ff">
87    <param name="Fore" value="ff0000">
88    <param name="Shadow" value="660066">
89  </applet>
90  </html>
```

运行结果如图 13.6 所示。

图 13.6　运行结果

本 章 小 结

本章对 Java applet 所涉及的内容做了说明,给出了 applet 程序的生命周期,并对生命周期中所涉及的多个方法做了详细说明。本章对 applet 程序中可能会用到的几个类做了较详细的说明,如 Graphics 类、Color 类和 Font 类。本章在最后对 applet 的参数及参数传递知识做了详细说明。

习　　题

一、选择题

1. Applet 类属于( )包。

A. java. awt　　　　B. java. applet　　　　C. java. io　　　　D. java. lang

2. 在 Applet 类的主要方法中,用来实现初始化操作的是( )。

A. init( )　　　　B. stop( )　　　　C. start( )　　　　D. paint( )

3. 下列关于 Applet 程序的描述中,错误的是( )。

A. Applet 程序的主类必须是 Applet 类的子类

B. Applet 程序的主类中应该有一个 main( )方法

C. Applet 不是完整的独立程序

D. Applet 的字节码文件必须嵌套在一个 HTML 文件中

4. paint( )方法使用( )类型的参数。

A. Graphics　　　　B. Graphics2D　　　　C. String　　　　D. Color

5. 在 HTML 网页中嵌入一个小应用程序,以下代码正确的是( )。

A. <applet class=TestApplet. class width=100 height=100></applet>

B. <applet class=TestApplet width=100 height=100></applet>

C. <applet code=TestApplet. class width=100 height=100></applet>

D. <applet code=TestApplet width=100 height=100></applet>

6. 在 Java Applet 程序用户自定义的 Applet 子类中,一般需要重载父类的( )方法来完成一些画图操作。

A. start( )　　　　B. stop( )　　　　C. init( )　　　　D. paint( )

二、简答题

1. Java 的 Applet 与 Java 应用程序有什么差别?

2. 一个完整的 Applet 包括哪些基本方法? 这些方法的含义分别是什么?

3. 典型的 Applet 程序的结构是什么?

三、程序设计

1. 编制程序屏幕显示"Hello JavaApplet"。

2. 编制程序屏幕显示"飞行文字",由远及近,黑色衬底,黄色字体。

第14章

输入输出流

大多数应用程序都需要与外部设备进行数据交换,最常见的外部设备包含磁盘和网络,IO就是指应用程序对这些设备的数据输入与输出。在程序中,键盘被当作输入文件,显示器被当作输出文件使用。Java 语言定义了许多类专门负责各种方式的输入输出,这些类都被放在java. io 包中。

文件作为 Java 输入输出的常见形式,也是用户在编程中经常使用的数据源,本章的讲解都是围绕文件展开的。

14.1　文　件　处　理

14.1.1　文件的概念

文件(file)是最常见的数据源之一,在程序中经常需要将数据存储到文件中,如图片文件、声音文件等数据文件,也经常需要根据要求从指定的文件中进行数据的读取。当然,在实际使用时,文件都包含一个格式,这个格式需要程序员根据需要进行设计,读取已有的文件时也需要熟悉对应的文件格式,才能把数据从文件中正确地读取出来。

文件的存储介质有很多,如硬盘、光盘和 U 盘等。由于 IO 类设计时,从数据源转换为流对象的操作由 API 实现了,因此存储介质的不同对于程序员来说是透明的,与实际编写代码无关。

文件是计算机中一种基本的数据存储形式,在实际存储数据时,如果对于数据的读写速度要求不是很高,存储的数据量不是很大,则使用文件作为一种持久数据存储的方式是较好的选择。

存储在文件内部的数据与内存内部的数据不同。存储在文件中的数据是一种"持久存储",也就是当程序退出或计算机关机以后,数据还是存在的;而内存内部的数据在程序退出或计算机关机以后,数据就丢失了。

在不同的存储介质中,文件中的数据都是以一定的顺序依次存储起来的,在实际读取时由硬件及操作系统完成对于数据的控制,保证程序读取到的数据与存储的顺序保持一致。

每个文件以一个文件路径和文件名称进行表示,在需要访问该文件时,只需要知道该文件的路径及文件的全名即可。在不同的操作系统环境下,文件路径的表示形式是不一样的。例如,在 Microsoft Windows 操作系统中一般的表示形式为 c:\windows\system,而 UNIX 上的表示形式为/user/my。因此,如果需要让 Java 程序能够在不同的操作系统下运行,书写文件路径时还需要注意以下几点。

（1）绝对路径和相对路径。

绝对路径是指书写文件的完整路径，如 d：\java\Hello. java，该路径中包含文件的完整路径 d：\java 及文件的全名 Hello. java，使用该路径可以唯一地找到一个文件，不会产生歧义。但是使用绝对路径在表示文件时，受到的限制很大，且不能在不同的操作系统下运行，因为不同操作系统下绝对路径的表达形式存在不同。

相对路径是指书写文件的部分路径，如\test\Hello. java，该路径中只包含文件的部分路径 \test 和文件的全名 Hello. java，部分路径是指当前路径下的子路径，如当前程序在 d：\abc 下运行，则该文件的完整路径就是 d：\abc\test。使用这种形式，可以更加通用地代表文件的位置，使得文件路径产生一定的灵活性。

在 Eclipse 项目中运行程序时，当前路径是项目的根目录，如工作空间存储在 d：\javaproject，当前项目名称是 Test，则当前路径是 d：\javaproject\Test，在控制台下面运行程序时，当前路径是 class 文件所在的目录，如果 class 文件包含包名，则以该 class 文件最顶层的包名作为当前路径。

另外，在 Java 语言的代码内部书写文件路径时，需要注意大小写，大小写需要保持一致，路径中的文件夹名称区分大小写。由于"\"是 Java 语言中的特殊字符，因此在代码内部书写文件路径，如代表 c：\test\java\Hello. java 时，需要书写成 c：\test\java\Hello. java 或 c：/test/java/Hello. java，这些都需要在代码中注意。

（2）文件名称。

文件名称一般采用"文件名. 后缀名"的形式进行命名。其中，"文件名"用来表示文件的作用，使用后缀名来表示文件的类型，这是当前操作系统中常见的一种形式，如"readme. txt"文件，其中的 readme 代表该文件的说明文件，而 txt 后缀名代表文件的文本文件类型。在操作系统中，还会自动将特定格式的后缀名与对应的程序关联，在双击该文件时使用特定的程序打开。

其实，文件名称只是一个标识，与实际存储的文件内容没有必然的联系，只是使用这种方式会方便文件的使用。在程序中需要存储数据时，如果自己设计了特定的文件格式，则可以自定义文件的后缀名来标识自己的文件类型。

与文件路径一样，在 Java 代码内部书写文件名称时也区分大小写，文件名称的大小写必须与操作系统中的大小写保持一致。

另外，在书写文件名称时不要忘记书写文件的后缀名。

14.1.2　File 类

为方便地代表文件的概念及存储一些对于文件的基本操作，在 java. io 包中设计了一个专门的类——File 类。

File 类通过简易的方法封装了复杂的、与平台相关的文件和目录，每个 File 类的对象表示一个磁盘文件或目录，其对象属性中包含了文件或目录的相关信息，如文件或目录的名称、文件的长度、目录中所包含的文件个数等。调用 File 类的方法可以完成对文件或目录的常用管理操作，如创建文件或目录、删除文件或目录、查看文件信息等，它也是 java. io 包中唯一可指向磁盘文件和目录本身的类。

下面介绍 File 的主要数据成员和成员方法。

1. File 类的构造方法

File 类的构造方法有四个，可根据需要选择其中之一完成 File 对象的创建。File 类的构造方法见表 14.1。

表 14.1　File 类的构造方法

编号	构造方法	说明
1	publicFile（File parent，String child）	根据 parent 抽象路径名和 child 路径名字符串创建一个新 File 实例
2	publicFile（String pathname）	通过将给定路径名字符串转换为抽象路径名来创建一个新 File 实例。如果给定字符串是空字符串，那么结果是空抽象路径名
3	publicFile（String parent，String child）	根据 parent 路径名字符串和 child 路径名字符串创建一个新 File 实例
4	publicFile（URI uri）	通过将给定的 file：URI 转换为一个抽象路径名来创建一个新的 File 实例

上述构造方法中，方法 1 与方法 3 非常相似，都含有两个参数，所不同的是方法 1 中的 parent 参数是 File 类型的，代表一个文件或目录，而方法 3 的 parent 参数是 String 类型的，是目录或路径的字符串表示；方法 2 使用一个完整的目录或文件的名字创建 File 对象；方法 4 以网络 URI 路径的方式创建 File 对象。

需要说明的是，创建一个 File 对象不会影响真实的相关文件或目录，只是在对象与真实的文件或目录之间建立了关联 。

下面是几个创建 File 对象的例子。

File 类的对象可以代表一个具体的文件路径，在实际代表时，可以使用绝对路径，也可以使用相对路径。

下面是创建的文件对象示例：

File f1 = new File("d:\\test\\1. txt")；

File f2 = new File("1. txt")；

File f3 = new File("e:\\abc")；

这里的 f1 和 f2 对象分别代表一个文件，f1 是绝对路径，而 f2 是相对路径，f3 则代表一个文件夹，文件夹也是文件路径的一种。

也可以使用父路径与子路径结合，实现代表文件路径，例如：

File f4 = new File(f3,"1. txt")；

File f5 = new File("e:\\abc","1. txt")。

f4 和 f5 所代表的文件路径都是 e：\abc\1. txt。

2. File 类的数据成员

File 类有四个常用的数据成员，见表 14.2。

表 14.2　File 类的四个常用数据成员

数据成员	说明
public static final String pathSeparator	与系统有关的路径分隔符，字符串表示
public static final char pathSeparatorChar	与系统有关的路径分隔符，字符表示
public static final String separator	与系统有关的默认名称分隔符，字符串表示
public static final char separatorChar	与系统有关的默认名称分隔符，字符表示

实际上,可以认为只有两个静态数据成员,只不过是字符、字符串两种形式而已 。

separatorChar 表示名称分隔符,在 UNIX 系统上,值为"/";在 Microsoft Windows 系统上,值为"\\"。

PathSeparatorChar 表示路径分隔符,在 UNIX 系统上,此字段为":";在 Microsoft Windows 系统上,此字段为";"。

3. File 类成员方法

File 类的成员方法较多,下面分类讲解。

(1)测试类方法。

测试类方法主要用于测试 File 对象的一些属性,返回值为 boolean 类型。File 类的测试类方法见表 14.3。

表 14.3　File 类的测试类方法

成员方法	说明
public boolean canRead( )	测试文件或目录是否可读
public boolean canWrite( )	测试文件或目录是否可写
public boolean exists( )	测试 File 对象所关联的文件或目录是否真实存在
public boolean is Absolute( )	测试文件或目录是否为绝对路径名
public boolean is Directory( )	测试该文件或目录是否为一个目录
public boolean is File( )	测试该文件或目录是否为一个标准文件

通过下面的例 14.1 验证上面的方法。

前提说明:在程序中 File 对象所指向的"d:\1.txt"文件真实存在,不存在目录"d:\\test"。

【例 14.1】　验证 File 类方法。

```java
import java.io.File;
public class test14_1 {
public static void main(String[ ] args) {
    File f1 = new File("D:\\","1.txt");
    File f2 = new File("D:\\test");
    //f1 基本信息输出
    System.out.println("f1 details:");
    System.out.println("f1 exists:"+f1.exists());
    System.out.println("f1 canRead:"+f1.canRead());
    System.out.println("f1 canWrite:"+f1.canWrite());
    System.out.println("f1 isAbsolute:"+f1.isAbsolute());
    System.out.println("f1 isDirectory:"+f1.isDirectory());
    System.out.println("f1 isFile:"+f1.isFile());
    //f2 基本信息输出
    System.out.println("f2 details:");
    System.out.println("f2 exists:"+f2.exists());
    System.out.println("f2 canRead:"+f2.canRead());
    System.out.println("f2 canWrite:"+f2.canWrite());
    System.out.println("f2 isAbsolute:"+f2.isAbsolute());
```

```
        System. out. println("f2 isDirectory："+f2. isDirectory( ));
        System. out. println("f2 isFile ："+f2. isFile( ));
    }
}
```

运行结果：

f1 details：

f1 exists：true

f1 canRead：true

f1 canWrite：true

f1 isAbsolute：true

f1 isDirectory：false

f1 isFile：true

f2 details：

f2 exists：false

f2 canRead：false

f2 canWrite：false

2 isAbsolute：true

f2 isDirectory：false

f2 isFile：false

从运行结果中可以看到，对于 f1 来说，这是真实有效的文件，其 isDirectory 为 false，表示其不是目录；对于 f2 来说，虽然它本身是一个并不存在的目录，但其 isAbsolute 的结果仍为 true，表明该方法只是判断 File 对象所代表的是否为绝对路径，而不去考查 File 对象所指向的路径是否真实有效。

关于 isDirectory 方法，可以看到 f2 所代表的确实是一个目录的形式，但其本身所代表的目录并不存在，所以结果为 false，表明该方法在判断时，首先判断该目录是否真实有效，在有效的情况下再判断其是否为一目录。与此相同的是方法 isFile，该方法也是先判断文件是否真实有效，再判断是否为文件。

可以使用 File 类的构造方法创建不同的 File 类对象以验证各方法的具体结果，加深理解。限于篇幅，这里就不再一一列举。

（2）信息类方法。

信息类方法主要是为了获得某些信息而设置的，该类方法的形式一般为"get…"形式，字符串的返回值一般为 String 类型。File 类的信息类方法见表 14.4。

表 14.4　File 类的信息类方法

成员方法	说明
public String getAbsolutePath( )	返回此抽象路径名的绝对路径名字符串
public String getParent( )	返回此抽象路径名父目录的路径名字符串，如果此路径名没有指定父目录，则返回 null
public String getPath( )	将此抽象路径名转换为一个路径名字符串
public String getName( )	获得文件或目录的名字

通过例 14.2 验证上面的方法。

前提说明：在程序中 File 对象所指向的"d：\test\1. txt"文件真实存在。

【例 14.2】　验证 File 类信息类型方法。

```
import java.io.File;
public class Test14_2 {
public static void main(String[] args) {
    File f=new File("D:\\test\\1.txt");
    System.out.println("Name:"+f.getName());
    System.out.println("Parent:"+f.getParent());
    System.out.println("Path:"+f.getPath());
    System.out.println("AbsolutePath:"+f.getAbsolutePath());
    }
}
```

运行结果：

Name:1.txt

Parent:D:\test

Path:D:\test\1.txt

AbsolutePath:D:\test\1.txt

从结果中可以看出，getName 是指文件或目录的名字，对于"d:\\test\\1.txt"为"1.txt"，若为"d:\\test"，则为 test；getParent 是指 File 对象所指向的文件或目录中除 getName 部分的目录；getPath 是指 File 对象在创建时构造方法中文件或目录的字符串表示，对于例 14.2 "d:\test\1.txt"，则 getPath 为"d:\test\1.txt"，若改为"1.txt"，则 getPath 为"1.txt"；getAbsolutePath 用于获得文件或目录的绝对路径，而无论在创建 File 对象时采用何种形式，如将本程序创建 File 对象的语句改为 File f=new File("1.txt")，则 getPath 的值为"d:\eclipse\workspace\MyPros\1.txt"（本书的 eclipse 安装在 d 盘根目录，且 workspace 设置在 eclipse 目录下）。

（3）文件操作类方法。

文件操作类方法主要用于操作实际文件或目录，如创建、删除文件或目录。File 类的文件操作类方法见表 14.5。

表 14.5　File 类的文件操作类方法

成员方法	说明
public boolean delete()	删除此抽象路径名表示的文件或目录，如果此路径名表示一个目录，则该目录必须为空才能删除
public boolean mkdir()	创建此抽象路径名指定的目录
public boolean mkdirs()	创建此抽象路径名指定的目录，包括所有必需但不存在的父目录
public boolean renameTo(File dest)	重新命名此抽象路径名表示的文件
public boolean createNewFile() throws IOException	自动创建一个新的空文件（如对象指向的文件不存在）

通过例 14.3 验证上面的方法。

【例 14.3】 验证 File 类文件操作类型方法。

```
1   import java. io. File;
2   import java. io. IOException;
3   public class Test14_3 {
4   public static void main(String[ ] args) throws IOException {
5     File path=new File("D:\\java\\test");
6     File file=new File(path,"1. txt");
7     if(! path. is Directory()){//该目录不存在
8       if(path. mkdirs()){//创建目录,包括所有的不存在的各级目录
9         System. out. println("创建目录成功");
10          file. createNewFile();//在该目录下创建文件
11        }
12      else{
13        System. out. println("目录创建失败");
14      }
15    }
16    else{
17        System. out. println("此目录已存在");
18    }
19  }
20 }
```

createNewFile 方式是强制异常处理的,即必须处理由其引发的异常,而无论是否会发生异常。这里将处理异常的工作交给 main 函数,由系统来完成。

程序中未涉及 renameTo 方法。需要说明的是,该方法在对文件进行重命名时传递的参数为 File 类型。重命名时以参数的名称及各级目录为准,如有以下语句:

```
File f=new File("d:\\java\\1. txt");
boolean b=f. renameTo( new File("d:\\2. txt"));
```

在 d:\java\1. txt 文件存在、d:\2. txt 文件不存在的情况下,前者会被重命名,且其绝对路径会变更为 d:\2. txt。

14.1.3 RandomAccessFile 类

RandomAccessFile 类是 Java 中功能最丰富的文件访问类,提供了多样的文件访问方法,可以对磁盘文件以"随机存取"的方式进行访问。

RandomAccessFile 类未提供任何数据成员,下面介绍其构造方法和其他成员方法。

1. RandomAccessFile 类构造方法

RandomAccessFile 类有以下两个构造方法:

```
public RandomAccessFile( String name, String mode)
public RandomAccessFile( File file, String mode)
```

两个构造方法的第一个参数 File 或 String 对象指定一个磁盘文件;第二个参数 mode 指定文件的访问方式。访问模式值及含义见表 14.6,两构造方法都抛出 FileNotFoundException 异常。

表 14.6 访问模式值及含义

Mode 值	说明
"r"	以只读方式打开
"rw"	打开以便读取和写入。如果该文件尚不存在,则尝试创建该文件
"rws"	同步读写。任何写操作的内容都被直接写入物理文件,包括文件内容和文件属性
"rwd"	同步读写。任何写操作的内容都被直接写入物理文件,不包括文件属性

"rw"模式时,仅当 RandomAccessFile 类对象执行 close 方法时才将更新内容写入文件,而"rws"和"rwd"因为是同步读写,所以可以保证数据实时更新,即使读写过程中出意外情况,如系统突然断电等,也不会使数据丢失。

2. RandomAccessFile 类成员方法

(1)文件指针的操作。

RandomAccessFile 类成员方法主要用于操作读写指针,RandomAccessFile 类有关文件的指针操作的成员方法见表 14.7。

表 14.7 RandomAccessFile 类有关文件的指针操作的成员方法

方法	说明
public long getFilePointer( )	返回当前的文件指针位置
public void seek(long pos)	移动文件指针到 pos 指定位置,在该位置发生下一个读取或写入操作
public int skipBytes(int n)	文件指针向后移动 n 个字节,n 为负数时指针不移动

以上三个方法的调用均有可能引发 IOException 异常。

(2)文件的读写操作。

RandomAccessFile 类成员方法主要用于文件的读写操作,一般读与写是一一对应的,RandomAccessFile 类有关文件的读写操作的成员方法见表 14.8。

表 14.8 RandomAccessFile 类有关文件的读写操作的成员方法

方法	说明
public int read(byte[ ] b)	将最多 b. length 个字节读入数组 b
public void write(byte[ ] b)	将 b. length 个字节从指定数组 b 写入到此文件
public final byte readByte( )	读取一个字节
public final void writeByte(int v)	将(byte)v 写入文件
public final String readLine( )	读取一行

RandomAccessFile 类成员方法较多,这里并未一一列出。RandomAccessFile 类可以针对 Byte、Boolean、Char、Double、Float、Int 等进行读取,该类中有 readLine 方法,但不存在 writeLine 方法,该类方法的调用也有可能引发 IOException 异常。

下面是一个使用 RandomAccessFile 的例子,向文件中写入三名员工的信息,然后按照第一名员工、第二名员工、第三名员工的先后顺序读出。RandomAccessFile 可以以只读或读写方式打开文件,具体使用哪种方式取决于创建 RandomAccessFile 类对象的构造方式。

还需要设计一个类来封装员工信息。一个员工信息就是文件中的一条记录,必须保证每条记录在文件中的大小相同,也就是每个员工的姓名字段在文件中的长度是一样的,才能准确定位每条记录在文件中的具体位置。假设 name 中有 8 个字符,少于 8 个则补空格(这里用 "\u0000"),多于 8 个则去掉后面多余的部分。由于年龄是整型数,因此无论这个数有多大,只要它不超过整型数的范围,在内存中都是占 4 个字节大小。

【例 14.4】 使用 RandomAccessFile。

```
1   import java.io. * ;
2   public classTest14 _4
3   {
4     public static void main(String [ ] args) throws Exception
5     {
6     Employee e1 = new Employee("zhangsan",23);
7     Employee e2 = new Employee("Lisi",24);
8     Employee e3 = new Employee("Wangwu",25);
9     RandomAccessFile ra = new RandomAccessFile("c:\\1. txt","rw");
10      ra. write(e1. name. getBytes());
11      ra. writeInt(e1. age);
12      ra. write(e2. name. getBytes());
13      ra. writeInt(e2. age);
14      ra. write(e3. name. getBytes());
15      ra. writeInt(e3. age);
16      ra. close();
17      RandomAccessFile raf = new RandomAccessFile("c:\\1. txt","r");
18      int len = 8;
19      raf. skipBytes(12); //跳过第一个员工的信息,其中姓名 8 字节,年龄 4 字节
20      System. out. println("第二个员工信息:");
21      String str = "";
22      for(int i = 0;i<len;i++)
23        str = str+(char)raf. readByte();
24      System. out. println("name:"+str);
25      System. out. println("age:"+raf. readInt());
26
27      System. out. println("第一个员工的信息:");
28      raf. seek(0); //将文件指针移动到文件开始位置
29      str = "";
30      for(int i = 0;i<len;i++)
31        str = str+(char)raf. readByte();
32      System. out. println("name:"+str);
33      System. out. println("age:"+raf. readInt());
34      System. out. println("第三个员工的信息:");
35      raf. skipBytes(12); //跳过第二个员工信息
36      str = "";
37      for(int i = 0;i<len;i++)
38        str = str+(char)raf. readByte();
```

```
39        System. out. println("name:"+str. trim( ));
40        System. out. println("age:"+raf. readInt( ));
41        raf. close( );
42      }
43    }
44    class Employee
45    {
46        String name;
47        int age;
48        final static int LEN = 8;
49        public Employee(String name, int age)
50        {
51          if( name. length( )>LEN)
52          {
53            name = name. substring(0,8);
54          }
55          else
56          {
57            while( name. length( )<LEN)
58              name = name+"\\u0000";
59          }
60          this. name = name;
61          this. age = age;
62        }
63    }
```

运行结果控制台输出如下所示:

第二个员工的信息:

name:Lisi

age:24

第一个员工的信息:

name:zhangsan

age:23

第三个员工的信息:

name:Wangwu

age:25

文件存取内容如图 14.1 所示。

上面的程序完成了想要的功能,演示了 RandomAccessFile 类的作用。String. substring(int beginIndex, int endIndex)方法可以用于取出一个字符串中的部分子字符串。要注意的一个细节是:子字符串中的第一个字符对应的是原字符串中脚标为 beginIndex 处的字符,但最后的字符对应的是原字符串中的脚标为 endIndex-1 处的字符,而不是 endIndex 处的字符。在实际生活中,常用的数据库和数据库管理工具实际上就是这种原理。1. txt 就相当于数据库的数据文件,而这个程序提供了向这个数据文件写入和读取数据的功能。

图 14.1　文件存取内容

14.2　节　点　流

14.2.1　流概念的理解

数据流是一串连续不断的数据的集合,就像水管里的水流,在水管的一端一点一点地供水,而在水管的另一端看到的是一股连续不断的水流。数据写入程序可以一段一段地向数据流管道中写入数据,这些数据段会按先后顺序形成一个长的数据流。对数据读取程序来说,看不到数据流在写入时的分段情况,每次可以读取其中的任意长度的数据,但只能先读取前面的数据,再读取后面的数据。无论写入时是将数据分多次写入,还是作为一个整体一次写入,读取时的效果都是完全一样的。

Java 中处理输入输出的类一般都在 java.io 包中。Java 在处理输入输出时可针对字节和字符做不同处理:InputStream 和 OutputStrea 用于处理字节相关的输入输出;Reader 和 Writer 用于处理字符相关的输入输出。这四个类都是抽象类,它们提供了用于处理输入输出的若干抽象方法,如果想要处理以字节或字符为单位的输入输出问题,那么必须使用这四个类的非抽象子类完成。因此,在 java.io 包中有两大继承体系:一类是以字节为单位处理数据的 Stream,它们的命名方式都是×××Stream;另一类是以字符为单位处理数据的 Reader 和 Writer,它们的命名方式都是×××Reader 或×××Writer。

从处理单位来看,可以将 IO 流分为字节流和字符流;从 IO 流向来看,可以将 IO 流分为输入流和输出流;从流的功能来看,还可以将 IO 流分为节点流和过滤流(又称处理流)。程序中用于直接操作目标设备所对应的 IO 流称为节点流,程序也可以通过一个间接 IO 流去调用相应的节点流,以达到更加灵活方便的读写各种类型的数据,这个间接 IO 流就称为过滤流,又称处理流。

程序可以从中连续读取字节的对象称为输入流,用 InputStream 类完成;程序能向其中连续写入字节的对象称为输出流,用 OutputStream 类完成。InputStream 和 OutputStream 对象是两个抽象类,还不能表明具体对应哪种 IO 设备。

所有字节节点流都是这两个抽象类的直接或间接子类,常用输入输出字节节点流见表 14.9。

表 14.9　常用输入输出字节节点流

	输入类	输出类	说明
父类	InputStream	OutputStream	抽象父类
子类	FileInputStream	FileOutputStream	文件处理
	ByteArrayInputStream	ByteArrayOutputStream	数组处理
	PipedInputStream	PipedOutputStream	管道处理

14.2.2　InputStream 和 OutputStream

InputStream 定义了 Java 的输入流模型,因为本身是抽象类,所以程序中使用到的都是该类的直接或间接子类。下面对 InputStream 类中的方法进行介绍。

InputStream 类提供了一个构造方法,格式如下:

public InputStream( )

InputStream 常用成员方法见表 14.10。

表 14.10　InputStream 常用成员方法

成员方法	说明
int available( )	返回当前输入流中可读的字节数
oid close( )	关闭此输入流并释放与该流关联的所有系统资源
void mark(int readlimit)	在此输入流中标记当前的位置,readlimit 参数告知此输入流在标记位置失效之前允许读取的字节数
boolean markSupported( )	测试此输入流是否支持 mark 和 reset 方法
abstract intread( )	抽象方法,从输入流中读取数据的下一个字节,返回值为-1 表示到达流的末尾,结束
intread(byte[ ] b)	从输入流中读取一定数量的字节,并将其存储在缓冲区数组 b 中
intread(byte[ ] b, int off, int len)	将输入流中最多 len 个字节数据读入 byte 数组,数据存放从数组下标 off 开始
voidreset( )	将此流重新定位到最后一次对此输入流调用 mark 方法时的位置,需与 mark 联合使用
long skip(long n)	跳过输入流中的 n 个字节,返回值为实际跳过的字节数

表 14.10 中所有方法的访问权限均为 public。需要说明的是,并不是 InputStream 类的所有子类都支持在 InputStream 类中定义的某些方法,如 skip、mark、reset 等。

上述方法中,available、close、read、reset、skip 的调用可能会引发 IOException 异常。

OutputStream 定义了 Java 的输出流模型,因为本身是抽象类,所以程序中使用到的都是该类的直接或间接子类。下面对 OutputStream 类的方法进行介绍。

OutputStream 类提供了一个构造方法,格式如下:

public OutputStream( )

OutputStream 常用成员方法见表 14.11。

表 14.11 OutputStream **常用成员方法**

成员方法	说明
void close( )	关闭此输入流并释放与该流关联的所有系统资源
void flush( )	刷新此输出流并强制写出所有缓冲的输出字节
void write(byte[ ] b)	将 b. length 个字节从指定的 byte 数组写入此输出流
void write(byte[ ] b, int off, int len)	将字节数组 b 中下标从 off 开始的 len 个字节写到输出流
abstract void write(int b)	抽象方法,将一个字节写到输入流
int read(byte[ ] b,int off, int len)	将输入流中最多 len 个字节数据读入 byte 数组,数据存放从数组下标 off 开始
void reset( )	将此流重新定位到最后一次对此输入流调用 mark 方法时的位置,需与 mark 联合使用
long skip(long n)	跳过输入流中的 n 个字节,返回值为实际跳过的字节数

表 14.11 中所有方法的访问权限均为 public。

介绍完字节节点流的两个抽象父类后,下面重点介绍用于文件处理中的两个字节节点流。

14.2.3 FileInputStream 和 FileOutputStream

FileInputStream 和 FileOutputStream 这两个流节点用来操作磁盘文件,在创建一个 FileInputStream 对象时通过构造函数指定文件的路径和名字,当然这个文件应当是存在的和可读的。在创建一个 FileOutputStream 对象时,指定文件如果存在,则将要被覆盖。

下面是对同一个磁盘文件创建 FileInputStream 对象的两种方式,其中用到的两个构造函数都可以引发 FileNotFoundException 异常。

第一种方式:

FileInputStream inOne=new FileInputStream("hello. test");

第二种方式:

File f=new File("hello. test");

FileInputStream inTwo=new FileInputStream(f);

尽管第一个构造函数更简单,但第二个构造函数允许在把文件连接到输入流之前对文件做进一步分析。

FileOutputStream 对象也有两个与 FileInputStream 对象具有相同参数的构造函数,创建一个 FileOutputStream 对象时,可以为其指定还不存在的文件名,但不能是存在的目录名,也不能是一个已被其他程序打开了的文件。FileOutputStream 先创建输出对象,然后准备输出。

其实在介绍 Properties 类时,已经使用过 FileInputStream 和 FileOutputStream。在下面的例子中,用 FileOutputStream 类向文件中写入一串字符,并用 FileInputStream 读出。

【例 14.5】 使用 FileInputStream 和 FileOutPutStream。

```
1    import java. io. * ;
2
3    public class FileStream {
4      public static void main(String[ ] args) {
5        File f = new File("hello. txt");
6        try {
7          FileOutputStream out = new FileOutputStream(f);
```

```
8        byte[ ] buf = "www. it315. org". getBytes( );
9        out. write( buf);
10       out. close( );
11     } catch (Exception e) {
12       System. out. println( e. getMessage( ));
13     }
14     try {
15       FileInputStream in = new FileInputStream( f);
16       byte[ ] bs = new byte[1024];
17       int len = 0;
18       //将最多 bs. length 个字节的数据读入一个 byte 数组中
19       //如果因为已经到达流末尾而没有可用的字节,则返回值 -1
20       //否则以整数形式返回实际读取的字节数
21         while((len = in. read( bs)) ! =-1){
22           for (int i=0;i<len;i++){
23             System. out. print((char)bs[i]);
24           }
25           System. out. println( );
26         }
27     } catch (Exception e) {
28       System. out. println( e. getMessage( ));
29     }
30
31   }
32 }
```

编译运行上面的程序,能够看到当前目录下产生了一个 hello. txt 的文件,用记事本程序打开这个文件,能看到写入的内容。随后,程序开始读取文件中的内容,并将读取到的内容打印出来。在这个例子中演示了怎样用 FileOutputStream 向一个文件中写东西和怎样用 FileInputStream 从一个文件中将内容读出来。有一点不足是,这两个类都只提供了对字节或字节数组进行读取的方法,对于字符串的读写则还需要进行额外的转换。

14.2.4　Reader 和 Writer

所有字符节点流都是抽象类 Reader 或 Writer 的直接或间接子类,输入输出字符节点流继承层次结构见表 14.12。

表 14.12　输入输出字符节点流继承层次结构

	输入类	输出类	说明
父类	Reader	Writer	抽象父类
子类	FileReader	FileWriter	文件处理
	CharArrayReader	CharArrayWriter	数组处理
	StringReader	StringWriter	字符串处理
	PipedReader	PipedWriter	管道处理

Java 中的字符是 unicode 编码,是双字节的,而 InputStream 和 OutputStream 是用来处理字节的,在处理字符文本时不太方便,需要编写额外的程序代码。Java 为字符文本的输入输出专门提供了一套单独的类,Reader 和 Writer 两个抽象类与 InputStream 和 OutputStream 两个类相对应。同样,Reader 和 Writer 下面也有许多子类,对具体 IO 设备进行字符输入输出。例如,FileReader 就是用来读取文件流中的字符的。

对于 Reader 和 Writer 就不过多说明了,其大体的功能与 InputStream 和 OutputStream 两个类相同,但并不是它们的代替者,只是在处理字符串时简化了编程。上面的程序改为使用 FileWriter 和 FileReader 来实现,修改后的程序代码如下。

【例 14.6】 使用 FileWriter 和 FileReader。

```
1    import java. io. * ;
2    public class FileStream
3    {
4        public static void main(String[] args)
5        {
6          File f=new File("hello. txt");
7          try
8          {
9            FileWriter out=new FileWriter(f);
10            out. write("www. it315. org");
11            out. close();
12          }
13          catch(Exception e)
14          {
15            System. out. println(e. getMessage());
16          }
17
18          try
19          {
20            FileReader in=new FileReader(f);
21            char [] buf=new char[1024];
22            int len=in. read(buf);
23            System. out. println(new String(buf,0,len));
24          }
25          catch(Exception e)
26          {
27            System. out. println(e. getMessage());
28          }
29        }
30    }
```

编译运行后的结果与先前一样。由于 FileWriter 可以往文件中写入字符串,因此不用将字符串转换为字节数组。相对于 FileOutputStream 来说,使用 FileReader 读取文件中的内容并没有简化编程工作,FileReader 的优势要结合后面讲到的包装类才能体现出来。

14.2.5　PipedInputStream 和 PipedOutputStream

一个 PipedInputStream 对象必须与一个 PipedOutputStream 对象进行连接,产生一个通信管道。PipedOutStream 可以向管道中写入数据,PipedInputStream 可以从管道中读取 PipedOutputStream 写入的数据。这两个类主要用来完成线程之间的通信,一个线程的 PipedInputStream 对象能够从另外一个线程的 PipedOutputStream 对象中读取数据。请看下面的例子。

【例 14.7】　使用 PipedInputStream 和 PipedOutputStream。

```
1   import java.io. * ;
2   public class PipeStreamTest {
3     public static void main(String[ ] args) {
4       try {
5         Sender t1 = new Sender();
6         Receiver t2 = new Receiver();
7         PipedOutputStream out = t1.getOutputStream();
8         PipedInputStream in = t2.getInputStream();
9         out.connect(in);
10        t1.start();
11        t2.start();
12      } catch (IOException e) {
13        System.out.println(e.getMessage());
14      }
15    }
16  }
17  class Sender extends Thread {
18    private PipedOutputStream out = new PipedOutputStream();
19    public PipeOutputStream getOutputStream() {
20      return out;
21    }
22    public void run() {
23      String s = new String("hello,receiver,how are you");
24      try {
25        out.write(s.getBytes());
26        out.close();
27      } catch (IOException e) {
28        System.out.println(e.getMessage());
29      }
30    }
31  }
32  class Receiver extends Thread {
33    private PipedInputStream in = new PipedInputStream();
34    public PipedInputStream getInputStream() {
35      return in;
```

```
36        }
37      public void run( ) {
38        String s = null;
39        byte[ ] buf = new byte[1024];
40        try {
41          int len = in. read( buf) ;
42          s = new String( buf, 0, len) ;
43          System. out. println("the following message comes from sender: \n"+ s) ;
44          in. close( ) ;
45        } catch ( IOException e) {
46          System. out. println( e. getMessage( ) ) ;
47        }
48      }
49    }
```

运行结果如下:

the following message comes from sender:

hello, receiver, how are you

JDK 还提供了 PipedWriter 和 PipedReader 这两个类用于字符文本的管道通信,读者掌握了 PipedOutputStream 和 PipedInputStream 类,自然也就知道如何使用 PipedWriter 和 PipedReader 这两个类了。

14.2.6 ByteArrayInputStream 和 ByteArrayOutputStream

ByteArrayInputStream 是输入流的一种实现,它有两个构造函数,每个构造函数都需要一个字节数组来作为数据源:

ByteArrayInputStream(byte[ ] buf)

ByteArrayInputStream(byte[ ] buf, int offset, int length)

第二个构造函数指定仅使用数组 buf 中的从 offset 开始的 length 个元素作为数据源。

ByteArrayOutputStream 是输出流的一种实现,它也有两个构造函数:

ByteArrayOutputStream( )

ByteArrayOutputStream(int)

第一种形式的构造函数创建一个 32 B 的缓冲区,第二种形式则是根据参数指定的大小创建缓冲区,缓冲区的大小在数据过多时能够自动增长。

这两个流的作用是用 IO 流的方式来完成对字节数组内容的读写。对数组的读写非常简单,为什么不直接读写字节数组呢? 在什么情况下该使用这两个类呢?

有的读者可能听说过内存虚拟文件或者是内存映像文件,它们是把一块内存虚拟成一个硬盘上的文件,原来该写到硬盘文件上的内容会被写到这个内存中,原来该从一个硬盘文件上读取的内容可以改为从内存中直接读取。如果程序在运行过程中要产生一些临时文件,就可以用虚拟文件的方式来实现,不用访问硬盘,而是直接访问内存,会提高应用程序的效率。

假设有一个别人已经写好了的压缩函数,这个函数接收两个参数:一个输入流对象和一个输出流对象。它从输入流对象中读取数据,并将压缩后的结果写入输出流对象中。程序要将一台计算机的屏幕图像通过网络不断地传送到另外的计算机上,为节省网络带宽,需要对一副屏幕图像的像素数据进行压缩后,再通过网络发送出去。如果没有内存虚拟文件,就必须先将一副屏幕图像的像素数据写入硬盘上的一个临时文件,再以这个文件作为输入流对象去调用那个压缩函数,接着从压缩函数生成的压缩文件中读取压缩后的数据,再通过网络发送出去,最后删除压缩前后所生成的两个临时文件。可见,这样的效率是非常低的。要在程序中分配一个存储数据的内存块,通常都用定义一个字节数组来实现。JDK 中提供了 ByteArrayInputStream 和 ByteArrayOutputStream 这两个类,可实现类似内存虚拟文件的功能,将抓取到的计算机屏幕图像的所有像素数据保存在一个数组中,然后根据这个数组创建一个 ByteArrayInputStream 流对象,同时创建一个用于保存压缩结果的 ByteArrayOutputStream 流对象,将这两个对象作为参数传递给压缩函数,最后从 ByteArrayOutputStream 流对象中返回包含有压缩结果的数组。

通过下面的例子程序来模拟上面的过程,并没有真正压缩输入流中的内容,只是把输入流中的所有英文字母变成对应的大写字母写入输出流中。

【例 14.8】　使用 ByteArrayInputStream 和 ByteArrayOutputStream。

```
1   import java.io. * ;
2   public class ByteArrayTest
3   {
4     public static void main(String[] args) throws Exception
5     {
6       String tmp="abcdefghijklmnopqrstuvwxyz";
7       byte [] src =tmp.getBytes();//src 为转换前的内存块
8       ByteArrayInputStream input=new ByteArrayInputStream(src);
9       ByteArrayOutputStream output=new ByteArrayOutputStream();
10      new ByteArrayTest().transform(input,output);
11      byte [] result=output.toByteArray();//result 为转换后的内存块
12      System.out.println(new String(result));
13    }
14    public void transform(InputStream in,OutputStream out)
15    {
16      int c=0;
17      try
18      {
19        while((c=in.read())! =-1)//read 在读到流的结尾处返回-1
20        {
21          int C=(int)Character.toUpperCase((char)c);
22          out.write(C);
23        }
24      }
25      catch(Exception e)
26      {
27        e.printStackTrace();
28      }
29    }
30  }
```

运行结果如下：

ABCDEFGHIJKLMNOPQRSTUVWXYZ

与 ByteArrayInputStream 和 ByteArrayOutputStream 类对应的字符串读写类分别是 StringReader 和 StringWriter。读者可以将上面的程序修改成由这两个类来完成，具体的程序代码不再赘述。

14.3　过　滤　流

14.3.1　理解包装类的概念与作用

在前面的部分中接触到了许多节点流类，现以 FileOutputStream 和 FileInputStream 为例，这两个类只提供了读写字节的方法，通过它们只能向文件中写入字节或从文件中读取字节。在实际应用中，要向文件中写入或读取各种类型的数据，就必须先将其他类型的数据转换成字节数组后写入文件，或是将从文件中读取到的字节数组转换成其他类型，这给程序带来了一些困难和麻烦。如果有人提供了一个中间类，这个中间类提供了读写各种类型的数据的各种方法，则当需要写入其他类型的数据时，只要调用中间类中的对应的方法即可，在这个中间类的方法内部，它将其他数据类型转换成字节数组，然后调用底层的节点流类将这个字节数组写入目标设备。将这个中间类称为过滤流类或处理流类，又称包装类。例如，IO 包中有一个被称为 DataOutputStream 的包装类，下面是它所提供的部分方法的列表：

public final void writeBoolean(boolean v) throws IOException

public final void writeShort(int v) throws IOException

public final void writeChar(int v) throws IOException

public final void writeInt(int v) throws IOException

public final void writeLong(long v) throws IOException

public final void writeFloat(float v) throws IOException

public final void writeDouble(double v) throws IOException

public final void writeBytes(String s) throws IOException

从上面的方法名和参数类型中就知道这个包装类能够向 IO 设备中写入各种类型的数据。包装类的调用过程如图 14.2 所示。

图 14.2　包装类的调用过程

还可以用包装类去包装另外一个包装类，创建包装类对象时，必须指定它要调用的底层流对象，也就是这些包装类的构造函数中，都必须接收另外一个流对象作为参数。例如，DataOutputStream 包装类的构造函数如下：

public DataOutputStream(OutputStream out)

参数 out 就是 DataOutputStream 要调用的底层输出流对象。

与字节节点流一样,字节过滤流的抽象父类也是 InputStream 和 OutputStream。

对于字节过滤流来说,它们都是 FilterInputStream 或 FilterOutputStream 的子类。可以直接从 JDK 文档中查看它们的子类。

常用字节过滤流见表 14.13(过滤流是指子类)。

表 14.13　常用字节过滤流

	输入类	输出类	说明
父类	InputStream	OutputStream	抽象父类
子类	BufferedInputStream	BufferedOutputStream	带有缓冲区的过滤流,可以提高读、写速度
	DataInputStream	DataOutputStream	可以按照与平台无关的方式对流中的数据进行读、写操作

14.3.2　BufferedInputStream 和 BufferedOutputStream

对 IO 进行缓冲处理是一种常见的性能优化,缓冲流为 IO 流增加了内存缓冲区。增加缓冲区有以下两个基本目的。

(1)允许 Java 的 IO 一次不只操作一个字节,以此提高系统性能。

(2)由于有了缓冲区,因此在流上执行 skip、mark 和 reset 方法成为可能。

BufferedInputStream 类由于具有缓冲区,因此支持 skip、mark 和 reset 方法,其构造方法如下:

public BufferedInputStream(InputStream in)

public BufferedInputStream(InputStream in,int size)

参数 in 指定需要被修饰的输入流,size 指定缓冲区的大小,以字节为单位。

BufferedOutputStream 类与 BufferedInputStream 对应,也提供了两个构造方法。由于使用了缓冲区技术,因此该类的 flush 方法可以将缓冲区的所有数据强制输出。

在使用上,这两个缓冲区类与介绍的节点流 FileInputStream 和 FileOutputStream 形式非常相似,只是在文件内部读写时缓冲区的效率更高,这里不再举例验证。

14.3.3　DataInputStream 和 DataOutputStream

DataInputStream 和 DataOutputStream 这两个类的构造方法如下:

DataInputStream

public DataInputStream(InputStream in)——参数 in 指定需要被修饰的输入流

DataOutputStream

public DataOutputStream(OutputStream out)——参数 out 指定需要被修饰的输入流

在 14.2 节中介绍的节点流,读写数据时要么按照字节读写,要么按照字符读写。可以使用 DataInputStream 或 DataOutputStream 对那些节点流进行装饰,装饰后可实现对数据按照 Java 的基本数据类型进行读写,如一次读写一个 int、double 等类型的数据。对于这两个类的具体的读写方法,这里不再一一列出。下面通过一个例子来体验这两个类与节点流类的区别。

【例 14.9】　通过 DataOutPutStream 将不同数据类型的数据写入文件。

1　import java.io. * ;

```
2   public class Test14 _9 {
3     public static void main( String[ ] args) throws FileNotFoundException {
4       File outFile = new File("1. data");
5       FileOutputStream outFileStream = new FileOutputStream( outFile);
6       DataOutputStream outDataStream = new DataOutputStream( outFileStream);
7       try{
8         outDataStream. writeInt(123);
9         outDataStream. writeDouble(123. 5);
10        outDataStream. writeFloat(123. 5F);
11        outDataStream. writeChar('a');
12        outDataStream. writeBoolean(false);
13        outDataStream. close( );
14        outFileStream. close( );
15        System. out. println("写入数据成功");
16      }
17      catch( IOException ex) {
18        System. out. println("写入数据失败");
19      }
20    }
21  }
```

在不出错的情况下,其运行结果如下:

写入数据成功

在例 14. 9 中,因为本身 FileOutputStream 类不能按类型写入文件中,所以这里使用 DataOutputStream 类修饰 FileOutputStream,这样类对象 outDataStream 就能按不同数据类型写入数据了。

这里演示的是通过 DataOutputStream 将不同数据类型的数据写入文件。同样,可以使用 DataInputStream 将文件中的数据按不同数据类型读取出来。

【例 14. 10】 使用 DataOutputStream。

```
1   import java. io. * ;
2   import java. io. IOException;
3   public class Test14 _10 {
4     public static void main( String[ ] args) throws FileNotFoundException {
5       File inFile = new File("1. data");
6       FileInputStream inFileStream = new FileInputStream( inFile);
7       DataInputStream inDataStream = new DataInputStream( inFileStream);
8       try{
9         System. out. println( inDataStream. readInt( ));
10        System. out. println( inDataStream. readDouble( ));
11        System. out. println( inDataStream. readFloat( ));
12        System. out. println( inDataStream. readChar( ));
13        System. out. println( inDataStream. readBoolean( ));
14        inDataStream. close( );
15        inFileStream. close( );
```

```
16          System. out. println("读取数据成功");
17      }
18      catch(IOException ex){
19          System. out. println("读取数据失败");
20      }
21    }
22  }
```

在不出错的情况下,其运行结果如下:

123

123. 5

123. 5

a

false

读取数据成功

与例 14. 9 类似,本例中 FileInputStream 类不能按不同数据类型读取,这时用 DataInputStream类来装饰,这样就可以达到按不同数据类型读取数据的目的。

需要注意的是,必须按照数据写入的顺序来读取数据,否则读取出来的数据一般来说是错误的。

14.3.4 PrintStream

PrintStream 类提供了一系列的 print 和 println 方法,可以实现将基本数据类型的格式化成字符串输出。前面在程序中大量用到的"System. out. println"语句中的 System. out 就是 PrintStream 类的一个实例对象,读者已经多次使用到这个类了。PrintStream 有以下三个构造函数:

PrintStream(OutputStream out)

PrintStream(OutputStream out,boolean auotflush)

PrintStream(OutputStream out,boolean auotflush,String encoding)

其中,autoflush 控制在 Java 中遇到换行符(\\n)时是否自动清空缓冲区,encoding 是指定编码方式,关于编码方式,在本章后面部分有详细的讨论。

println 方法与 print 方法的区别是:前者会在打印完的内容后再多打印一个换行符(\n),所以 println( )等于 print("\n")。

Java 的 PrintStream 对象具有多个重载的 print 和 println 方法,它们可输出各种类型(包括 Object)的数据。对于基本数据类型的数据,print 和 println 方法会先将它们转换成字符串的形式后再输出,而不是输出原始的字节内容。例如,整数 123 的打印结果是字符'1'、'2'、'3'所组合成的一个字符串,而不是整数 123 在内存中的原始字节数据。对于一个非基本数据类型的对象,print 和 println 方法会先调用对象的 toString 方法,然后输出 toString 方法返回的字符串。

IO 包中提供了一个与 PrintStream 对应的 PrintWriter 类,PrintWriter 即使遇到换行符(\\n)也不会自动清空缓冲区,只在设置了 autoflush 模式下使用了 println 方法后才自动清空缓冲区。PrintWriter 相对于 PrintStream 最有利的一个地方就是 println 方法的行为,在 Windows 中的文本换行是"\r\n",而 Linux 中的文本换行是"\n",如果希望程序能够生成平台相关的文本换行,而不是在各种平台下都用"\n"作为文本换行,就应该在使用 PrintWriter 的 println 方法时，PrintWriter 的 println 方法能根据不同的操作系统生成相应的换行符。

14.3.5　BufferedReader 和 BufferedWriter

所有字符过滤流都是抽象类 Reader 或 Writer 的直接或间接子类，常用输入输出字符过滤流见表 14.14(过滤流是指子类)。

表 14.14　常用输入输出字符过滤流

	输入类	输出类	说明
父类	Reader	Writer	抽象父类
子类	BufferedReader	BufferedWriter	文件处理
	InputStreamReader	OutputStreamWriter	输入输出

与 BufferedInputStream 和 BufferedOutputStream 一样，Java I/O 也提供了带缓冲区的字符处理类型的过滤流。

为提高读写速度，可以利用 BufferedReader 和 BufferedWriter 分别装饰 FileReader 和 FileWriter。

BufferedReader 提供了一个非常有用的方法：readLine。利用该方法可以一次读入一行字符，这些字符以字符串的形式返回。

与此对应，BufferedWriter 也提供了一个方法：newLine。利用该方法可以写入一个行分隔符，这样就可以完成数据的分行输出。

【例 14.11】　利用 BufferedReader 和 BufferedWriter 读取和写入数据。

```
1   import java.io. * ;
2   public class Test14 _ 11 {
3     public static void main(String [ ] args){
4       File ioFile=new File("1. txt");
5       try{
6         FileWriter fw=new FileWriter(ioFile);
7         BufferedWriter bw=new BufferedWriter(fw);
8         bw. write("第一章:Java 概述");
9         bw. newLine();//换行写入
10        bw. write("第二章:Java 语言基础");
11        bw. newLine();
12        bw. write("第三章:类与对象");
13        bw. newLine();
14        bw. flush();//将缓冲区冲的数据写入文件
15        fw. close();
16        System. out. println("写入成功,开始读取……");
17
18        FileReader fr=new FileReader(ioFile);
19        BufferedReader br=new BufferedReader(fr);
20        String line=br. readLine();
21        while (line! =null)//文件结束时读取值为 null
22        {
```

```
23        System. out. println( line) ;
24        line = br. readLine( ) ;//读取一行数据
25        }
26        br. close( ) ;
27        fr. close( ) ;
28        System. out. println("读取完毕") ;
29        }
30      catch( IOException e) {
31        System. out. println("写入或读取发生异常") ;
32        }
33      }
34    }
```

在不出错的情况下,其运行结果如下:

写入成功,开始读取……

第一章:Java 概述

第二章:Java 语言基础

第三章:类与对象

读取完毕

这里的 BufferedReader 和 BufferedWrite 是过滤流,使用它们的主要原因就是节点流 FileReader 类和 FileWriter 类无法满足按行读取或写入信息。

14.3.6　InputStreamReader 和 OutputStreamWriter

在 IO 处理中,有时可能将一个字节流转换成一个字符流处理更为方便。 InputStreamReader 和 OutputStreamWriter 正是字节流通向字符流的桥梁。InputStreamReader 可以将一个字节输入流转换成一个字符输入流,如它可以装饰标准输入设备的字节输入流 System. in,将其转换为 Reader,经过装饰后的 Reader 可以再被装饰,如被 BufferedReader 装饰, 过滤流装饰过滤流称为过滤流的嵌套。

这两个类的构造方法如下:

InputStreamReader(InputStream in)

OutputStreamWriter(OutputStream out)

通过它们的构造函数,可以将任何字节流转换为字符流。

下面编写程序,该程序要求用户从 cmd 命令行输入字符,每输入一行,按回车后,程序就 显示所输入的内容,直到直接按下回车退出。

【例 14.12】　字节流转换字符流。

```
1    import java. io. * ;
2    public class Test14 _ 12 {
3      public static void main(String[ ] args) {
4        InputStreamReader in = new InputStreamReader( System. in) ;
5        BufferedReader br = new BufferedReader( in) ;
6        String str;
7        try{
8          while( true) {
```

```
9            str＝br. readLine( ) ;//读取一行
10            if( str. equals(""))|//新行为空退出
11              break;
12            |
13            else|
14                    System. out. println( str) ;//输出读取的内容
15            |
16          |
17        br. close( ) ;
18        in. close( ) ;
19        |
20      catch( IOException ex) |
21        System. out. println("读取错误") ;
22        |
23      |
24    |
```

运行结果如下：

hello world!

hello world!

hello Java

hello Java

其中，1、3 行为自己输入的，2、4 行为程序输出的。

System. in 是一个字节流，在读取时是按字节读取的，如果想将其转换为字符流，这时需要使用 InputStreamReader 类，该类可以将任何输入字节流转换为输入字符流。转换为输入字符流后用 BufferedReader 类对其进行装饰，这样的好处是可以按行处理。

同样，可以使用 OutputStreamWriter 将输出字节流转换为输出字符流，如可以将标准输出 System. out 转换为一个字符流等。

14.3.7　字节流与字符流的转换

前面讲过 Java 支持字节流和字符流，有时需要字节流与字符流之间的转换。

InputStreamReader 和 OutputStreamWriter 这两个类是字节流与字符流之间转换的类，InputStreamReader 可以将一个字节流中的字节解码成字符，OuputStreamWriter 将写入的字符编码成字节后写入一个字节流。其中，InputStreamReader 有以下两个主要的构造函数：

InputStreamReader(InputStream in)//用默认字符集创建一个 InputStreamReader 对象

InputStreamReader(InputStream in, String CharsetName)//用指定字符集创建 Input StreamReader 对象

OutputStreamWriter 也有以下两个对应的主要构造函数：

OutputStreamWriter(OutputStream in) //用默认字符集创建一个 OutputStreamWriter 对象

OutputStreamWriter(OutputStream in, String CharsetName)//用指定字符集创建 OutputStreamWriter 对象

为达到最高的效率，避免频繁的字符与字节间的相互转换，最好不要直接使用这两个类来进行读写，应尽量使用 BufferedWriter 类包装 OutputStreamWriter 类，用 BufferedReader 类包装 InputStreamReader 类。例如：

BufferedWriter out＝new BufferedWriter(new OutputStreamWriter(System. out)) ;

BufferedReader in = new BufferedReader(new InputStreamReader(System. in)) ;

接着从一个更实际的应用中来熟悉 InputStreamReader 的作用,怎样用一种简单的方式马上就读取到键盘上输入的一整行字符呢? 只要用下面的两行程序代码就可以解决这个问题:

BufferedReader in = new BufferedReader(new InputStreamReader(System. in)) ;

String strLine = in. readLine( ) ;

首先,要读取一行,就马上想到在 chm 格式的 JDK 文档中去查类似 readLine 这样的英文单词的拼写组合,查询的界面如图 14.3 所示。

图 14.3 查询的界面

找到了 BufferedReader 这个类,就查看 BufferedReader 类的构造方法,如图 14.4 所示。

图 14.4 BufferedReader 类的构造方法

可见,构建 BufferedReader 对象时,必须传递一个 Reader 类型的对象作为参数,而键盘对应的 System. in 是一个 InputStream 类型的对象。解决问题的关键是还需要找到将 InputStream 类型的流对象包装成 Reader 类型的包装类。

BufferedReader 类可以读取一行文本,对应的 BufferedWriter 类也提供了一个 newLine 方法来向字符流中写入不同操作系统下的换行符。如果要向字符流中写入与平台相关的文本换行,就可以考虑使用 BufferedWriter 这个包装类了。

前面用到的 FileWriter 和 FileReader 实际上都是包装类, FileReader 是 InputStreamReader 的子类, FileWriter 是 OutputStreamWriter 的子类。

14.3.8　IO 包中的类层次关系图

1. 字节输入流类

字节输入流类的层次关系图如图 14.5 所示。

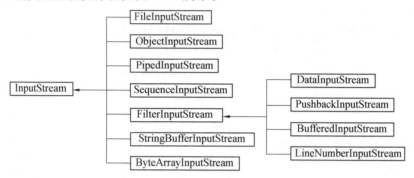

图 14.5　字节输入流类的层次关系图

2. 字节输出流类

字节输出流类的层次关系图如图 14.6 所示。

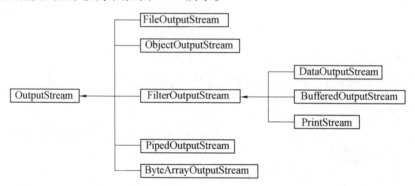

图 14.6　字节输出流类的层次关系图

3. 字符输入流类

字符输入流类的层次关系图如图 14.7 所示。

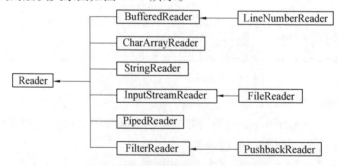

图 14.7　字符输入流类的层次关系图

4. 字符输出流类

字符输出流类的层次关系图如图 14.8 所示。

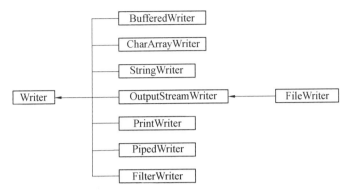

图 14.8　字符输出流类的层次关系图

14.4　串行化和反串行化

　　在介绍 RandomAccessFile 类时使用了一个例子,将 Employee 的三个类对象依次写入文件中,在读取时也需要根据写入的顺序和写入的类型进行读写。但不知道读者有没有注意这样一个问题:如果现在有 100 个这样的类对象需要写入文件,那么如何完成呢? 通过原来的程序,需要使用 100 组类似的语句来实现这些内容的写入,而且一旦忘记了写入时数据成员的顺序,如原来是姓名、年龄,而读数据时却按年龄、姓名的方式去读取,势必会使得读取变得没有意义。这里使用对象的串行化来满足这一要求。

　　简单地说,对象的串行化是指将对象的属性写到一个输出流中,对象的反串行化是指从一个输入流中读取一个对象。需要注意的是,只有对象的非静态属性才能做串行化处理,因为属性可以存放一些数据,而对象的方法因为本身即代码,所以对于这些信息的读写没有任何的意义。

　　对于一个要实现串行化的类对象来说,只要在定义该类的同时实现 Serializable 接口就可以了,而该接口本身是个空接口,即不存在任何数据成员和成员方法。因此,对于要实现串行化的类而言,除定义时显示的指明要实现 Serializable 接口外,其他的代码不需做任何改动。

　　在进行对象串行化和反串行化时,一般需要使用到 ObjectInputStream 和 ObjectOutputStream 输入输出流,它们都是过滤流,可以利用它们装饰一些节点流来完成对象的串行化和反串行化工作。

　　【例 14.13】　串行化和反串行。

```
1    import java. io. * ;
2    class Employee implements Serializable{//串行化必须要实现的标识接口
3    private String name=null;
4    private int age=0;
5    public Employee(String name,int age){
6        this. name=name;
7        this. age=age;
8    }
9    public void display( ){//显示对象的基本信息
10       System. out. println("name:"+name);
```

```
11      System. out. println("age:"+age);
12    }
13  }
14  public class Test14 _ 13 {
15  public static void main(String[ ] args) throws Exception {
16    Employee e1 = new Employee("Mark", 23);
17    Employee e2 = new Employee("Ada", 24);
18    Employee e3 = new Employee("John", 25);
19    try{
20      FileOutputStream fileOut = new FileOutputStream("D:\\employeeData. dat");
21      ObjectOutputStream objOut = new ObjectOutputStream(fileOut);
22      objOut. writeObject(e1);
23      objOut. writeObject(e2);
24      objOut. writeObject(e3);
25      objOut. close();
26      fileOut. close();
27      System. out. println("串行化成功");
28    }
29    catch(IOException ex){
30      System. out. println("串行化失败");
31    }

32    Employee ee = null;
33    try{
34      FileInputStream fileIn = new FileInputStream("D:\\employeeData. dat");
35      ObjectInputStream objIn = new ObjectInputStream(fileIn);
36      for(int i=0;i<3;i++){
37        ee = (Employee)objIn. readObject();//强制类型转换为 Employee 类型
38        ee. display();
39      }
40      objIn. close();
41      fileIn. close();
42      System. out. println("反串行化成功");
43    }
44    catch(IOException ex){
45      System. out. println("反串行化失败");
46    }
47  }
48  }
```

运行结果如下:

串行化成功

name:Mark

age:23

name:Ada

age：24

name：John

age：25

反串行化成功

利用串行化和反串行化,不需要关心类对象数据的具体存储字节数,读取数据时只需要按顺序将对象一个个读出即可,操作的基本单位为对象,对于对象数据的显示形式,可以根据 display 方法按照意图定制。需要说明一点,在对象存储时,存储的是二进制数据,用普通的文本文档查看器查看到的会是一些与输入内容看似无关的乱码,可以使用专门的二进制文件查看工具(如 UltraEdit 等)查看数据所对应的二进制数据信息。

通常,只要某个类实现了 Serializable 接口,那么该类的类对象中的所有属性都会被串行化。对于一些敏感的信息(如用户密码),一旦串行化后,就可以通过读取文件或拦截网络传输数据的方式来非法获取这些信息。因此,出于安全的原因,应该禁止对这些敏感属性进行串行化。解决的办法也很简单,只要在不需串行化的属性上用 transient 修饰即可。

修改例 14.13Employee 中的语句"private int age＝0；"为"private transient int age＝0；",重新运行程序。程序结果如下：

串行化成功

name：Mark

age：0

name：Ada

age：0

name：John

age：0

反串行化成功

可见,age 的值始终为 0,这是因为最初没有把 age 的值写入文件中,读取时没有数据,就是用了数据类型的默认值。不要认为是在定义数据成员 age 时使用了 age＝0,所以结果为 0。修改 age 的值为 10,运行程序,得到的结果仍为上面的运行结果。

可能有些读者会有这样的疑问,在查看 JDK 文档时并没有发现 Java 中有节点流、过滤流的分类,也没有标明哪些是节点流,哪些是过滤流。在 Java 中并没有给出节点流、过滤流的说法,那只是人们为了更好地理解 Java 的输入输出流的一种方式而已,可以通过如下方式判断对于一个不熟知的 IO 类时,如何判断其是节点流还是过滤流。

查看该类的构造方法,因为过滤流是为了装饰节点流的,也就是说,在其构造方法中必定会有以 InputStream、OutputStream、Reader 和 Writer 四个抽象类的对象声明为参数的构造方法,所以只要有一个这样的构造方法,就说该 IO 流为过滤流。相反,如果在其构造方法中无法找到以这四个抽象类的对象声明为参数的构造方法,那么该 IO 流为节点流。

本 章 小 结

本章对 Java 的 IO 流做了详细介绍,首先对 IO 流中常用的输入输出对象 File 做了说明,对 RandomAccessFile 这一可任意位置读写的类做了详细说明,在讲解 IO 流时,将 IO 流分为节点流和过滤流讲解,所有讲解主要针对 File 这一输入输出对象来进行。本章的最后讨论了串行化和反串行化。

习　　题

一、选择题

1. 在编写 Java Application 程序时,若需要使用到标准输入输出语句,则必须在程序的开头写上(　　)语句。

A. import java. awt. * ;　　　　　　B. import java. applet. Apple;

C. import java. io. * ;　　　　　　　D. import java. awt. Graphics;

2. 字符流与字节流的区别在于(　　)。

A. 前者带有缓冲,后者没有

B. 前者是块读写,后者是字节读写

C. 二者没有区别,可以互换使用

D. 每次读写的字节数不同

3. 下列流中(　　)不属于字节流。

A. InputStreamReader　　　　　　B. BufferedInputStream

C. FileOutputStream　　　　　　　D. FileInputStream

4. 下列流中(　　)不属于字符流。

A. InputStreamReader　　　　　　B. BufferedReader

C. FilterReader　　　　　　　　　D. FileInputStream

5. 实现字符流的写操作类是(　　)。

A. FileReader　　　　　　　　　B. FileWriter

C. FileInputStream　　　　　　　D. FileOutputStream

6. 为读取的内容进行处理后再输出,需要使用(　　)流。

A. File stream　　　　　　　　　B. Pipe stream

C. Random stream　　　　　　　D. Filter stream

7. 构造 BufferedInputStream 的合适参数是(　　)。

A. InputStream　　　　　　　　B. BufferedOutputStream

C. FileInputStream　　　　　　　D. FileOutputStream

8. 下列 InputStream 类中,(　　)方法可以用于关闭流。

A. skip( )　　　　B. close( )　　　　C. mark( )　　　　D. reset( )

9. (　　)类可以作为 BufferedReader 类构造方法的参数。

A. OutputStreamReader　　　　　B. InputReader

C. InputStreamReader　　　　　　D. PrintStream

10. RandomAccessFile 类的(　　)方法可用于从指定流上读取整数。

A. readInt　　　　B. readLine　　　　C. seek　　　　D. close

11. RandomAccessFile 类的(　　)方法可用于向屏幕输出一个 double 数据。

A. writeLine　　　　B. writeDouble　　　　C. seek　　　　D. close

12. 在读字符文件 File. txt 时,(　　)使用该文件作为参数的类。

A. BufferedReader　　　　　　　B. DataInputStream

C. DataOutputStream　　　　　　D. FileInputStream

13. 要串行化某些类的对象,这些类就必须实现(　　)。

A. Serializable 接口 　　　　 B. java. io. Externalizable 接口

C. java. io. DataInput 接口 　　 D. DataOutput 接口

14. InputStream 类或 Reader 类的子类是所有的(　　　)。

A. 输入流 　　 B. 输出流 　　 C. 输入/输出流 　 D. Java 通信类

15. OutputStream 类或 Writer 类的子类是所有的(　　　)。

A. 输入流 　　 B. 输出流 　　 C. 输入/输出流 　 D. Java 通信类

16. 当构造一个输入流的对象时,可能产生异常的是(　　　)。

A. InterruptedException 　　　　 B. NoSuchFieldException

C. RuntimeException 　　　　　　 D. FileNotFoundException

17. 构造一个输入流的对象时,可用一个类的对象作为构造方法的参数,这个类是(　　　)。

A. FileReader 　 B. FileWriter 　 C. Inputstream 　 D. File

18. 一个输入流的对象用 int read( )方法从流中读数据时,该方法的返回值(　　　)。

A. 为一个字符 　 B. 在 0 ~ 255 　 C. 为一行字符 　 D. 在 0 ~ 65535

19. 从一个 FileInputStream 流中用 read 方法读数据时,表示流结束,则该方法返回(　　　)。

A. -1 　　　　 B. 0 　　　　 C. 255 　　　　 D. 65535

20. 当对一个流操作完毕时,可以保证操作系统将缓冲区中的数据写入到目的地,应调用方法(　　　)。

A. available( ) 　 B. pack( ) 　　 C. skip( ) 　　 D. close( )

二、判断题

1. 如果顺序文件中的文件指针不是指向文件头,那么必须先关闭文件,然后打开文件才能从文件头开始读。(　　　)

2. 在随机存取中查找指定记录时不必检查每一条记录。(　　　)

3. 随即存取文件的记录必须等长。(　　　)

4. seek 方法必须以文件头为基准进行查找。(　　　)

5. 如果要在 Java 中进行文件处理,则必须使用 java. swing 包。(　　　)

6. 文件缓冲流的作用是提高文件的读/写效率。(　　　)

7. 通过 File 类可对文件属性进行修改。(　　　)

8. IOException 必须被捕获或抛出。(　　　)

9. File 类继承自 Object 类。(　　　)

10. InputStream 和 OutputStream 类都是抽象类。(　　　)

11. 随即读写流 RandomAccessFile 的指针所计算的是字符个数。(　　　)

12. Java 语言对文件没有结构要求,所以需要使用随机存取的程序必须自己建立它们。(　　　)

13. 当把一个 RandomAccessFile 流与一个文件相连时,读写数据的位置由文件位置指针来指定,并且所有数据均以基本数据类型来读写。(　　　)

14. Java 系统的标准输入对象是 System. in,标准输出对象有两个,分别是标准输出 System. out 和标准错误输出 System. err。(　　　)

15. Reader 和 Writer 都是抽象类。(　　　)

三、简答题

1. 字节流与字符流有什么差别？

2. 节点流与处理流有什么差别？

3. 输入流和输出流各有什么方法？

4. 怎样进行文件和目录的管理？

四、程序设计

1. 编写一个程序，从命令上行接收两个实数，计算其乘积。

2. 编写一个程序，从命令行上接收两个文件名，比较两个文件的长度和内容。

3. 编写一个程序，能将一个 Java 源程序中的空行和注释去掉。

4. 编程在 D 盘上创建一个名为 test. txt 文件。

5. 编程删除 D 盘中名为 text. txt 的文件。

6. 编程判断 D 盘上名为 test. test 文件是否存在。

第15章

数据库编程

Java 程序对数据库的访问和操作是 Java 程序设计中比较重要的一个部分,本章主要介绍通过 JDBC(java database connection)实现数据库访问与编程。JDBC 由一组用 Java 语言编写的类组成,它已成为一种供数据库开发者使用的标准 API。通过 JDBC 本身提供的一系列类和接口,Java 编程开发人员能够很方便地编写有关数据库方面的应用程序。

15.1　数据库连接

前面介绍了数据流及其文件的应用,使用文件处理了一些简单数据结构类型的数据。在实际应用中,经常会遇到一些比较复杂的数据结构对象,如企业的应用系统、学生注册系统、联机考试系统等,都需要处理大量复杂的数据信息,这就需要使用数据库进行处理。数据库文件中可以存放复杂的相关信息的集合,使用数据库管理系统——DBMS(database manage system)就可以方便地对数据库中的数据进行检索、添加和修改。DBMS 有很多种,当前最常用的是关系数据库管理系统(relational dataBase manage system)。MS-SQL Server、MS-Access、Oracle、Informix 等都属于 RDBMS。

本节并不专门介绍 DBMS 的知识,而是重点介绍在 Java 环境中如何使用数据库,以及对数据库中的数据进行查询(检索)、添加和修改的方法。要进行数据库的编程,首先要做的就是让程序连接数据库。下面就 Java 语言连接数据库的方法进行介绍。

15.1.1　JDBC 简介

JDBC 是一种用 Java 实现的数据库接口技术,是开放数据库 ODBC 的 Java 实现。数据库前端应用要完成对数据库中数据的操作,必须要使用 SQL 语言的有关语句。但是 SQL 是一种非过程语言,除对数据库基本操作外,它所能完成的功能非常有限,并不能适应整个前端的应用编程。为此,需要其他的语言来实现 SQL 语言的功能以完成对数据库的操作。为达到这个目的,Java 中专门设置了一个 java.sql 包,这个包中定义了很多用来实现 SQL 功能的类,使用这些类,编程人员就可以很方便地开发出数据库前端的应用。辅助 Java 程序实现数据库功能的配套支持技术统称为 JDBC。用 JDBC 开发数据库应用的原理如图 15.1 所示。

由图 15.1 可知,JDBC 由两层组成:上面一层是 JDBC API,负责与 Java 应用程序通信,向 Java 应用程序提供数据(Java 应用程序通过 JDBC 中提供的相关类来管理 JDBC 的驱动程序);下面一层是 JDBC Driver API,主要负责和具体数据环境的连接。图 15.1 中列出了利用 JDBC

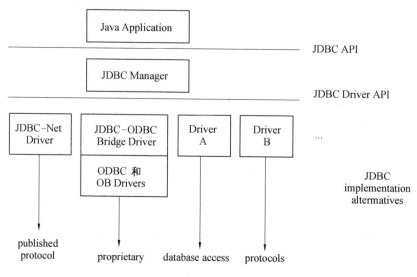

图 15.1　用 JDBC 开发数据库应用的原理

Driver API 访问数据库的几种不同方式:第一种方法是使用 JDBC – ODBC 桥实现 JDBC 到 ODBC 的转化,转化后就可以使用 ODBC 的数据库专用驱动程序与某个特定的数据库相连,这 种方法借用了 ODBC 的部分技术,使用起来比较简单,但同时因 C 驱动程序的引入而失去了 Java 的跨平台性;第二种方法是使用 JDBC 与某数据库系统专用的驱动程序相连,然后直接连 入数据库,这种方法的优点是程序效率高,但由于要下载和安装专门的驱动程序,因此限制了 前端应用与其他数据库系统的配合使用;第三种方法是使用 JDBC 与一种通用的数据库协议 驱动程序相连,然后利用中间件和协议解释器将这个协议驱动程序与某种具体的数据库系统 相连,这个方法的优点是程序不仅可以跨平台,而且可以连接不同的数据库系统,有很好的通 用性,但运行这样的程序需要购买第三方厂商开发的中间件和协议解释器。下面就前两种 Java 连接数据库的方法进行介绍。

在介绍 Java 数据库连接之前,先设计一个本书例子中用到的数据库,选用微软 SQL Server 的数据库环境。假设读者都已经安装了这个数据库环境,并已经进行了初步的配置。

在 SQL Server 数据库中建立一个 xsgl 数据库,并在数据库中加入学生信息表 student,见 表 15.1。当然,真正的数据库远比这个复杂,表和数据也比这个多,这个实例数据库只是用来 学习 Java 的数据库编程。

表 15.1　学生信息表 student

firstname	lastname	age	address	city
Li	Ming	45	No. 77 Changan Road	Beijing
Wang	Ming	28	No. 88 zhonghua Road	Beijing
Zhang	Xiaogang	40	No. 23 Gardon Road	Shanghai
Liu	Li	35	No. 23 Gardon Road	Shanghai
Hong	Xiaoxiao	25	No. 777 Zhongshan Road	Nanjing
…	…	…	…	…

15.1.2　用 JDBC-ODBC 连接数据库

用 JDBC-ODBC 连接数据库首先要建立数据源,关于数据源的创建相信读者也非常熟悉了,本书不再介绍。假设为上述的 xsgl 数据库建立一个同名的 xsgl 数据源,则以下是用 JDBC-ODBC 连接数据库的步骤。

1. 加载驱动程序

加载 Java 应用程序所用的数据库的驱动程序。当然,现在用的是 JDBC-ODBC 驱动,这个驱动程序不需要专门安装。代码格式如下:

Class. forName("sun. jdbc. odbc. JdbcOdbcDriver");

2. 建立连接

与数据库建立连接的标准方法是调用方法:

Drivermanger. getConnection(String url,String user,String password);

Drivermanger 类用于处理驱动程序的调入,并且对新的数据库连接提供支持。其中,url 是数据库连接字符串,格式为"jdbc:odbc:数据源名称";user 和 password 分别是数据库的用户名和密码。

3. 执行 SQL 语句

JDBC 提供了 Statement 类来发送 SQL 语句,Statement 类的对象由 createStatement 方法创建。SQL 语句发送后,返回的结果通常存放在一个 ResultSet 类的对象中,ResultSet 可以看作一个表,这个表包含由 SQL 返回的列名和相应的值。ResultSet 对象中维持了一个指向当前行的指针,通过一系列的 getXXX 方法,可以检索当前行的各个列,从而显示出来。

【例 15.1】　JDBC-ODBC 连接 xsgl 数据库的示例程序 JDBCTest. java。

```
1   import java. sql. * ;
2   public class JDBCTest {
3     public static void main(String args[]){
4       String url ="jdbc:odbc:xsgl";
5       String user ="sa";
6       String password ="sa";
7       String ls _ 1 ="select  * from student";
8       try{
9         Class. forName("sun. jdbc. odbc. JdbcOdbcDriver"); //加载驱动程序
10        //建立连接
11        Connection con = DriverManager. getConnection(url,user,password);
12        Statement stmt = con. createStatement(); //执行 SQL
13        ResultSet rs = stmt. executeQuery(ls _ 1);//得到结果
14        System. out. print("fistname");
15        System. out. print("lastname");
16        System. out. print("age");
17        System. out. print("address");
18        System. out. println("city");
19        while(rs. next()){       //打印数据库中的数据
20          System. out. print(rs. getString(1)+"  |  ");
21          System. out. print(rs. getString(2)+"  |  ");
```

```
22        System. out. print( rs. getInt( 3) +"   |    ") ;
23        System. out. print( rs. getString( 4) +"   |    ") ;
24        System. out. println( rs. getString( 5) ) ;
25      }
26    rs. close( ) ;
27    stmt. close( ) ;
28    con. close( ) ;
29   }
30   catch( SQLException sqle) {
31     System. out. println( 1+sqle. toString( ) ) ;
32   }
33   catch( Exception e) {
34     System. out. println( 2+e. toString( ) ) ;
35   }
36  }
37 }
```

运行结果如图 15.2 所示。

```
Problems  Javadoc  Declaration  □ Console  ⊠                        ■ ✖ ✖
<terminated> JDBCTest [Java Application] D:\Java\jre1.5.0_07\bin\javaw. exe (2006-12-21 下午09:10:18)
firstname  lastname   age   address   city
Hong   |  Xiaoxiao  |  25  |  No.777 Zhongshan Road  |  Nanjing
Li   |   Ming   |  45  |  No.77 Changan Road   |   Beijing
Liu   |   Li   |  35  |  No.23 Gardon Road   |   Shanghai
Wang   |   Ming   |  28  |  No.88 zhonghua Road   |   Beijing
Zhang   |   Xiaogang  |  40  |  No.23 Gardon Road  |   Shanghai
```

图 15.2   运行结果

这个程序的主要作用是将前面建立的 student 表中的所有数据从数据库 xsgl 中查询出来，传送到运行 Java 程序的计算机并在屏幕上显示出来。为达到这个目标，用到了 JDBC API 中的 DriverManager、Statement 和 ResultSet 类。其中，DriverManager 主要负责把数据库驱动装入；Statement 是用来执行 SQL 语句，在程序中是一个查询语句；ResultSet 是用来接收从数据库中返回的数据。在 Java 中对数据库的编程主要就是对这些 JDBC API 的灵活使用，下节将详细介绍这几个类的使用方法。

15.1.3   用 JDBC 专用驱动程序连接数据库

用数据库专用的驱动程序连接首先要安装数据库的 JDBC 驱动程序，有时这些驱动程序可以从 SUN 公司或有关数据库系统生产商的网站上下载，它们必须首先安装在运行 Java 程序的本地机上，并正确设置环境变量。对于本书中的 SQL Server 数据库，要求下载 SQL Server 2000 Driver for JDBC 驱动程序，然后正确安装，并为安装目录下的 msbase. jar、mssqlsever. jar 和 msutil. jar 三个 jar 文件设置正确的类路径或导入到相应的开发环境中。

1. JDBC

JDBC 由一组用 Java 语言编写的类和接口组成。JDBC 为使用数据库及其工具的开发人员提供了一个标准的 API，使他们能够用 Java API 来编写数据库应用程序。通过使用 JDBC，开发人员可以很方便地将 SQL 语句传送给任何一种数据库。

JDBC 的作用概括起来有以下三个方面：

（1）建立与数据库的连接；

（2）向数据库发起查询请求；

（3）处理数据库返回结果。

这些作用是通过一系列 API 实现的，与数据库有关的几个重要类或接口见表 15.2。

表 15.2　与数据库有关的几个重要类或接口

接口	作用
java. sql. Drivermanager	处理驱动程序的加载和建立新数据库连接
java. sql. Connection	处理与特定数据库的连接
java. sql. Statement	在指定连接中处理 SQL 语句
java. sql. ResultSet	处理数据库操作结果集

2. DriverManager

DriverManager 类是 Java. sql 包中用于数据库驱动程序管理的类，作用于用户与驱动程序之间。它跟踪可用的驱动程序，并在数据库与相应的驱动程序之间建立连接，也处理诸如驱动程序登录时间限制及登录和跟踪消息的显示等事务。一般的应用程序只使用它的 getConnection( )方法，这个方法用来建立与数据库的连接：

```
static Connection getConnection(String url, String username, String password)
```

通过指定数据的 URL 及用户名、密码创建数据库连接。

3. Connection

Connection 是用来表示数据库连接的对象，对数据库的一切操作都是在这个连接基础上进行的。Connection 类的主要方法如下。

（1）void clearWarning( )。清除连接的所有警告信息。

（2）Statement createStatement( )。创建一个 Statement 对象。

（3）Statement CreateStatement (int resultSetType, int resultSetConcurrency)。创建一个 Statement 对象，它将生成具有特定类型和并发性的结果集。

（4）void commit( )。提交对数据库的改动并释放当前持有数据库的锁。

（5）void rollback( )。回滚当前事务中的所有改动，并释放当前连接持有数据库的锁。

（6）String getCatalog( )。获取连接对象的当前目录。

（7）boolean isClose( )。判断连接是否已关闭。

（8）boolean isReadOnly( )。判断连接是否为只读模式。

（9）void setReadOnly( )。设置连接的只读模式。

（10）void close( )。立即释放连接对象的数据库和 JDBC 资源。

4. Statement

Java 所有 SQL 语句都是通过陈述（Statement）对象实现的。Statement 用于在已经建立连接的基础上向数据库发送 SQL 语句的对象。

Statement 对象的建立是通过 Connection 对象的 createStatement 方法建立的：

```
Statement stmt = con. createStatement( );
```

如果要建立可滚动的记录集，需要使用如下格式的方法：

public Statement createStatement（int resultSetType，int resultSetConcurrency）throws SQLException

resultSetType 可取下列常量。

（1）ResultSet. TYPE ＿ FORWARD ＿ ONLY。只能向前,默认值。

（2）ResultSet. TYPE ＿ SCROLL ＿ INSENSITIVE。可操作数据集的游标,但不反映数据的变化。

（3）ResultSet. TYPE ＿ SCROLL ＿ SENSITIVE。可操作数据集的游标,反映数据的变化。

resultSetConcurrency 的取值如下。

（1）ResultSet. CONCUR ＿ READ ＿ ONLY。不可进行更新操作。

（2）ResultSet. CONCUR ＿ UPDATABLE。可进行更新操作,默认值。

Statement 对象提供了以下三种执行 SQL 语句的方法。

（1）ResultSet executeQuery（String sql）。执行 SELECT 语句,返回一个结果集。

（2）int executeUpdate（String sql）。执行 update、insert、delete 等不需要返回结果集的 SQL 语句。它返回一个整数,表示执行 SQL 语句影响的数据行数。

（3）boolean execute（String sql）。用于执行多个结果集、多个更新结果（或二者都有）的 SQL 语句。它返回一个 boolean 值。如果第一个结果是 ResultSet 对象,则返回 true;如果第一个结果是整数,则返回 false。取结果集时可以与 getMoreResultSet、getResultSet 和 getUpdateCount 结合来对结果进行处理。

5. ResultSet

ResultSet 对象实际上是一个由查询结果数据构成的表。在 ResultSet 中隐含着一个指针,利用这个指针移动数据行可以取得所要的数据或对数据进行简单的操作。其主要的方法如下:

（1）boolean absolute（int row）。将指针移动到结果集对象的某一行。

（2）void afterLast（ ）。将指针移动到结果集对象的末尾。

（3）void beforeFrist（ ）。将指针移动到结果集对象的头部。

（4）boolean first（ ）。将指针移动到结果集对象的第一行。

（5）boolean next（ ）。将指针移动到当前行的下一行。

（6）boolean previous（ ）。将指针移动到当前行的前一行。

（7）boolean last（ ）。将指针移动到当前行的最后一行。

此外,还可以使用一组 getXXX（ ）方法,读取指定列的数据。XXX 是 JDBC 中 Java 语言的数据类型。这些方法的参数有两种格式:一是用 int 指定列的索引;二是用列的字段名（可能是别名）来指定列。例如:

String strName＝rs. getString（2）;

String strName＝rs. getString（″name″）;

用 JDBC 驱动与 JDBC－ODBC 驱动连接数据库的步骤完全一样,只是具体的驱动程序和连接字符串不一样。

【例 15.2】 使用纯 Java JDBC 驱动程序实现数据库的连接。

```
1   import java. sql. * ;
2   public class ConnectionServer2 {
3   public static void main(String[ ] args) throws ClassNotFoundException, SQLException {
```

```
4
5    //1. 加载驱动程序类 连接 MySQL 数据库
6    Class. forName("com. mysql. jdbc. Driver");
7    String url = "jdbc:mysql://localhost:3306/jdbc? characterEncoding=utf8";
8    //2. 获取连接对象
9    Connection conn = DriverManager. getConnection(url,"root","root");
10   //3. 获取 statement 对象
11   String sql = "select * from t_user";
12   PreparedStatement statement = conn. prepareStatement(sql);
13   //4. 执行 SQL 操作
14   ResultSet rs = statement. executeQuery();
15   while (rs. next()) {
16       int id = rs. getInt(1);
17       String username = rs. getString(2);
18       String password = rs. getString(3);
19       String remark = rs. getString(4);
20       User user = new User(id, username, password, remark);
21       System. out. println(user);
22   }
23   //5. 关闭资源
24   rs. close();
25   statement. close();
26   conn. close();
27   }
28   }
29   public class User {
30     public User() {
31     }
32
33     public User(Integer id, String username, String password, String remark) {
34       this. id = id;
35       this. username = username;
36       this. password = password;
37       this. remark = remark;
38     }
39
40     private Integer id;
41     private String username;
42     private String password;
43     private String remark;
44
45     public Integer getId() {
```

```java
46        return id;
47      }
48
49      public void setId(Integer id) {
50        this.id = id;
51      }
52
53      public String getUsername() {
54        return username;
55      }
56
57      public void setUsername(String username) {
58        this.username = username;
59      }
60
61      public String getPassword() {
62        return password;
63      }
64
65      public void setPassword(String password) {
66        this.password = password;
67      }
68
69      public String getRemark() {
70        return remark;
71      }
72
73      public void setRemark(String remark) {
74        this.remark = remark;
75      }
76
77      @Override
78      public String toString() {
79        return "User{" +
80        "id=" + id +
81        ", username='" + username + '\'' +
82        ", password='" + password + '\'' +
83        ", remark='" + remark + '\'' +
84        '}';
85      }
86  }
```

学习利用纯 Java JDBC 驱动程序实现数据库连接。连接其他类型的数据库使用的驱动程序见表 15.3。

表 15.3　连接其他类型的数据库使用的驱动程序

数据库	驱动类	URL	下载地址
MySQL	org. git. mm. mysql. Driver	jdbc： mysql://localhost：3306/xsgl	http://www. mysql. com/downloads/index. htm
Oracle	oracle. jdbc. driver. OracleDriver	jdbc：oracle：thin：@ 127. 0. 0. 1：1521：xsgl	http://ont. oracle. com/software

6. Java JDBC 驱动程序连接数据库

Java JDBC 驱动程序是独立的连接驱动程序,不需要中间服务器,与数据库实现通信的整个过程均由 Java 语言实现。这种方法目前应用较广泛,缺点是需要下载相应的类包,不同数据库的连接代码可能不同。连接 SQL Server 可以在 www. msdn. com 网站下载。有三个类包:msbase. jar、mssqlserver. jar 和 msutil. jar。使用时,将这三个包放在 jdk\jre\lib\ext\ 目录下或所放的位置设置到 CLASSPATH 中即可。

(1)加载驱动程序。

在 JDBC 中,通常有以下两种加载驱动程序的方式。

①将驱动程序添加到 java. lang. System 属性 jdc. drivers 中。这是一个由 DriverManager 类加载驱动程序类名的列表,用冒号分隔。在 JDBC 的 java. sql. DrvierManager 类初始化时,在 JVM 的系统属性中搜索 jdbc. drivers 字段的内容。如果存在以冒号分隔的驱动程序名称,则 DriverManager 类加载相应的驱动程序。

②在程序中利用 Class. forName()方法加载指定的驱动程序,例如:

Class. forName("com. microsoft. jdbc. sqlserver. SQLServerDriver");

需要注意的是,连接的数据库不同,加载的驱动程序也有所不同。

(2)创建指定数据库的 URL。

要建立与数据库的连接,首先要创建指定数据库的 URL。数据库的 URL 对象类似于网络资源的统一定位器,其构成格式如下:

jdbc：subProtocol：subName://hostname：port；DatabaseName=XXX

其中,jdbc 表示当前通过 Java 的数据库连接进行数据库访问;subProtocal 表示通过某种驱动程序支持的数据库连接机制;subName 表示在当前连接机制下的具体名称;hostName 表示主机名;port 表示相应的连接端口;DatabaseName 表示要连接的数据库的名称。

按照上述构造规则,可以构造如下类型的数据库 URL:

jdbc. microsoft：sqlserver://localhost：1433；DatabaseName=xsgl

该数据库 URL 表示利用 Microsoft 提供的机制,选择名称为 sqlserver 的驱动,通过 1433 端口访问本机上的 xsgl 数据库。

15.2　JDBC　编　程

在 Java 中,用 JDBC 对数据库编程,主要是对 JDBC API 的应用,在 JDBC API 中对数据库的应用主要是对 DriverManager、Connection、Statement 和 ResultSet 这几个类的应用。JDBA API 的主要结构如图 15.3 所示。

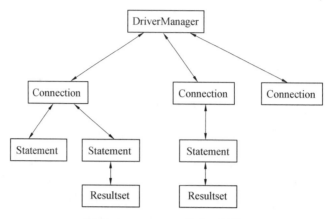

图 15.3　JDBC API 的主要结构

15.2.1　JDBC 专用类介绍

1. DriverManager

DriverManager 类是 JDBC 的管理层,作用于用户与驱动程序之间。它跟踪可用的驱动程序,并在数据库与相应驱动程序之间建立连接。

对于简单的应用程序,一般程序员需要在此类中直接使用的唯一方法是 DriverManager.getConnection。正如名称所示,该方法将建立与数据库的连接。

DriverManager 类包含一列 Driver 类,它们已通过调用方法 DriverManager. registerDriver 对自己进行了注册。通过调用方法 Class. forName,可显式地加载驱动程序类,然后自动在 DriverManager 类中注册。以下代码加载类 jdbc. odbcJdbcOdbcDriver:

class. forName(″sun. jdbc. odbc. JdbcOdbcDriver″);

加载 Driver 类并在 DriverManager 类中注册后,即可用来与数据库建立连接。当调用 DriverManager. getConnection 方法发出连接请求时,DriverManager 将检查每个驱动程序,查看它是否可以建立连接。

以下代码是通常情况下用驱动程序(如 JDBC-ODBC 桥驱动程序)建立连接所需步骤的示例:

Class. forName(″sun. jdbc. odbc. JdbcOdbcDriver″); //加载驱动程序

String url=″jdbc:odbc:xsgl″;

Connection con=DriverManager. getConnection(url, ″userID″, ″passwd″);

这个示例表示在 DriverManager 中注册一个 sun. jdbc. odbc. JdbcOdbcDriver 驱动(使用 JDBC-ODBC 桥驱动),然后用 DriverManager 的 getConnection 方法创建一个 Connection 对象,这个对象就可以连接 url 指定的数据库。在本例中连接的数据库是 ODBC 数据源 xsgl,这个数据源的用户名是 userID,密码是 passwd。

2. Statement

Statement 对象用于将 SQL 语句发送到数据库中。建立到特定数据库的连接之后,就可以用该连接发送 SQL 语句。Statement 对象用 Connection 的方法 createStatement 创建,代码如下:

Connection con=DriverManager. getConnection(url,″userID″,″passwd″);

Statement stmt=con. createStatement();

为执行 Statement 对象,被发送到数据库的 SQL 语句将作为参数提供给 Statement 的方法。

下面这句代码通过一个查询语句创建了一个结果集,用户可以从这个 rs 结果集中读出数据供 Java 程序使用:

```
ResultSet rs = stmt. executeQuery("SELECT a, b, c FROM Table2");
```

Statement 接口提供了三种执行 SQL 语句的方法:executeQuery、executeUpdate 和 execute。使用哪个方法由 SQL 语句的内容决定。

方法 executeQuery 用于产生单个结果集的语句,如 SELECT 语句。

方法 executeUpdate 用于执行 INSERT、UPDATE 或 DELETE 语句,以及 SQL DDL(数据定义语言)语句,如 CREATE TABLE 和 DROP TABLE。INSERT、UPDATE 或 DELETE 语句的效果是修改表中零行或多行中的一列或多列。executeUpdate 的返回值是一个整数,指示受影响的行数(即更新计数)。对于 CREATE TABLE 或 DROP TABLE 等不操作行的语句,executeUpdate 的返回值总为零。

方法 execute 用于执行返回多个结果集、多个更新计数或二者组合的语句。因为多数程序员不会需要使用这些高级功能,所以在此不再细述。

执行语句的所有方法都将关闭所调用 Statement 对象的当前打开结果集(如果存在),这意味着在重新执行 Statement 对象之前,需要完成对当前 ResultSet 对象的处理。

3. ResultSet

ResultSet 包含符合 SQL 语句中条件的所有行,并且它通过一套 get 方法(这些 get 方法可以访问当前行中的不同列)提供了对这些行中数据的访问。ResultSet. next 方法用于移动到 ResultSet 中的下一行,使下一行成为当前行。

结果集一般是一个表,其中有查询所返回的列标题及相应的值。例如,如果查询为 SELECT * FROM student,则结果集将返回 student 表中的所有记录。

下面的代码段是执行 SQL 语句的示例:

```
1   java. sql. Statement stmt = conn. createStatement( );
2   ResultSet rs = stmt. executeQuery("SELECT * FROM student");
3   while( rs. next( ) ){                    //打印数据库中的数据
4       System. out. print( rs. getString(1)+"  |  ");
5       System. out. print( rs. getString(2)+"  |  ");
6       System. out. print( rs. getInt(3)+"  |  ");
7       System. out. print( rs. getString(4)+"  |  ");
8       System. out. println( rs. getString(5));
9   }
```

该 SQL 语句将返回行集合,其中列 1 为 fristname,列 2 为 lastname,列 3 为 age,列 4 为 address,列 5 则为 city。

ResultSet 维护指向其当前数据行的光标。每调用一次 next 方法,光标向下移动一行。最初它位于第一行之前,因此第一次调用 next 将把光标置于第一行上,使它成为当前行。每次调用 next 导致光标向下移动一行,按照从上至下的次序获取 ResultSet 行。

在 ResultSet 对象或其父辈 Statement 对象关闭之前,光标一直保持有效。

方法 getXXX 提供了获取当前行中某列值的途径。列名或列号可用于标识要从中获取数据的列。例如,如果 ResultSet 对象 rs 的第二列名为"title",并将值存储为字符串,则下列任一代码将获取存储在该列中的值:

```
String s = rs. getString("title");
```

String s = rs. getString(2);

注意:列是从左至右编号的,并且从列 1 开始。同时,用 getXXX 方法输入的列名不区分大小写。

15.2.2 数据库编程实例

下面是一个 JDBC 数据库编程的例子,在这个例子中,设计了一个 GUI 数据库查询的软件,在程序的用户窗体中设计了一个下拉项,通过用户选择的下拉选择查询数据库,并将用户需要的数据显示在文本框中。

【例 15.3】 设计用户界面查询数据库数据的示例程序。

```
1   import java. awt. * ;
2   import java. awt. event. * ;
3   import javax. swing. * ;
4   import java. sql. * ;
5
6   class MainFrame extends JFrame implements ActionListener{
7     JPanel contentPane;
8     BorderLayout borderLayout1 = new BorderLayout(5, 10);
9     Label prompt;
10    Choice firstname;
11    Button querybutton;
12    TextArea result;
13
14    public MainFrame( ){
15      contentPane = (JPanel) this. getContentPane( );
16      contentPane. setLayout(borderLayout1);
17      this. setTitle("DBQuery");
18      addWindowListener(new WindowAdapter( ){
19      public void windowClosing(WindowEvent e){
20        System. exit(0);
21          }
22        });
23      prompt = new Label("firstname");
24      firstname = new Choice( );
25      querybutton = new Button("Query");
26      result = new TextArea( );
27      try{
28        Class. forName("com. microsoft. jdbc. sqlserver. SQLServerDriver");
29        //加载驱动程序
30        String url = " jdbc:microsoft:sqlserver://127.0.0.1:1433;
31        DatabaseName = xsgl ";
32        String user = "sa";
33        String password = "sa";
34        String ls _ 1 = "select firstname from student";
```

```
35          Connection con = DriverManager. getConnection( url , user , password) ;
36          Statement stmt = con. createStatement( ) ; //执行 SQL
37          ResultSet rs = stmt. executeQuery( ls _ 1 ) ;
38          while( rs. next( ) ) {
39            firstname. add( rs. getString( 1 ) ) ;
40          }
41          rs. close( ) ;
42          stmt. close( ) ;
43          con. close( ) ;
44        }
45      catch( SQLException sqle) { }
46      catch( Exception e) { }
47      contentPane. add( prompt , BorderLayout. WEST) ;
48      contentPane. add( firstname , BorderLayout. CENTER) ;
49      contentPane. add( querybutton , BorderLayout. EAST) ;
50      contentPane. add( result , BorderLayout. SOUTH) ;
51      querybutton. addActionListener( this) ;
52    }
53
54    public void actionPerformed( ActionEvent e) {
55      if( e. getSource( ) = = querybutton) {
56      try{
57          Class. forName("sun. jdbc. odbc. JdbcOdbcDriver") ; //加载驱动程序
58          String url ="jdbc : odbc : xsgl";
59          String user ="sa";
60          String password ="sa";
61          String queryfirstname = firstname. getSelectedItem( ) ;
62          String ls _ 1 ="select  *  from student"+
63            " where firstname = '"+queryfirstname+"'";
64          Connection  con = DriverManager. getConnection ( url,  user,  password) ; Statement  stmt = con.
            createStatement( ) ; //执行 SQL
65          ResultSet rs = stmt. executeQuery( ls _ 1 ) ;
66          rs. setText("") ;
67          while( rs. next( ) ) {
68            String msg = rs. getString( 1 )+"|"+
69                rs. getString( 2 )+"|"+
70                rs. getInt( 3 )+"|"+
71                rs. getString( 4 )+"|"+
72                rs. getString( 5 ) ";
73            result. append( msg) ;
74          }
75          rs. close( ) ;
76          stmt. close( ) ;
77          con. close( ) ;
```

```
78          |
79          catch(SQLException sqle){}
80          catch(Exception exce){}
81          |
82     |
83
84   public static void main(String args[]){
85     MainFrame frame=new MainFrame();
86     frame.resize(400,300);
87     frame.show();
88   |
89   |
```

在这个程序中用到了图形界面的设计,使用了下拉选择框、按钮和文本框,如图 15.4 所示。一旦用户选择了 firstname 后,按下 Query 按钮,则在文本框中显示对应的数据,如图 15.5 所示。

图 15.4　用户选择要查询的数据

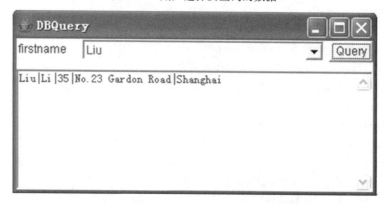

图 15.5　查询出了 firstname 为 Liu 的数据

利用 Connection 对象的 createStatement 方法建立 Statement 对象,再利用 Statement 对象的 executeUpdate()方法执行 update 语句实现数据修改,执行 insert 语句实现数据添加。

1. 数据表记录增加操作

(1)数据表记录增加的 SQL 语法。

insert into 表名(字段名 1,字段名 2,…) values(字段值 1,字段值 2,…)

例如:

insert into student(firstname, lastname, age, address, city) values('li','ming',21,' No. 77 Changan Road ', 'beijing')

（2）使用 Statement 对象增加数据表记录首先创建一个 SQL 语句,然后调用 Statement 对象的 executeUpdate( )方法:

```
stmt. executeUpdate(sql);
```

上述方法可以返回一个整数,表明成功插入的记录数。

（3）使用 moveToInsertRow 和 insertRow 方法增加数据表记录:

```
1   String sql="select * from student ";
2   ResultSet rs=stmt. executeQuery(sql);          //获取数据表的全部结果集
3   rs. moveToInsertRow( );                        //将数据表指针移到插入记录位置
4   rs. updateString(1,'li');                      //向 firstname 字段输入数据
5   rs. updateString(2,'ming');                    //向 lastname 字段输入数据
6   rs. updateInt(3, 21);                          //向 age 字段输入数据
7   rs. updateString(4,' No. 77 Changan Road ');   //向 address 字段输入数据
8   rs. updateString(5,' beijing');                //向 city 字段输入数据
9   try
10  {
11    rs. insertRow( );
12  } catch(Exception e){}
```

（4）使用 PrepareStatement 对象增加数据表记录,与使用 Statement 类似,只是创建 SQL 语句时可以带参数(以"?"表示)。插入时通过更改参数实现记录的更新。

```
1   String sql = " insert into student(firstname, lastname, age, address, city) values(?,?,?,?,?)";
2   PrepareStatment pstmt= ConnectServer. con. prepareStatement(sql);
3   rs. updateString(1,'li');
4   rs. updateString(2,'ming');
5   rs. updateInt(3, 21);
6   rs. updateString(4,'No. 77 Changan Road ');
7   rs. updateString(5,' beijing');
8   int rowCount=pstmt. executeUpdate( );
9   if(rowCount>0)System. out. println("成功插入记录");
```

2. 数据表记录修改操作

（1）数据表记录修改的 SQL 语法。

update 表名 set 字段 1=字段值 1,字段 2=字段值 2,… where 特定条件

例如:

update student lastname='wuming' where lastname='ming';

（2）使用 Statement 对象修改数据表记录。

首先创建一个 SQL 语句,然后调用 Statement 对象的 executeUpdate( )方法:

```
stmt. executeUpdate(sql);
```

上述方法可以返回一个整数,表明成功修改的记录数。

（3）使用 ResultSet 对象修改数据表记录。

```
1   String sql="select * fromstudent where lastname ='ming'";
2   ResultSet rs=stmt. executeQuery(sql);                      //获取数据表的结果集
3   if(rs. next( )){ rs. updateString(2,'wuming');             //修改 lastname 字段的数据
```

```
4    try{
5       rs. updateRow( );
6    }catch(Exception e){ } }
```

（4）使用 PrepareStatement 对象修改数据表记录。

与使用 Statement 类似，只是创建 SQL 语句时，可以带参数（以"?"表示）。修改时通过更改参数实现记录的更新。

```
1    String sql = "update student set lastname =? where lastname = 'ming'";
2    PrepareStatment pstmt = ConnectServer. con. prepareStatement( sql);
3    pstmt. setString(1, 'wuming');
4    int rowCount = pstmt. executeUpdate( );
5    if(rowCount>0) System. out. println("成功修改记录");
```

3. 数据表记录删除操作

（1）数据表记录删除的 SQL 语法。

delete form 表名 where 特定条件

例如：

delete from student where lastname = 'wuming'

（2）使用 Statement 对象删除数据表记录。

首先创建一个 SQL 语句，然后调用 Statement 对象的 executeUpdate( )方法：

stmt. executeUpdate(sql);

上述方法可以返回一个整数，表明成功删除的记录数。

（3）使用 ResultSet 对象删除数据表记录。

```
1    String sql = "select * fromstudent where lastname = 'ming'";
2    ResultSet rs = stmt. executeQuery(sql);      //获取数据表的结果集
3    if(rs. next( )){ rs. deleteRow( );}           //删除该行
```

本 章 小 结

本章主要介绍了在 Java 中如何对数据库编程、Java 中连接数据库的技术 JDBC，以及如何用 JDBC 对数据库进行连接和编程等内容。

关系模型是现在广泛使用的数据库模型。在数据库中一般用 SQL 语言来操作数据库。SQL 语言可以管理数据库，也可以管理数据库的数据。经常用 select、update、insert、delete 命令来查询、修改、添加、删除数据库中的数据记录。

在 Java 中，系统提供了 JDBC 接口技术实现对数据库的连接和操作。用户可调用 JDBC API 中的 DriverManager、Connection、Statement、ResultSet 类连接和操纵数据库。其中，DriverManager 是用来管理数据库驱动的（本书主要用到了 JDBC-ODBC 驱动和数据库的 JDBC 专用驱动）；Connection 用来建立数据的连接；Statement 执行 SQL 语言的返回数据到 ResultSet 结果集中，用户可以在 ResultSet 中使用数据库中的数据；Statement 也可以执行 SQL 语句的修改、添加和删除。

习 题

一、选择题

1. Java 中，JDBC 是指（   ）。

A. Java 程序与数据库连接的一种机制

B. Java 程序与浏览器交互的一种机制

C. Java 类库名称

D. Java 类编译程序

2. 在利用 JDBC 连接数据库时,为建立实际的网络连接,不必传递的参数是(　　　)。

A. URL　　　　B. 数据库用户名　　　　C. 密码　　　　D. 端口号

3. J2ME 是为嵌入式和移动设备提供的 Java 平台,它的体系结构由(　　　)组成。

A. Profiles　　　　B. Configuration　　　　C. OptionalPackages　　　　D. 以上都是

4. J2EE 包括的服务功能有(　　　)。

A. 命名服务 JNDI(LDAP)和事务服务 JTA

B. 安全服务和部署服务

C. 消息服务 JMS 和邮件服务 JavaMail

D. 以上都是

5. JDBC 的模型对开放数据库连接(ODBC)进行了改进,它包含(　　　)。

A. 一套发出 SQL 语句的类和方法

B. 更新表的类和方法

C. 调用存储过程的类和方法

D. 以上全部都是

6. JDBC 中要显式地关闭连接的命令是(　　　)。

A. Connection. close( )　　　　　　　　B. RecordSet. close( )

C. Connection. stop( )　　　　　　　　D. Connection. release( )

二、填空题

1. JDBC API 的含义是 Java 应用程序连接_____的编程接口。

2. Java 编程语言前台应用程序使用_____与 JDBC 驱动管理器进行交互。

3. JDBC 驱动管理器使用_____装载合适的 JDBC 驱动。

4. Java 应用程序通过 JDBC. APl 向 JDBCDriverManager 发出请求,指定要装载的 JDBC 驱动程序代码,指定要连接的数据库的具体类型(品牌和版本号)和实例。JDBC. APl 主要是定义在_____中的类和方法。

5. JDBC 的类都被汇集在_____包中,在安装 Java JDK 1.1 或更高版本时会自动安装。

6. 查询数据库的七个标准步骤是载入 JDBC 驱动器、定义连接的网址 URL、建立连接、建立声明对象、执行查询或更新、处理结果、_____。

三、简答题

1. 试述 JDBC 提供了哪几种连接数据库的方法。

2. SQL 语言包括哪几种基本语句来完成数据库的基本操作?

3. Statement 接口的作用是什么?

4. ExecuteQuery( )的作用是什么?

5. 试述 DriverManager 对象建立数据库连接所用的几种不同的方法。

四、程序设计

1. 有三个表:Employee 职工 (工号,姓名,性别,年龄,部门)(num, name, sex, age, departmentno)、Wage 工资 (编号,工资金额)(No,amount)、Attend 出勤 (工号,工资编号,出勤

率)(num,No,attendance)。请根据要求编写相应的 SQL 语句:

(1)写一个 SQL 语句,查询工资金额为 8 000 元的职工工号和姓名;

(2)写一个 SQL 语句,查询职工张三的出勤率;

(3)写一个 SQL 语句,查询三次出勤率为 0 的职工姓名和工号;

(4)写一个 SQL 语句,查询出勤率为 10 且工资金额小于 2 500 元的职工信息。

2. 请编写访问 MySQL 数据库的 JDBC 连接代码,查询数据库中 user 表的全部内容,并打印出来。

第16章

网络程序设计

用 Java 开发网络软件非常方便且功能强大。Java 的这种力量来源于它独有的一套强大的用于网络的 API,这些 API 是一系列的类和接口,均位于包 java. net 和 javax. net 中。本章首先介绍 Java 网络编程中扮演重要角色的 InetAddress 类,然后介绍套接字(socket)的概念,同时以实例说明如何使用 Network API 操纵套接字,最后简单介绍在非连接的 UDP 协议下如何进行网络通信。完成本章的学习后,就可以编写网络低端通信软件了。

16.1 概　　述

计算机网络形式多样,内容繁杂,在没有专门的网络编程语言之前,程序开发人员必须掌握与网络有关的大量细节,如硬件的相关认识、联网协议的知识等。因此,网络编程是专职网络设计人员的工作,一般人对其望而却步。自 Java 问世以来,一切都变得简单了。一般的程序设计人员只要了解一些简单的网络知识,使用 Java 语言这个编程工具就可以得心应手地编写出所期望的网络应用程序。

网络编程的目的是使连接在网络中的计算机通过网络协议相互进行通信。下面先了解一些网络编程中的相关知识。

1. IP 地址

IP 地址就是标识计算机或网络设备的网络地址。在计算机内部,它由4个字节的32位二进制数组成,为方便使用,在外部使用时采用以小数点“.”分隔的4组十进制数表示,如 202. 196. 176. 16 等,所以 IP 地址的每一组数字都不能超过 255。每一台计算机的 IP 地址是唯一的。

由于 IP 地址含义不明确且不太方便记忆,因此在实际应用中大多使用主机名(有时又称域名)。主机名与 IP 地址是一一对应的,通过域名服务器(DNS)解析可以由主机名获得计算机或网络设备的 IP 地址,因为对计算机或网络设备而言,只有 IP 地址才是有效的标识符。

2. 网络的应用形式

一般网络编程模型有两种结构:客户机/服务器(client/server,C/S)结构和浏览器/服务器(browser/server,B/S)结构。

客户机/服务器是网络的一种形式,即通信双方作为服务器的一方等待客户提出请求并予以响应,客户方则在需要服务时向服务器提出申请。服务器一般作为守护进程始终运行监听网络端口,一旦收到客户请求便会启动一个服务进程来响应客户,一个服务器可以为多个客户机提供服务。

事实上,客户机/服务器模型只是一个应用程序框架模型,它是为将数据的表示与其内部的处理和存储分离出来而设计的。一般来说,服务器和客户机并非一定是真正的计算机,而可以是被安装在一台计算机或不同计算机上的应用程序。

客户机/服务器结构的特点是数据保存在服务器上,处于不同的地方的各客户机都可以访问同一数据源,服务器对所有接收的数据采用同样的检验规则。客户端有专门的客户处理程序,根据应用的需要,客户端也可以存储自己的处理数据。

浏览器/服务器结构的特点是所有程序和数据都在服务器端,客户端没有专门的客户应用程序,客户通过浏览器从服务器上下载运行服务程序。

本章主要介绍客户机/服务器结构的应用。

3. 协议

协议是计算机之间进行通信时所应遵循的规则。在互联网中主要使用 TCP/IP 协议,TCP/IP 协议中也包含 UDP 协议。

其中,TCP(tranfer control protocol)是一种面向连接的保证可靠的传输协议。在 Java 中,TCP 协议下的数据交换是通过 socket(套接字)方式实现的,发送方和接收方都必须使用 socket 建立连接,一旦这两个 socket 连接起来,就可以进行双向的数据传输。通过 TCP 协议传输数据,得到的是一个顺序的无差错的数据流。

UDP(user datagram protocol)是一种无连接的协议。UDP 以数据报的形式传输数据,每个数据报都是一个独立的信息,其中包括完整的源地址和目的地址,它可以以任何可能的网络路径被传往目的地,但安全正确性不能保证。同时,数据报的大小有一定的限制,不能超过 64 KB,它是一个不可靠的协议。尽管如此,由于它相对简单、效率高,因此一些不需要严格保证传输可靠性的应用常常使用它。

4. 端口(port)

在网络技术中,有两种意义的端口:一是物理意义上的端口,如用于和 ADSL Modem、集线器、交换机、路由器和其他网络设备连接的 RJ-45 端口、SC 端口等;二是逻辑意义上的端口,端口号的范围为 0 ~ 65 535,它用于网络通信时在同一机器上标识不同的进程。通常所说的端口一般是指逻辑意义上的端口,部分常用端口号见表 16.1。

表 16.1 部分常用端口号

端口号	服务	端口号	服务
21	FTP	80	BOOTP67
23	Telnet	67	HTTP
25	SMTP	109	POP

一般情况下,一台物理的计算机中往往可以运行多个服务器(程序),使用 IP 地址可以找到提供服务的计算机,但需要哪个服务必须由端口号来标识。

16.2　URL 对象和 InetAddress 对象

统一资源定位器(uniform resource locator, URL)表示互联网上某一资源的地址。通过 URL 可以访问互联网上的各种网络资源,URL 是最为直观的一种网络定位方法。使用 URL

进行网络编程,不需要对协议本身有太多的了解,尽管它功能较弱,但使用比较简单。下面简要介绍在 Java 中 URL 和 InetAddress 对象的应用。

1. URL 对象

使用 java.net 包中的 URL 类创建 URL 对象。下面简要介绍 URL 类的功能及其应用。

（1）URL 类常用的构造器。

①URL(String spec)。以 spec 指定的地址创建对象。

②URL(String protocol, String host, int port, String file)。以 protocol、host、port 和 file 指定的协议、主机、端口号和文件名创建对象。

③URL(String protocol, String host, String file)。以 protocol . host 和 file 指定的协议、主机名和文件名创建对象。

④URL(URL context, String spec)。用 URL 对象所提供的基本地址和由 spec 提供的一个相关路径来创建一个 URL 对象。

（2）URL 对象的常用方法。

①String getPath()。获得 URL 的路径。

②String getFile()。读取 URL 的文件名。

③String getHost()。获得主机名。

④int getPort()。获得 URL 的端口号。

⑤String getProtocol()。获得协议名。

⑥final InputStream openStream()。打开 URL 对象的连接并返回一个 InputStream 对象以便读取该连接的数据(网络文件的数据流)。

⑦URLConnectionopenConnection()。打开 URL 对象的连接并返回一个 URLConnection 对象。

⑧String getUserInfo()。获得用户信息。

⑨final Object getContent()。获得 URL 的内容。

以上只列出了部分常用的方法,还有一些方法限于篇幅没有列出,需要时请查阅相关的 JDK 文档。

（3）URL 对象的简单应用。

下面举例说明 URL 对象的应用。

注意:必须在网络连通的情况下及所读取的文件存在时,才会看到文件的内容。

2. InetAddress 对象

InetAddress 类在网络 API 套接字编程中扮演了一个重要角色。InetAddress 描述了 32 位或 128 位 IP 地址,要完成这个功能,InetAddress 类主要依靠 Inet4Address 和 Inet6Address 两个支持类。这三个类是继承关系,InetAddress 是父类,Inet4Address 和 Inet6Address 是子类。

由于 InetAddress 类只有一个构造函数,而且不能传递参数,因此不能直接创建 InetAddress 对象。例如,下面的语句就是错误的:

InetAddress ia=new InetAddress();

但可以通过下面的五个静态方法来创建一个 InetAddress 对象或 InetAddress 数组。

（1）getAllByName(String host)方法。返回一个 InetAddress 对象数组的引用,每个对象包含一个表示相应主机名的单独的 IP 地址,这个 IP 地址是通过 host 参数传递的,对于指定的主机,如果没有 IP 地址存在,那么这个方法将抛出一个 UnknownHostException 异常对象。

（2）getByAddress（byte［ ］ addr）方法。返回一个 InetAddress 对象的引用，这个对象包含了一个 IPv4 地址或 IPv6 地址，IPv4 地址是一个 4 字节地址数组，IPv6 地址是一个 16 字节地址数组，如果返回的数组既不是 4 字节的也不是 16 字节的，那么方法将会抛出一个 UnknownHostException 异常对象。

（3）getByAddress（String host，byte［ ］ addr）方法。返回一个 InetAddress 对象的引用，这个 InetAddress 对象包含了一个由 host 和 4 字节的 addr 数组指定的 IP 地址，或者是 host 和 16 字节的 addr 数组指定的 IP 地址，如果这个数组既不是 4 字节的也不是 16 字节的，那么该方法将抛出一个 UnknownHostException 异常对象。

（4）getByName（String host）方法。返回一个 InetAddress 对象，该对象包含了一个与 host 参数指定的主机相对应的 IP 地址，对于指定的主机，如果没有 IP 地址存在，那么方法将抛出一个 UnknownHostException 异常对象。

（5）getLocalHost（）方法。返回一个 InetAddress 对象，这个对象包含了本地主机的 IP 地址，考虑到本地主机既是客户程序主机又是服务器程序主机，为避免混乱，将客户程序主机称为客户主机，将服务器程序主机称为服务器主机。

上面讲到的方法均提到返回一个或多个 InetAddress 对象的引用，实际上每一个方法都要返回一个或多个 Inet4Address/Inet6Address 对象的引用，调用者不需要知道引用的子类型。相反，调用者可以使用返回的引用调用 InetAddress 对象的非静态方法，包括子类型的多态，以确保重载方法被调用。

InetAddress 和它的子类型对象处理主机名到主机 IPv4 或 IPv6 地址的转换，要完成这个转换需要使用域名系统，下面的代码示范了如何通过调用 getByName（String host）方法获得 InetAddress 子类对象的方法，这个对象包含与 host 参数相对应的 IP 地址：

InetAddress ia＝InetAddress. getByName（"www. sun. com"）；

一旦获得了 InetAddress 子类对象的引用，就可以调用 InetAddress 的各种方法来获得 InetAddress 子类对象中的 IP 地址信息。

【例 16.1】 练习 InetAddress 类的常用方法。

```
1    package com. java. network；
2    import java. net. InetAddress；
3    import java. net. UnknownHostException；
4    public class Example01 {
5      public static void main（String[] args）{
6        try{
7          //获取自己本机地址信息
8          InetAddress localIp＝InetAddress. getLocalHost（）；
9          //获取此 IP 地址的全限定域名
10         System. out. println（"1. localIp. getCanonicalHostName（）＝"
11           + localIp. getCanonicalHostName（））；
12         //获取该 InetAddress 对象对应的 IP 地址字符串
13         System. out. println（"2. localIp. getHostAddress（）＝"
14           + localIp. getHostAddress（））；
15         //获得该 InetAddress 对象的主机名称
16         System. out. println（"3. localIp. getHostName（）＝"
```

```
17              + localIp. getHostName( ) ) ;
18      System. out. println( "4. localIp. toString( ) = "
19              +localIp. toString( ) ) ;
20      //判断是否可以到达该地址
21      System. out. println( "5. localIp. isReachable( 5000 ) = "
22              + localIp. isReachable( 5000 ) ) ;
23      System. out. println( " = = = = = = = = = = = = = = = = = " ) ;
24      System. out. println( " = = = = = = = = = = = = = = = = = " ) ;
25      //获取指定域名地址的信息( [ eg]百度)
26      InetAddress baiduip  =
27          InetAddress. getByName( "www. baidu. com" ) ;
28      //获取此 IP 地址的全限定域名
29      System. out. println( "1. baiduIp. getCanonicalHostName( ) = "
30          + baiduip. getCanonicalHostName( ) ) ;
31      //获取该 InetAddress 对象对应的 IP 地址字符串
32      System. out. println( "2. baiduIp. getHostAddress( ) = "
33          + baiduip. getHostAddress( ) ) ;
34      //获得该 InetAddress 对象的主机名称
35      System. out. println( "3. baiduIp. getHostName( ) = "
36          + baiduip. getHostName( ) ) ;
37      System. out. println( "4. baiduIp. toString( ) = "
38          + baiduip. toString( ) ) ;
39      //判断是否可以到达该地址
40      System. out. println( "5. baiduIp. isReachable( 5000 ) = "
41      + baiduip. isReachable( 5000 ) ) ;
42      System. out. println( " = = = = = = = = = = = = = = = = = = = " ) ;
43      System. out. println( " = = = = = = = = = = = = = = = = = = = " ) ;
44      //获取指定原始 IP 地址信息
45      InetAddress ip  =  InetAddress. getByAddress(
46              new byte[ ]{127,0,0,1} ) ;
47      System. out. println( "1. ip. getCanonicalHostName( ) = "
48          +ip. getCanonicalHostName( ) ) ;
49      System. out. println( "2. ip. getHostAddress( ) = "
50          +ip. getHostAddress( ) ) ;
51      System. out. println( "3. ip. getHostName( ) = "
52          +ip. getHostName( ) ) ;
53      System. out. println( "4. ip. toString( ) = "+ ip. toString( ) ) ;
54      System. out. println( "5. ip. isReachable( 5000 ) = "
55          + ip. isReachable( 5000 ) ) ;
56      }catch( UnknownHostException e){
57          e. printStackTrace( ) ;
58      }catch( Exception e){
```

59   e. printStackTrace( );

60   }

61 }

62 }

运行结果如下：

1. localIp. getCanonicalHostName( ) = LAPTOP–E8ETBB4D

2. localIp. getHostAddress( ) = 192. 168. 43. 34

3. localIp. getHostName( ) = LAPTOP–E8ETBB4D

4. localIp. toString( ) = LAPTOP–E8ETBB4D/192. 168. 43. 34

5. localIp. isReachable(5000) = true

= =

= =

1. baiduIp. getCanonicalHostName( ) = 39. 156. 66. 14

2. baiduIp. getHostAddress( ) = 39. 156. 66. 14

3. baiduIp. getHostName( ) = www. baidu. com

4. baiduIp. toString( ) = www. baidu. com/39. 156. 66. 14

5. baiduIp. isReachable(5000) = true

= =

= =

1. ip. getCanonicalHostName( ) = kubernetes. docker. internal

2. ip. getHostAddress( ) = 127. 0. 0. 1

3. ip. getHostName( ) = kubernetes. docker. internal

4. ip. toString( ) = kubernetes. docker. internal/127. 0. 0. 1

5. ip. isReachable(5000) = true

  InetAddressDemo 给了用户一个指定主机名作为命令行参数的选择，如果没有主机名被指定，那么将使用客户机（localhost）的，InetAddressDemo 通过调用 getByName（String host）方法获得一个 InetAddress 子类对象的引用，通过这个引用获得了标准主机名、主机地址、主机名及 IP 地址是否是 loopback 地址的输出。

16.3 TCP 协议的服务器/客户端编程

  如前所述，网络上的两个程序通过一个双向的连接实现数据的交换，这个双向链路的一端称为一个 Socket，Socket 通常用来实现客户端和服务器端的连接。在 Java 中，Socket 是基于 TCP 协议下低层次网络编程接口，它不如 URL 那样简单方便，但却提供了强大的功能和灵活性。

  Socket 连接是一个点对点的连接，在建立连接前，必须有一方在监听，另一方在请求。一旦建立 Socket 连接，就可以实现数据之间的双向传输。下面简要介绍 Socket 和 ServerSocket 类的功能及应用。

16.3.1 什么是套接字

  Network API 主要用于基于 TCP/IP 网络的 Java 程序与其他程序通信，它依靠 Socket 进行通信。Socket 可以看成在两个程序进行通信连接中的一个端点,一个程序将一段信息写入 Socket 中,该 Socket 将这段信息发送给另外一个 Socket 中,使这段信息能传送到其他程序中。

无论何时,在两个网络应用程序之间发送和接收信息时都需要建立一个可靠的连接,流套接字依靠 TCP 协议来保证信息正确到达目的地。实际上,IP 包有可能在网络中丢失或在传送过程中发生错误,任何一种情况发生,作为接收方的 TCP 都将联系发送方 TCP 重新发送这个 IP 包,这就是所谓的在两个流套接字之间建立可靠的连接。

流套接字在 C/S 程序中扮演一个必需的角色,客户机程序(需要访问某些服务的网络应用程序)创建一个扮演服务器程序的主机的 IP 地址和服务器程序(为客户端应用程序提供服务的网络应用程序)的端口号的流套接字对象。

客户端流套接字的初始化代码将 IP 地址和端口号传递给客户端主机的网络管理软件,管理软件将 IP 地址和端口号通过 NIC 传递给服务器端主机。服务器端主机读到经过 NIC 传递来的数据,然后查看服务器程序是否处于监听状态,这种监听依然是通过套接字和端口来进行的。如果服务器程序处于监听状态,那么服务器端网络管理软件就向客户机网络管理软件发出一个积极的响应信号,接收到响应信号后,客户端流套接字初始化代码就给客户程序建立一个端口号,并将这个端口号传递给服务器程序的套接字(服务器程序将使用这个端口号识别传来的信息是否属于客户程序),同时完成流套接字的初始化。

如果服务器程序没有处于监听状态,那么服务器端网络管理软件将给客户端传递一个消极信号,收到这个消极信号后,客户程序的流套接字初始化代码将抛出一个异常对象并且不建立通信连接,也不创建流套接字对象。这种情形就像打电话一样,当有人时,通信建立,否则电话将被挂断。

这部分的工作包括了相关联的三个类:InetAddress、Socket 和 ServerSocket。InetAddress 对象描绘了 32 位或 128 位 IP 地址,在 16.1 节中已经详细介绍过;Socket 对象代表了客户程序流套接字;ServerSocket 代表了服务程序流套接字。这三个类均位于 java. net 包中。

16.3.2　Socket 类

Socket 类是网络编程中最重要的一个类,下面简要介绍 Socket 类的功能及应用。

1. Socket 类常用的构造器

Socket(String host, int port)以字符串 host 表示的主机地址(如 202.52.56.42)和 port 指定的端口创建对象,如 new Socket("202.52.56.42",8865)。

Socket(InetAddress address, int port)以 address 指定的 IP 地址和 port 指定的端口创建对象。

Socket(String host, int port, InetAddress localAddr, int localPort)以字符串 host 表示的主机地址和 port 指定的端口创建对象。该对象也被绑定到 localAddr 指定的本地地址和 localPort 指定的本地端口上。

Socket(InetAddress address, int port, InetAddress localAddr)以 address 指定的 IP 地址和 port 指定的端口创建对象。该对象也被绑定到 localAddr 指定的本地地址上。

2. Socket 对象常用的方法

(1)InetAddressgetInetAddress( )。返回与该 Socket 连接的 InetAddress 对象。

(2)InetAddressgetLocalAddress( )。返回与该 Socket 绑定的本地的 InetAddress 对象。

(3)intgetPort( )。返回与该 Socket 连接的端口。

（4）intgetLocalPort( )。返回与该 Socket 绑定的本地端口。

（5）InputStreamgetInputStream( )。获得该 Socket 的输入流对象。

（6）OutputStream getOutputStream( )。获得该 Socket 的输出流对象。

（7）close( )。关闭 Socket，断开连接。

（8）setSoTimeout(int timeout)。以毫秒设置超时。

（9）getSoTimeout( )。获得允许的超时时间。

3. 应用举例

下边先看一下学生注册的客户端程序的例子。

【例 16.2】 完成 TCP 客户端程序的编写。

```
1    package com. java. network;
2    import java. io. BufferedReader;
3    import java. io. IOException;
4    import java. io. InputStreamReader;
5    import java. io. PrintStream;
6    import java. net. Socket;
7    public class Client {
8        public static final int port = 9999;
9        public static final String host = "localhost";
10       public static void main(String[ ] args) {
11           System. out. println("Client Start…");
12           while (true) {
13             Socket socket = null;
14             try {
15                 //创建一个流套接字并将其连接到指定主机上的指定端
16                 //口号
17                 socket = new Socket(host, port);
18                 //读取服务器端数据
19                 BufferedReader input = new BufferedReader(
20             new InputStreamReader(socket. getInputStream( )));
21                 //向服务器端发送数据
22                 PrintStream out =
23             new PrintStream(socket. getOutputStream( ));
24                 System. out. print("请输入: \t");
25                 String str = new BufferedReader(
26             new InputStreamReader(System. in)). readLine( );
27                 out. println(str);
28                 String ret = input. readLine( );
29                 System. out. println("服务器端返回过来的是: "
30                     + ret);
31                 // 如接收到 "OK" 则断开连接
32                 if ("OK". equals(ret)) {
33                     System. out. println("客户端将关闭连接");
34                     Thread. sleep(500);
```

```
35              break;
36          }
37      out.close();
38      input.close();
39  } catch (Exception e) {
40      System.out.println(
41          "客户端异常:" + e.getMessage());
42  } finally {
43      if (socket != null) {
44          try {
45              socket.close();
46          } catch (IOException e) {
47              socket = null;
48              System.out.println(
49                  "客户端 finally 异常:" + e.getMessage());
50          }
51      }
52  }
53  }
54  }
55  }
```

16.3.3　ServerSocket 类

ServerSocket 类是服务器端 Socket。创建服务器的过程就是创建在特定端口监听客户机请求的 ServerSocket 对象的过程。ServerSocket 只是监听进入的连接,为每个新的连接创建一个 Socket,它并不执行服务,数据之间的通信由创建的 Socket 来完成。因此,创建一个 ServerSocket 对象就是创建一个监听服务,创建一个 Socket 对象就是建立一个客户机与服务器的连接。下面简要介绍 ServerSocket 类的功能及其应用。

1. ServerSocket 类的构造器

(1) ServerSocket()。创建一个无绑定的 ServerSocket 对象。

(2) ServerSocket(int port)。创建一个被绑定到 port 指定端口的 ServerSocket 对象。系统默认最大可连接的个数为 50,若超出该数,请求将被拒绝。

(3) ServerSocket(int port, int backlog)。创建一个被绑定到 port 指定端口的 ServerSocket 对象。backlog 指定可接收连接的个数,即最大的连接数。

(4) ServerSocket(int port, int backlog, InetAddress bindAddr)。创建一个被绑定到指定 IP 地址和端口的对象。backlog 指定可接收连接的个数。

例如,"ServerSocket MyServer=new ServerSocket(8876);"将创建一个被绑定到 8876 端口的 ServerSocket 对象。

2. ServerSocket 对象的常用方法

(1) Socket accept()。该方法监听来自客户端的请求,直到捕获到客户的请求后便获得一个 Socket 对象,此后服务器程序使用该 Socket 对象读写数据,实现与客户的通信。

(2) void bind(SocketAddress endpoint)。与 endpoint 指定的 SocketAddress(IP 地址和端口

号)绑定。

(3) void bind(SocketAddress endpoint, int backlog)。与 endpoint 指定的 SocketAddress（IP 地址和端口号)绑定,并以 backlog 设定连接数。

(4) void close( )。关闭该 socket。

(5) InetAddress getInetAddress( )。获得 IP 地址。

(6) int getLocalPort( )。获得监听的端口号。

(7) int getSoTimeout( )。获得连接超时设置。

(8) boolean isBound( )。获得对象的绑定状态。

(9) boolean isClosed( )。获得对象截止的状态。

void setSoTimeout(int timeout)。设置连接超时时间为 timeout 毫秒。

3. 应用举例

下面再看一下服务器程序的例子。

【例 16.3】 完成 TCP 服务端程序的编写。

```
1   package com. java. network;
2   import java. io. BufferedReader;
3   import java. io. IOException;
4   import java. io. InputStreamReader;
5   import java. io. PrintStream;
6   import java. net. Socket;
7   public class Server {
8       public static final int port = 9999;//监听的端口号
9       public static void main(String[ ] args) {
10          System. out. println("Server…\n");
11          Server server = new Server( );
12          server. init( );
13      }
14      public void init( ) {
15          try {
16              //创建一个 ServerSocket,这里可以指定连接请求的队列长
17              //度
18              //new ServerSocket(port,3);意味着当队列中有三个连接请
19              //求时,如果 Client 再请求连接,就会被 Server 拒绝
20              ServerSocket serverSocket = new ServerSocket(port,3);
21              while (true) {
22                  //从请求队列中取出一个连接
23                  Socket client = serverSocket. accept( );
24                  // 处理这次连接
25                  new HandlerThread(client);
26              }
27          } catch (Exception e) {
28      System. out. println("服务器异常: " + e. getMessage( ));
29          }
30      }
```

```
31   private class HandlerThread implements Runnable {
32     private Socket socket;
33     public HandlerThread(Socket client) {
34       socket = client;
35     new Thread(this).start();
36     }
37     public void run() {
38     try {
39         // 读取客户端数据
40         BufferedReader input = new BufferedReader(
41       new InputStreamReader(socket.getInputStream()));
42         String clientInputStr = input.readLine();
43         //这里要注意和客户端输出流的写方法对应,
44         //否则会抛 EOFException
45         // 处理客户端数据
46         System.out.println("客户端发过来的内容:"
47           + clientInputStr);
48         // 向客户端回复信息
49         PrintStream out =
50           new PrintStream(socket.getOutputStream());
51         System.out.print("请输入:\t");
52         // 发送键盘输入的一行
53         String s = new BufferedReader(
54           new InputStreamReader(System.in)).readLine();
55         out.println(s);
56         out.close();
57         input.close();
58       } catch (Exception e) {
59         System.out.println("服务器 run 异常:"
60           + e.getMessage());
61       } finally {
62         if (socket != null) {
63           try {
64             socket.close();
65           } catch (Exception e) {
66             socket = null;
67             System.out.println("服务端 finally 异常:"
68               + e.getMessage());
69           }
70         }
71       }
72     }
73   }
74 }
```

以上给出的是一套简单、完整的客户机/服务器应用程序,可以在单机上调试运行该程序,如果有条件,最好能在真正的网络环境下运行该程序,这样容易分辨输出的内容,理解客户机与服务器的对应关系。

通过以上的介绍,读者应该对 Java 的面向流的网络编程有了较为全面的认识,只要掌握了网络编程的基本思想和方法,就可以编写出功能强大、满足用户要求的 C/S 应用程序来。

16.4　远程方法调用 RMI

上一节介绍了客户/服务器应用形式是一种两层构架的分布式应用,在实际应用中存在着一些问题,如修改维护不易、受连接数目的限制应用难以扩大等。下面介绍 Java 所特有的分布式技术:RMI 远程方法调用。

16.4.1　RMI 简介

RMI(remote method invocation)是 Java 所特有的分布式计算技术,它允许运行在一个 Java 虚拟机上的对象调用运行在另一个 Java 虚拟机上的对象的方法。与上述的 Socket 编程不同,程序设计人员既不需要关注 Socket,也不需要了解多线程,只需要专注于应用的业务逻辑功能开发即可。因此,使用 RMI 使得服务器的编程更加容易。

RMI 应用也是由 RMI 服务器和 RMI 客户组成的。RMI 服务器实现一组远程接口并创建其远程对象,这些对象以唯一的名字在 RMI 注册表中注册。注册实际上是在 RMI 服务器上提供的一种服务。客户通过对象名查找注册表而获得一个或多个远程对象的引用,一旦获得对远程对象的引用,调用远程对象中的方法就像调用本地方法一样方便。RMI 应用功能示意图如图 16.1 所示。

图 16.1　RMI 应用功能示意图

RMI 是一种三层构架的 C/S 应用形式,其示意图如图 16.2 所示。下面简要介绍各层的作用。

图 16.2　RMI 三层构架示意图

1. Stub/Skeleton 层

Stub 代表远程对象的客户方代理,它定义远程对象支持的所有接口,客户请求从 Stub 开始。Skeleton 监听客户产生的远程方法调用请求,并把这些调用变为服务器上远程的 RMI 服务。Skeleton 是与 Stub 通信的服务器端代理。

2. 远程引用层 RRL(remote reference layer)

RRL 层负责解释与管理客户对服务器上远程对象的引用。在客户端的 RRL 接收来自 Stub 的方法调用请求,并将请求打包封装(是指将客户需要传递的参数的格式转换为能通过网络传输的形式)成数据流经传输层传输到服务器端的 RRL。服务器端的 RRL 拆包转换为 Skeleton 能够理解的形式,并通过 Skeleton 把它发送给远程方法。同理,当远程方法调用执行后有值返回到 Skeleton 时,服务器端的 RRL 接收来自 Skeleton 的数据并打包成数据流经传输层传输到客户端的 RRL,客户端的 RRL 拆包把数据发送到 Stub。

3. 传输层(transport layer)

如前所述,传输层主要处理两端 RRL 之间的连接,它负责建立新的连接,管理现有的连接。

一般来说,要开发一个 RMI 应用,需要以下几个步骤。

(1)根据应用的需要编写远程接口。

(2)编写服务器、客户端类应用程序。在服务器应用程序中要实现远程接口中声明的远程方法。

在完成上述类文件的编写,编译源文件生成相应的类文件之后,还需要做如下工作。

(1)生成 Stub 和 Skeleton。

(2)创建安全策略。如果是简单应用,不需要与数据库及文件交互,可以不创建安全策略。

(3)启动 RMI 远程注册表。

(4)启动服务器。

(5)启动客户,开始使用。

前面给出了学生注册登记的 C/S 应用程序,下面仍以学生注册管理的 C/S 模式介绍 RMI 的应用。

16.4.2　RMI 远程接口

在 RMI 的远程接口中,根据应用需要声明能够被客户远程调用各个方法。根据学生注册管理这一应用,需要对学生的信息进行插入、查询、修改和删除等操作。因此,应该在接口中声明这些方法。

RMI 的远程接口需要遵循以下规则。

(1)它必须是 java.rmi.Remote 接口的派生接口。

(2)接口中声明的方法必须是公共的,即使用 public 限定符限定,并且必须使用 throws 子句抛出 java.rmi.RemoteException 异常,以捕获网络连接中出现的任何问题。

按照上述两点,下面定义远程接口 StudentManager。

【例 16.4】　使用 RMI 完成根据学生 ID 查询成绩的远程接口编写。

```
1    package com.java.network;
2    import java.rmi.Remote;
```

```
3  import java. rmi. RemoteException;
4  public interface FindScoreByID extends Remote {
5      String getScore(String id) throws RemoteException;
6  }
```

【例 16.5】 编写上述接口对应的实现类。

```
1  package com. java. network;
2  import java. io. BufferedReader;
3  import java. io. FileNotFoundException;
4  import java. io. FileReader;
5  import java. io. IOException;
6  import java. rmi. RemoteException;
7  import java. util. ArrayList;
8  import java. util. List;
9  public class FindScoreByIDService implements FindScoreByID {
10   public String getScore(String id) throws RemoteException {
11      BufferedReader i = null;
12      try {
13        i = new BufferedReader(
14          new FileReader("C:\\Users\\Linyz\\Desktop\\data. txt"));
15      } catch (FileNotFoundException e) {
16        e. printStackTrace();
17      }
18      String str;
19      List IDhList = new ArrayList();
20      List ScoreList = new ArrayList();
21      try {
22        while ((str = i. readLine()) != null) {
23          String[] tokens = str. split(",");
24          IDhList. add(tokens[0]);
25          ScoreList. add(tokens[1]);
26        }
27      } catch (IOException e) {
28        e. printStackTrace();
29      }
30      if (IDhList. contains(id)) {
31      int n =IDhList. indexOf(id);
32      return "该学号的学生的成绩:"+(String)ScoreList. get(n);
33    }
34    return "没有该学号!";
35   }
36}
```

16.4.3 RMI 服务器

Java 提供了 java. rmi. server 包支持并实现 RMI 服务器和客户的接口和类。在编写服务器和客户程序之前,先简要介绍一些相关的类。

1. RemoteObject 类

所有实现远程对象的类都是 RemoteObject 类的派生类,该类实现 Remote 和 Serializable 接口,是一个抽象类,提供了以下主要方法。

(1)RemoteRef getRef( )。返回对象的远程引用。

(2)static Remote toStub(Remote obj)。返回远程对象 obj 到 Stub。

2. RemoteServer 类

RemoteServer 类是 RemoteObject 的派生类,它提供了特定类型的远程对象的实现,也是一个抽象类,提供了以下类方法。

(1)static StringgetClientHost( )。返回当前正在执行远程方法调用的客户的主机。

(2)static PrintStreamgetLog( )。返回 RMI 调用日志流。

(3)static void setLog(OutputStream out)。把 RMI 调用记入输出流 out。

3. UniCastRemoteObject 类

UniCastRemoteObject 类是 RemoteServer 的派生类,它提供了默认 RemoteObject 的实现,使用它创建的远程对象能够使用 RMI 默认的基于 Socket 的通信传输并且能够一直运行。下面列出它的两个类方法。

(1)static RemoteStubexportObject(Remote obj)。输出远程对象,使它可以接收使用匿名端口进入的调用。

(2)static RemoteexportObject(Remote obj, int port)。输出远程对象,使它可以接收使用特殊提供的端口进入的调用。

4. Naming 类

Naming 类提供了从远程对象注册表存取远程对象的方法。

(1)static void bind(String name, Remote obj)。把指定的 name 绑定到远程对象 obj。

(2)static String[ ]list(String name)。把绑定在注册表中的名字放到字符串数组中。

(3)static Remotelookup(String name)。返回由指定 name 关联的远程对象的引用. stub。

(4)static void rebind(String name, Remote obj)。把指定的 name 再绑定到新的远程对象 obj。

(5)static void unbind(String name)。解除由 name 指定的与远程对象的绑定。

5. RMISecurityManager 类

RMISecurityManager 类是 SecurityManager 类的派生类。在远程应用中下载代码需要进行安全检查,如果没有设置 RMI 安全管理程序,RMI 的类装入器将不会从远程位置下载任何类代码。一般使用如下语句设置 RMI 安全管理程序:

System. setSecurityManager(new SecurityManager( ));

6. RMI 服务器类

创建 RMI 服务器类须遵循以下规则。

(1)它必须是 UniCastRemoteObject 类的派生类。

(2)它必须实现远程接口。

(3)定义远程对象构造符。远程对象需要被输出,以便能接收在特定端口监听到的远程方法调用。

(4)创建安装安全管理程序,以保证系统安全。

（5）创建远程对象的实例。一旦创建,服务器就准备接收来自客户的请求。

（6）在注册表中注册远程对象,以便客户获得此远程对象的引用。

根据上述规则,建立学生注册的服务器类应用程序。

【例 16.6】 RMI 服务端编写。

```
1   import java.rmi.RemoteException;
2   import java.rmi.registry.LocateRegistry;
3   import java.rmi.registry.Registry;
4   import java.rmi.server.UnicastRemoteObject;
5   public class RMIServer {
6     public static void main(String[] args) throws RemoteException {
7       System.out.println(
8         "create FindScoreByID remote service…");
9       // 实例化一个 FindScoreByID:
10      FindScoreByID getScore = new FindScoreByIDService();
11      // 将此服务转换为远程服务接口:
12      FindScoreByID skeleton =
13        (FindScoreByID) UnicastRemoteObject
14          .exportObject(getScore, 0);
15      // 将 RMI 服务注册到 8080 端口:
16      Registry registry = LocateRegistry.createRegistry(8080);
17      // 注册此服务,服务名为"FindScoreByID":
18      registry.rebind("FindScoreByID", skeleton);
19    }
20  }
```

16.4.4　RMI 客户类

RMI 客户类的主要任务是获得对远程对象的引用,调用远程方法完成客户的任务。对客户应用程序来说,除程序的功能外,用户的操作界面也是很重要的一个方面。下面以上一章操作数据库的图形界面为基础,建立学生注册的客户类应用程序。

【例 16.7】 RMI 客户端编写。

```
1   import java.rmi.NotBoundException;
2   import java.rmi.RemoteException;
3   import java.rmi.registry.LocateRegistry;
4   import java.rmi.registry.Registry;
5   import java.util.Scanner;
6   public class RMIClient {
7     public static void main(String[] args)
8       throws RemoteException, NotBoundException {
9       // 连接到服务器 localhost,端口 8080:
10      Registry registry = LocateRegistry.getRegistry(
11        "localhost", 8080);
12      // 查找名称为"FindScoreByID"的服务
13      //并强制转型为 FindScoreByID 接口:
```

```
14        FindScoreByID getScore =
15          (FindScoreByID) registry. lookup("FindScoreByID");
16        // 正常调用接口方法:
17        System. out. println("请输入学生学号:");
18        Scanner sc = new Scanner(System. in);
19        String id = sc. next();
20        String Score = getScore. getScore(id);
21        // 打印调用结果:
22        System. out. println(Score);
23    }
24 }
```

16.4.5　RMI 的分布执行

已经完成远程接口类、服务器类和客户类端的编程要执行分布式应用,需按照以下步骤进行。

1. 编译源程序文件

第一步先编译接口类、服务器类和客户端类源程序,生成相应的类文件。

2. 生成 Stub 和 Skeleton

如前所述,Stub 和 Skeleton 分别是客户和服务器端远程通信的代理。使用 JDK 提供的 rmic 命令生成 Stub 和 Skeleton,命令格式如下:

rmic　[选项]　服务器类名

其中,常用的选项如下。

(1)-classpath path。将以 path 指定的路径重新设置 CLASSPATH 环境变量。

(2)-d directory。将生成的 Stub 和 Skeleton 类文件放在 directory 指定的目录中,系统默认是在当前目录中。

在需要时,可以使用上述的选项,下面在当前的目录下生成 Stub 和 Skeketon:

rmicStudentManagerImpl

该命令将在当前目录下生成了服务器端的"Skeleton:StudentManagerImpl _ Skel. class"和客户端的"Stub:StudentManagerImpl _ Stub. class"。

3. 创建用户安全策略

一般来说,网络应用系统都涉及数据库和文件,安全是第一位的。RMI 是网络的分布式应用,程序代码的下载和执行需要在安全管理程序的监督下实施,能够访问系统的哪些资源、不能够访问哪些资源都需要在安全策略文件中说明。

JDK 提供了建立安全策略文件的命令 policyTool。需要说明的是,JDK 的版本不同,policyTool 所提供的应用界面也略有不同。下面就使用该工具建立安全策略文件。

(1)启动应用程序。在命令提示符处键入命令 policytool,将出现图 16.3 所示的对话框,可以开始创建文件。

(2)点击图 16.3 窗口上的"添加规划项目"按钮,出现图 16.4 所示的对话框。其中,CodeBase 项用来指明代码的来源地。例如,要说明代码来自本地/javaapp/studentapp/目录,应该在框内输入"file:/javaapp/studentapp/"。

图 16.3 "规划工具"对话框

图 16.4 "规划项目"对话框

注意:结尾处的字符"/"表示指定了目录中的所有类文件;若以"/＊"结尾,则表示目录中的所有文件;若要表示目录中的所有文件及所含子目录中的所有文件,应以"/-"结尾。

SignedBy 项指明来自密钥仓库的别名,作用是引用其私钥用于对代码进行签名的签名人。它被映射到(使用密钥仓库)与签名人相关联的公钥集。这些密钥的作用是校验来自指定代码源的类是否确实由这些签名人签名。

CodeBase 和 SignedBy 都是可选项,如果没有输入 CodeBase 项,则表示代码来自何处无关紧要。同样,若没有指明 SignedBy,则对代码是否进行签名无关紧要。

(3)点击窗口上的"添加权限"按钮,出现图 16.5 所示的"权限"对话框。在下拉列表框中选择所需要的权限,如选择 AllPermission,选择后,按"OK"按钮,关闭权限对话框,返回"规划项目"对话框(图 16.4)。单击"完成"按钮,回到"规划工具"对话框(图 16.3)。

图 16.5 "权限"对话框

(4)使用规划工具窗口上文件菜单中的"保存"或"另存为"菜单项,选择存放策略文件的目录,在文件名栏中输入". java. policy",然后单击保存按钮,系统将出现一消息框提示文件已成功写入,单击"OK"按钮关闭该框,出现类似图 16.6 所示的屏幕。使用文件菜单中的"退出"菜单项退出应用工具,就完成了用户策略文件的建立。

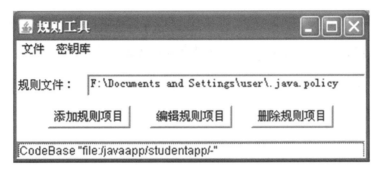

图 16.6　策略文件显示屏幕

以上简单介绍了策略文件的建立过程,有关详细内容请参阅 JDK 的相关文档。

4. 启动远程对象注册表

完成上面的准备之后,启动服务器上的 RMI 注册表,在命令提示符下键入"start rmiregistry"。

注册表在默认的 1099 端口运行。如果在指定的端口运行,则后边应加上端口号,一般格式如下:

start rmiregistry　端口号

5. 启动服务器

在上述准备工作完成之后,启动服务器:

java studentServerImpl

以上是在服务器端所做的工作,下面进行客户端的工作。

6. 运行客户

RMI 是分布式应用,需要把客户类、接口类和 Stub 类文件复制到客户计算机上。启动客户程序:

java Client

按照用户界面的提示操作即可。

16.5　数 据 报 文

如前所述,在 TCP/IP 协议的传输层还有一个 UDP 协议,虽然它的应用目前不如 TCP 广泛,但随着计算机网络的发展,在需要实时交互性很强的应用(如网络游戏、视频会议等)中,UDP 协议却显示出极强的威力,它与 TCP 是完全互补的两个协议。

16.5.1　数据报通信

java. net 包中提供了两个类 DatagramPacket 和 DatagramSocket 用来支持数据报的通信。DatagramPacke 用来表示一个数据报;DatagramSocket 用来在程序之间建立传送数据报的通信连接。下面简要介绍一下这两个类的功能及如何使用它们实现 UDP 网络通信的简单示例。

1. DatagramPacket 类

(1)类构造器。

1　DatagramPacket(byte[　] buf, int length)

2　DatagramPacket(byte[　] buf, int length, InetAddress address, int port)

3　　DatagramPacket(byte[ ] buf, int offset, int length)

4　　DatagramPacket(byte[ ] buf, int offset, int length, InetAddress address, int port)

5　　DatagramPacket(byte[ ] buf, int offset, int length, SocketAddress address)

6　　DatagramPacket(byte[ ] buf, int length, SocketAddress address)

其中,buf 存放数据报的数据;length 表示数据报的长度;offset 表示数据报的位移量。

（2）常用方法。

①InetAddress getAddress( )。获得接收或发送数据报的机器的 IP 地址。

②byte[ ]getData( )。获得数据报的数据。

③intgetLength( )。获得数据报的长度。

④intgetOffset( )。获得数据报的位移量。

⑤intgetPort( )。获得接收或发送数据报的端口。

⑥SocketAddress getSocketAddress( )。获得接收或发送数据报机器的 Socket 地址（通常是 IP 地址+端口）。

除上述获得对象相关信息的方法外,还提供了以下设置相关信息的方法。

①void setAddress(InetAddress iaddr)。设置接收或发送数据报主机的 IP 地址。

②void setData(byte[ ] buf)。设置数据报的数据缓冲区。

③void setData(byte[ ] buf, int offset, int length)。以指定的长度、位移量设置数据报的数据缓冲区。

④void setLength(int length)。设置数据报长度。

⑤void setPort(int iport)。设置要发送数据报的远程主机的端口。

⑥void setSocketAddress(SocketAddress address)。设置要发送数据报的远程主机的 Socket 地址（通常是 IP 地址+端口）。

2. DatagramSocket 类

（1）类构造器。

1　　DatagramSocket( )

2　　DatagramSocket(int prot)

3　　DatagramSocket(int port, InetAddress address)

4　　DatagramSocket(SocketAddress bindaddress)

（2）常用方法。

①void receive(DatagramPacket p)。接收来自该 socket 的数据报。

②void send(DatagramPacket p)。从该 socket 中发送数据报。

③void bind(SocketAddress addr)。将此 DatagramSocket 绑定到指定地址和端口。

④void close( )。关闭对象。

⑤void connect(InetAddress address, int port)。将 socket 连接到远程 socket 的 IP 地址和端口。

⑥void connect(SocketAddress addr)。将 socket 连接到远程 socket 地址（IP 地址+端口）。

⑦void disconnect( )。断开连接。

⑧InetAddress getInetAddress( )。获得与该 socket 连接的 IP 地址。

⑨InetAddress getLocalAddress( )。获得绑定该 socket 的本地地址。

⑩int getPort( )。Returns the port for this socket。

还有一些方法没有列出,需要时请参阅 JDK 的相关文档。

3. 应用示例

下面看一下发送、接收数据报的两个简单示例。

【例 16.8】 编写实现图 16.7 所示界面的接收数据报的程序。

图 16.7 接收数据报窗口界面

程序的基本设计思想是在用户界面容器上放置一个多行文本框,用于显示接收到的报文,
再放置一个按钮用于退出应用程序。程序代码如下:

```
1   /*接收数据报程序 GetUDP. prg */
2   import java. net. * ;
3   import java. awt. * ;
4   import java. awt. event. * ;
5   import javax. swing. * ;
6   public class GetUDP extends JFrame implements ActionListener
7   {
8     JTextArea textArea = new JTextArea("") ;
9     JButton button = new JButton("退出") ;
10    public GetUDP( )
11    {
12      this. setTitle("接收数据报") ; //设置用户界面标题
13      Container content = this. getContentPane( ) ;
14      content. add( textArea, BorderLayout. CENTER) ; //将多行文本框加到界面容器中
15      content. add( button, BorderLayout. SOUTH) ; //将按钮加到界面容器中
16      button. addActionListener( this) ;
17      this. pack( ) ;
18      this. setVisible( true) ;
19      this. setDefaultCloseOperation( this. EXIT _ ON _ CLOSE) ;
20      waitReceiveData( ) ;    //等待接收报文
21    }
22    void waitReceiveData( )   //接收报文方法
23    {
24      try
25      {
26        byte[ ] buffer = new byte[1024] ;
27        //创建 DatagramPacket 和 DatagramSocket 对象
28        DatagramPacket packet = new DatagramPacket( buffer, buffer. length) ;
29        DatagramSocket socket = new DatagramSocket(8888) ;
30        while( true)
31        {
```

```
32              socket. receive(packet) ；  //接收数据报
33              String s = new String(buffer,0,packet. getLength( ));//将报文转换为字符串
34              textArea. append(s+"\\n")； //在文本框内输出
35              packet = new DatagramPacket(buffer,buffer. length)；//创建新的报文对象
36          }
37      }
38      catch(Exception e)        {    System. out. println("ERROR:"+e)；    }
39      }
40      public void actionPerformed(ActionEvent e)
41      {
42        Object obj = e. getSource( )；
43        if(obj == button)    System. exit(0)；
44      }
45      public static void main(String[ ] args)
46      {
47          GetUDP get = new GetUDP( )；
48      }
49  }
```

用数据报方式编写通信程序时,无论是接收方还是发送方,都需要先建立一个 DatagramSocket 对象,用来接收或发送数据报,然后使用 DatagramPacket 类对象作为传输数据的载体。

在接收数据前,应该给出接收数据的缓冲区及其长度,以此创建 DatagramPacket 类对象。然后调用 DatagramSocket 对象的 receive( )方法等待数据报的到来,直到收到一个数据报为止。

【例 16.9】 编写实现图 16.8 所示界面的发送数据报的程序。

图 16.8　发送数据报窗口界面

程序的基本设计思想是在用户界面容器上放置一个文本框,用于输入报文,再放置两个按钮:一个用于将输入的报文发送出去;另一个用于退出应用程序。程序代码如下:

```
1   /＊发送数据报文程序 SendUDP. java＊/
2   import java. net. ＊ ;
3   import java. awt. ＊ ;
4   import java. awt. event. ＊ ;
5   import javax. swing. ＊ ;
6   public class SendUDP extends JFrame implements ActionListener
7   {
8       JTextField textField1 = new JTextField( )；
9       JButton button1 = new JButton("发送")；
10      JButton button2 = new JButton("退出")；
```

```
11      JPanel panel = new JPanel(new GridLayout(1,2));
12      public SendUDP()
13      {
14          this.setTitle("发送数据报");
15          panel.add(button1);
16          panel.add(button2);
17          Container content = this.getContentPane();
18          content.add(textField1, BorderLayout.CENTER);
19          content.add(panel, BorderLayout.SOUTH);
20          button1.addActionListener(this);
21          button2.addActionListener(this);
22          this.setLocation(100,100);
23          this.setSize(200,120);
24          this.setVisible(true);
25          this.setDefaultCloseOperation(this.EXIT_ON_CLOSE);
26      }
27      public void actionPerformed(ActionEvent e)  //单击按钮事件方法
28      {
29       Object com = e.getSource();
30          if(com == button2) System.exit(0);
31          try
32          {
33          String msg = textField1.getText();
34          textField1.setText("");
35          InetAddress address = InetAddress.getByName("192.168.3.210");
36          byte[] message = msg.getBytes();
37          int len = message.length;
38          DatagramPacket packet = new DatagramPacket(message,len,address,8888);
39          DatagramSocket socket = new DatagramSocket();
40          socket.send(packet);   //发送报文
41          }
42          catch(Exception err)   { System.out.println("ERROR:"+err); }
43      }   //单击按钮事件方法结束}
44      public static void main(String[] args)  //main()方法
45      {
46          new SendUDP();
47      }   ////main()方法结束
48  }
```

在构造数据报时,用到了 InetAddress 对象和端口参数。可以通过 InetAddress 类提供的类方法 getByName() 从一个表示主机名的字符串中获取该主机的 IP 地址,然后获取相应的地址信息。

以上是一个简单的发送和接收数据报的单向的通信程序,将它们分别修改充实一下,使其都具备接收和发送的界面及其相应的功能,就变成了一个双向通信的二人聊天程序了。

同样,也可以使用 UDP 编写 C/S 结构的应用程序。与使用 TCP 不同,UDP 的 Socket 没有提供监听功能,通信双方是平等的,面对的接口也是完全一样的。因此,需要使用 DatagramSocket. receive()方法来实现类似于监听的功能。receive()是一个阻塞的函数,当它返回时,缓冲区里已经填满了接收到的一个数据报,可以从该数据报中获得发送方的各种信息,并根据它们来确定下一步的动作,达到类似于网络监听效果。限于篇幅,不再给出 UDP 的 C/S 应用程序的示例,读者可以根据上述思想并参考前面 TCP 的 C/S 应用示例编写出 UDP 的 C/S 应用程序。

16.5.2　广播通信应用

DatagramSocket 只允许数据报发送一个目的地址,在实际应用中常常需要把信息发往多个地方,如学校计算机教室的广播教学、聊天信息的群发等。Java 中提供了类 MulticastSocket,它是 DatagramSocket 的派生类,能够实现在指定组内对其成员进行的广播通信,组中的某个成员发出的信息,组中的其他所有成员都能收到,这称为 IP 多点传输,IP 地址的范围被限定在 224.0.0.0 与 239.255.255.255 之间。

下面简要介绍一下 MulticastSocket 类的功能及应用。

1. MulticastSocket 类构造器

(1)MulticastSocket()。创建一个 IP 多点传输的套接字对象。

(2)MulticastSocket(int port)。创建一个绑定在指定端口的 IP 多点传输的套接字对象。

(3)MulticastSocket(SocketAddress bindaddr)。创建一个绑定在指定 IP 地址和端口的 IP 多点传输的套接字对象。

2. 常用方法

(1)void joinGroup(InetAddress mcastaddr)。连接多点传输组。

(2)void joinGroup(SocketAddress mcastaddr, NetworkInterface netIf)。以指定的接口连接多点传输组。

(3)void leaveGroup(InetAddress mcastaddr)。离开多点传输组。

(3)void leaveGroup(SocketAddress mcastaddr, NetworkInterface netIf)。离开指定的本地接口上的多点传输组。

3. 应用举例

MulticastSocket 用在客户端,用于监听服务器广播传输来的数据。发送信息的服务器程序与上面介绍的发送数据报程序类似,此处不再赘述。

16.6　Java Servlet 简介

Java Servlet 是一个专门用于编写网络服务器应用程序的 Java 组件。所有基于 Java 的服务器端编程都是构建在 Servlet 之上的。Servlet 是一个与协议无关、跨平台的服务方构件。

一般来说,Servlet 就是使用 Java Servlet 应用程序设计接口(API)及相关类和方法的 Java 程序。Servlet 程序被部署在 Java 的 Web 服务器上,以增强和扩展 Web 服务器的功能。前面建立了学生注册登记的客户端/服务器应用程序,也可以编写 Servlet 程序构建浏览器/服务器形式的学生注册应用系统。下面简要介绍 Servlet 的特点及其应用。

16.6.1　Servlet 的特点

Servlet 可用于开发各种基于 Web 的应用。Servlet 运行在服务器端,处理来自客户端的请求,并将处理结果返回给客户端。在三层服务结构(用户服务、业务服务与数据服务)体系中,它处于中间层,是用户服务与数据服务之间的桥梁。Servlet 具有以下特点。

1. 有效性

Servlet 的初始化代码仅在第一次执行时装入,其后接收到的调用请求由它的 service( )方法处理,这就避免了重复创建不必要的进程。只有在修改了 Servlet 之后,才会重新加载。

2. 健壮性

由于 Servlet 是基于 Java 编写的小程序,因此它可以拥有 Java 提供的所有强大的功能,如异常处理、内存自动回收等。

3. 可移植性

Servlet 可以跨 Web 服务器移植,做到了"一次编译,到处运行"。

4. 标准性

Servlet 有一套标准的 API(Servlet API),保证了程序开发的一致性。它的最大特点是与协议的无关性。

5. 其他

由于 Servlet 是基于 Java 语言开发的,因此它具有 Java 的所有优点:简单易用、安全可靠、可扩展性好等。

16.6.2　构建 Servlet

在构建 Servlet 之前,先看一下 Servlet 类层次结构(图 16.9),再介绍构建 Servlet 所需要的接口及类、Servlet 的生命周期和构建 Servlet 的方法步骤。

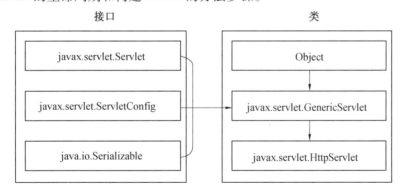

图 16.9　Servlet 类层次结构

1. Servlet 所需要的接口及类

(1)Servlet 接口。

Servlet 接口提供了以下方法。

①void destroy( )。将 Servlet 从服务器移出。

②ServletConfig getServletConfig( )。返回一个 ServletConfig 对象,该对象包含 Servlet 的初始化及配置参数信息。

③String getServletInfo( )。返回有关该 Servlet 的作者、版本及版权信息。

④void init(ServletConfig config)。包含 Servlet 的所有初始化代码,在第一次装入 Servlet 时被调用。

⑤void service(ServletRequest req, ServletResponse res)。接收所有客户的请求,识别请求类型,并把它分派给 doGet() 或 doPost() 方法去进行处理。

(2) ServletConfig 接口。

ServletConfig 接口提供了以下方法。

①String getInitParameter(String name)。返回由 name 指定的初始化参数的值,如果该参数不存在,则返回 null。

②Enumeration getInitParameterNames()。用 Servlet 的初始化参数的名字生成一个列举串对象,如果无初始化参数,则生成空对象。

③ServletContext getServletContext()。获得 Servlet 的上下文引用。

④String getServletName()。获得 Servlet 实例的名字。

(3) GenericServlet 类。

GenericServlet 类是一个抽象类,它实现了 Servlet. ServletConfig 和 Serializable 接口。它除实现接口的方法外,自身还定义了一些方法。

①voidinit()。初始化。

②voidlog(String msg)。将指定的信息写入 Servlet 的日志文件。

③abstract void service(ServletRequest req, ServletResponse res)。由 Servlet 容器调用,允许 Servlet 应答请求。这是一个抽象方法,要在派生类中实现。

(4) HttpServlet 类。

HttpServlet 类是 GenericServlet 类的派生类,它除继承和实现父类的方法外,自身还定义了一些方法,下面列出常用的两个方法。

①protected void doGet(HttpServletRequest req, HttpServletResponse resp)。由服务器通过服务方法调用,允许 Servlet 处理 GET 请求。

②protected void doPost(HttpServletRequest req, HttpServletResponse resp)。由服务器通过服务方法调用,允许 Servlet 处理 POST 请求。

2. Servlet 的生命周期

Servlet 的生命周期始于将它装入 Web 服务器的内存时,并在终止 Servlet 时结束,如图 16.10所示。

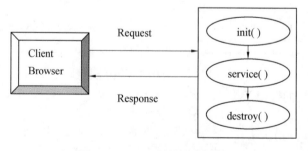

图 16.10　Servlet 的生命周期

一般情况下,当客户首次向 Servlet 发出请求时,服务器创建一个 Servlet 实例并且调用 Servlet 的 init() 方法,按照初始化参数配置 Servlet 对象。Servlet 在内存中仅被装入一次,除非被修改后,才会重新装入。

根据客户请求执行 service( ) 方法,该方法用于传递 HttpServletRequest(请求)和 HttpServletResponse(响应)对象,从 HttpServletRequest 对象获得客户的请求信息,根据请求信息进行处理,并使用 HttpServletResponse 对象的方法将响应(结果)传回给客户。service( ) 方法可以调用其他方法(如 doGet( )、doPost( )等)来处理请求。

当服务器不再需要 Servlet 或停止服务器工作时,会调用 Servlet 的 destroy( )方法。

3. 构建 Servlet 的方法步骤

有了上面的基础知识之后,就可以开始构建 Servlet。构建一个 Servlet 通常需要以下几个步骤。

(1)定义一个 HttpServlet 类的派生类。

(2)重写合适的方法,如 doGet( )、doPost( )方法等。

(3)若有客户请求信息,则使用 HttpServletRequest 对象的以下方法来获取客户机提供的信息。

①Enumeration getParameterNames( )。获得所有参数的名字。

②String getParameter(String name)。获得由 name 指定的参数值。

③String [ ]getParameterValues(String name)。获得由 name 指定的所有参数值。

(4)若要将信息返回给客户,可以使用 HttpServletResponse 对象的以下方法。

①PrintWriter getWriter( )。获得能够向客户发送字符文本的 PrintWriter 对象。

②ServletOutputStream getOutputStream( )。获得 Servlet 输出流对象,它适合于以二进制形式的数据应答。

下面编写一个简单 Servlet 程序。

【例 16.10】　从客户端发送一个字符串到服务器,再从服务器返回该字符串并提示登录信息。

按照上述介绍,程序代码如下:

```
1   import java.io. * ;
2   import javax. servlet. * ;
3   import javax. servlet. http. * ;
4   @ webservlet ("/Exam")
5   public class ServletExam extends HttpServlet   //扩展 HttpServlet 抽象类
6   {
7    public void doGet (HttpServletRequest req,HttpServletResponse res) throws ServletException, IOException
8   //重写 doGet( )方法
9    {
10     String str=req. getParameter("s1"); //获取客户提供的参数 s1
11     if( str= =null) str="Hello World"; //若没提供参数 s1,则给 str 值
12     res. setContentType("text/html"); //设置返回信息的方式
13     PrintWriter out=res. getWriter( );  //获取输出对象
14     out. println("<html> <body>");   //输出页面
15     out. println("<h1>你发来的信息如下:</h1>"); //---
16     out. println ("<p>" + str);   //---
17     out. println ("<p>欢迎你登录我们的应用服务器!!!");  //---
18     out. println("</body></html>"); //---
19     out. flush( );
```

```
20    }
21    }
```

16.6.3　Servlet 应用

前面已完成了一个简单的 Servlet 程序,下面的任务是将它部署在服务器上供用户调用。

目前支持 Servlet 的 Web 服务器有很多种,Servlet 在各服务器上的部署方式也各不相同。下面介绍一个很适合初学者且简单易用的 Servlet 运行器(Servlet Runner)——Resin。

Resin 自带一个 Servlet Runner 和 HTTP Server,如果只是构建一个简单的 Web 环境,Resin 已经足够了。它不需要额外的支持软件,所以开销很小。可以到网上下载 Resin 压缩包软件,它不需要专门安装,解压到硬盘的目录之后即可使用。Resin 的目录结构如图 16.11 所示。

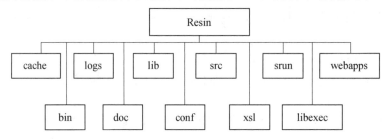

图 16.11　Resin 的目录结构

下面将前面编写的 Servlet 程序部署在 Resin 服务器上供客户调用,步骤如下。

(1)编译 ServletExam. java,形成 ServletExam. class 类文件。

(2)将 ServletExam. class 类文件复制到 Resin 的 doc\\WEB_INF\\classes 子目录下,这是 Resin 默认的 classpath 路径。

(3)修改 Resin 的 conf 目录下的 resin. conf 文件来配置 Servlet。读者可以使用自己熟悉的文本编辑器打开配置文件 resin. conf,找到<web-app id='/'>标识行,在它与 </web-app>标识之间,一般是紧靠在</web-app>行的上方添加以下语句:

<servlet-mapping url-pattern='Exam' servlet-name='Exam' />

<servlet servlet-name='Exam'

servlet-class='ServletExam' >

</servlet>

这样,当客户端产生/Exam 请求时,Resin 就能把这个请求定向到 ServletExam 上。

完成上述准备工作之后,就可以启动服务器,供客户调用 Servlet 了。

(4)启动 Resin 服务器。点击 bin 目录下的 httpd. exe 可执行文件,即可启动 Resin 服务器。

(5)现在可以通过浏览器访问这个 Servlet 了。可以用下面的形式访问 Servlet,在地址栏键入:

http://localhost:8080/Exam

http://localhost:8080/Exam ? s1=我要访问 Servlet 服务器

第一个访问不带参数,第二个访问带参数 s1,s1 被传输给 Servlet。第二个访问的结果界面如图 16.12 所示。

以上只是对 Servle 的简要介绍,若想了解有关 Servlet 更多的内容,请参阅有关的书籍和资料。

你发来的信息如下：

我要访问 Servlet 服务器

欢迎你登录我们的应用服务器!!!

图 16.12　结果界面

本 章 小 结

Java 的网络功能非常强大,它提供了一整套完善的 API,支持在网络环境下的通信。本章从两个方面介绍了 Java 的网络编程方法:面向连接的流式套接字和面向非连接的数据报。Java 提供的 API 提供了比较高层的网络抽象,使得程序员不需要了解连接如何建立及数据如何传输,而只需要关注如何进行应用。本章提供的例子功能虽然简单,但都比较有代表性,并且从服务器和客户端两方面进行了说明,相信大家能举一反三,写出适合自己业务流程的网络通信程序。Java 程序的平台无关性使得在异构平台之间通信显得更加容易,如果好好利用网络 API 的强大功能,将会使网络开发变得非常容易。本章要求大家了解 Java 网络通信对象的构成,掌握 URL.InetAddress 对象的定义并应用这些对象编写网络程序,掌握 Socket、ServerSocket 对象的定义及编程,熟悉 RMI 编程机制。

习　　题

一、选择题

1. 可得出一个网络套接字的组合是(　　)。

A. 端口号与 IP 地址　　　　　　　　B. URL 与端口

C. IP 地址与 URL　　　　　　　　　D. 协议和计算机域名

2. 用套接字方法建立两个程序的通信时,端口号应在的范围是(　　)。

A. 0 ~ 65535　　　　B. 0 ~ 1023　　　　C. 1024 ~ 65535　　　　D. >65535

3. 客户端与服务器用套接字进行连接时,可能会产生的例外是(　　)。

A. IOException　　　　　　　　　　B. IndexOutOfBoundsException

C. InterruptedException　　　　　　D. MalformedURLException

4. 用套接字 Socket 建立了通信连接后,要获得对方发送的信息,获得输入流须调用的方法是(　　)。

A. InputStream( )　　　　　　　　　B. OutputStream( )

C. getInputStream( )　　　　　　　　D. getOutputStream( )

5. 用套接字 Socket 建立了通信连接后,要向对方发送信息,获得输出流须调用的方法是(　　)。

A. InputStream( )　　　　　　　　　B. OutputStream( )

C. getInputStream( )　　　　　　　　D. getOutputStream( )

6. 服务端的程序建立接受客户的套接字的服务器套接字使用了(　　)。

A. Socket　　　　B. ServerSocket　　　　C. Slot　　　　D. ServerSlot

7. 建立服务器套接字时可能产生的例外是(　　)。

A. IOException　　　　　　　　　　B. ArithmeticException

C. MalformedURLException   D. InterruptedException

8. 建立服务端的套接字时,其端口号为(　　)。

A. 0 ~ 65535   B. 0 ~ 1023

C. 1024 ~ 65535   D. 与客户端呼叫的端口号相同

9. 当服务器的套接字连接建立后,接收客户的套接字应调用的方法是(　　)。

A. connect( )　　B. accept( )　　C. link( )　　D. receive( )

10. 服务端接收客户套接字的过程可能发生异常的是(　　)。

A. Error   B. IOException

C. RuntimeException   D. InterruptedException

11. 用套接字方法建立两个程序的通信后,如果双方通信完毕,应(　　)。

A. 发送"再见"信息

B. 直接退出程序

C. 调用方法 close( )关闭套接字连接

D. 重新启动计算机以断开通信连接

12. 一个 InetAddress 的对象含有(　　)。

A. 主机的域名   B. 主机的 IP 地址

C. 访问主机的通信协议   D. 主机的域名和 IP 地址

13. 如果想获得一个 InetAddress 对象的主机域名,可调用方法(　　)。

A. getName( )   B. getHostName( )

C. getAddress( )   D. getHostAddress( )

14. 如果想获得一个 InetAddress 对象的主机地址,可调用方法(　　)。

A. getName( )   B. getHostName( )

C. getAddress( )   D. getHostAddress( )

15. 如果想获得本地机的地址,可调用类 InetAddress 中的静态方法得到一个 InetAddress 对象,该对象含有本地机的地址,此静态方法为(　　)。

A. getHost( )   B. getName( )

C. getLocalHost( )   D. getLocalName( )

16. 基于 UDP 的通信方式,其特点是(　　)。

A. 传递信息快速,并且准确   B. 传递信息快速,但不可靠

C. 传递信息慢,但信息可靠   D. 传递信息慢,而且不准确

17. 基于 UDP 通信的模式是(　　)。

A. 数据打包,并发往目的地,接收别人发来的数据包并查看

B. 直接将数据发往目的地,并直接接收别人发来的数据

C. 数据打包后发往目的地,不接收

D. 不发送,只接收别人发来的数据包

18. 基于 UDP 通信,可用类创建一个对象表示一个发送数据包,这个类是(　　)。

A. DataSocket   B. DatagramSocket

C. DataPacket   D. DatagramPacket

19. 基于 UDP 通信,在创建了发送数据包的对象后,如果想获得数据包的目标端口号,可调用方法(　　)。

A. getTargetPort( )　　　　　　　　B. getPort( )

C. getTargetName( )　　　　　　　　D. getName( )

20. 基于 UDP 通信,在创建了发送数据包的对象后,如果想获得数据包的目标地址,可调用方法(　　)。

A. getIP( )　　　　　　　　　　　B. getPort( )

C. getAddress( )　　　　　　　　　D. getName( )

二、填空题

1. _____ 是用于封装 IP 地址和 DNS 的一个类。

2. TCP/IP 套接字是最可靠的双向流协议。等待客户端的服务器使用 _____,而要连接到服务器的客户端则使用 _____。

3. java. net 包中提供了一个类 _____,允许数据报以广播方式发送到该端口的所有客户。

4. 在 TCP/IP 协议的传输层除 TCP 协议外还有一个 _____。几个标准的应用层协议 HTTP、FTP、SMTP 等使用的都是 _____。_____ 主要用于需要很强的实时交互性的场合,如网络游戏、视频会议等。

5. 当得到一个 URL 对象后,就可以通过它读取指定的 WWW 资源。这时,将使用 URL 的方法 _____,其定义为 _____。

6. URL 的构造方法都声明抛弃非运行时异常 _____,因此生成 URL 对象时,必须要对这一例外进行处理,通常是用 _____ 进行捕获。

三、判断题

1. 已建立的 URL 对象不能被改变。(　　)

2. UDP 是面向连接的协议。(　　)

3. 进程利用流 socket 建立与其他进程的连接。(　　)

4. 服务器在一个端口等待客户的连接。(　　)

5. 数据报传输是可靠的,包按顺序先后到达。(　　)

6. 出于安全考虑,许多 Web 浏览器,只允许 Java Applet 在它允许的计算机上进行文件操作。(　　)

7. Web 浏览器往往限制 Applet,使下载 Applet 只能与它原来所处的计算机进行通信。(　　)

8. Java 的大部分网络类都包含在 java. applet 包中。(　　)

9. 构成 World Wide Web 基础的关键协议是 TCP/IP。(　　)

10. URL 是统一资源定位器的缩写。(　　)

四、简答题

1. 写出使用 java Socket 创建客户端 Socket 过程的主要程序语句。

2. 写出使用 java ServerSocket 创建服务器端 ServerSocket 过程的主要程序语句。

3. 写出一种使用 Java 流式套接式编程时,创建双方通信通道的语句。

4. 简述建立功能齐全的 Socket 基本的步骤。

5. 简述基于 TCP 及 UDP 套接字通信的主要区别。

五、程序设计

1. 使用 URL 类的四种构造方法创建一个 URL 对象,URL 地址为 www. baidu. com。

2. 请编写 Java 程序,访问 http:// www. baidu. com 所在的主页文件。

3. 编程类似 ping 的程序,并测试连接效果。

4. 创建一个服务器,用它请求用户输入密码,然后打开一个文件,并将文件通过网络连接传送出去。创建一个与该服务器连接的客户,为其分配适当的密码,然后捕获和保存文件。在自己的机器上用 localhost(通过调用 InetAddress. getByName(null)生成本地 IP 地址127.0.0.1)测试这两个程序。

参考文献

［1］梁勇著.Java 语言程序设计基础篇［M］.李娜,译.北京:机械工业出版社,2011.

［2］梁勇.Java 语言程序设计:进阶篇［M］.李娜,译.北京:机械工业出版社,2011.

［3］郎波.Java 语言程序设计［M］.2 版.北京:清华大学出版社,2010.

［4］郑莉.Java 语言程序设计［M］.2 版.北京:清华大学出版社,2011.

［5］朱庆生,古平.Java 程序设计［M］.北京:清华大学出版社,2011.

［6］丁振凡.Java 语言程序设计［M］.北京:清华大学出版社,2010.

［7］唐振明.Java 程序设计［M］.北京:电子工业出版社,2011.

［8］叶核亚.Java 程序设计实用教程［M］.3 版.北京:电子工业出版社,2010.

［9］李兆锋,庞永庆.Java 程序设计与项目实践［M］.北京:电子工业出版社,2011.

［10］杨晓燕.Java 面向对象程序设计［M］.北京:电子工业出版社,2012.

［11］张晓龙.Java 程序设计与开发［M］.北京:电子工业出版社,2010.

［12］陆迟.Java 语言程序设计［M］.3 版.北京:电子工业出版社,2010.

［13］孟光胜,许颖.Java 程序设计教程［M］.北京:电子工业出版社,2011.

［14］常建功.零基础学 Java［M］.3 版.北京:电子工业出版社,2012.

［15］卡登赫斯第.Java 入门经典［M］.梅兴文,郝记生,译.6 版.北京:人民邮电出版社,2012.

［16］卡登赫斯第.Java 编程入门经典［M］.梅兴文,译.4 版.北京:人民邮电出版社,2007.

［17］埃克尔.Java 编程思想［M］.陈昊鹏,译.4 版.北京:机械工业出版社,2007.

［18］飞思科技产品研发中心.Java 应用开发详解［M］.北京:电子工业出版社,2003.

［19］赵毅主.跨平台程序设计语言——Java［M］.西安:西安电子科技大学出版社,2006.

［20］王路群.Java 高级程序设计［M］.北京:中国水利水电出版社,2006.

［21］耿祥义,张跃平.Java 实用教程［M］.北京:清华大学出版社,2003.

［22］清宏计算机工作室.Java 编程技巧［M］.北京:机械工业出版社,2004.

［23］吴其庆.Java 程序设计实例教程［M］.北京:冶金工业出版社,2006.

［24］柳西玲,许斌.Java 语言应用开发基础［M］.北京:清华大学出版社,2006.

［25］施霞萍,等.Java 程序设计教程［M］.2 版.北京:机械工业出版社,2006.

［26］希尔德.Java 参考大全［M］.鄢爱兰,鹿江春,译.北京:清华大学出版社,2006.

［27］宛延闿,鲁玛勒,定海,等.实用 Java 程序设计教程［M］.北京:机械工业出版社,2006.

［28］陈国君.Java2 程序设计基础［M］.北京:清华大学出版社,2006.

［29］郑莉,王行言,马素霞.Java 语言程序设计［M］.北京:清华大学出版社,2006.

［30］丁振凡.Java 语言实用教程［M］.北京:北京邮电大学出版社,2005.

［31］朱喜福,赵敏,夏齐雷,等.Java 程序设计［M］.北京:人民邮电出版社,2005.